인공지능 이해를 위한 수학

Mathematics for Understanding Artificial Intelligence

이종석 지음

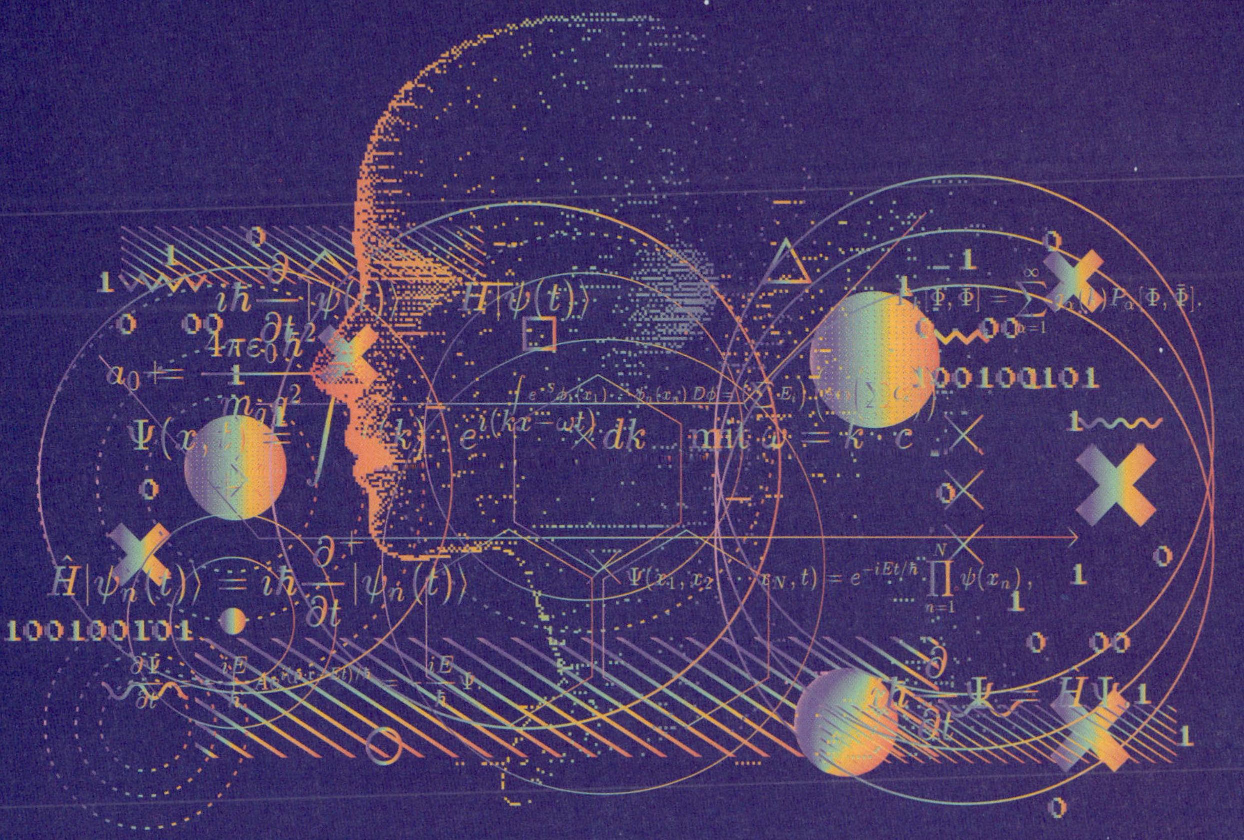

도서출판 홍릉

저자소개

이종석

연세대학교 교수로 재직 중이며 인공지능 분야를 연구하고 있다.

인공지능 이해를 위한 수학

인 쇄: 2024년 8월 21일 초판 1쇄
발 행: 2024년 8월 30일 초판 1쇄

저 자: 이종석
발행인: 송 준
발행처: 도서출판 홍릉
주 소: 01093 서울시 강북구 인수봉로 50길 10
등 록: 1976년 10월 21일 제5-66호

전 화: 02-999-2274~5, 903-7037
팩 스: 02-905-6729
e-mail: hongpub@hongpub.co.kr
http://www.hongpub.co.kr
ISBN: 979-11-5600-217-8(93410)

정 가: 29,000원

머리말

인공지능, 좀 더 정확히 말하면 기계학습 기법의 구현을 위해서는 컴퓨터와 프로그래밍의 지식이 필요하지만, 이론적인 이해를 위해서는 선형대수, 확률통계, 미적분, 최적화 등 다양한 수학적 배경 지식이 필요한 것이 사실이다. 지난 10여 년간 인공지능 관련 과목들을 강의하면서 학생들이 수학적 지식의 부족으로 인해 인공지능 기술을 깊이 이해하는데 어려움을 겪는 것을 종종 보아왔다. 특히 최근 인공지능에 대한 관심이 높아짐에 따라 다양한 전공과 배경을 가진 학생들이 인공지능을 배우고자 할 때 이러한 수학의 장벽은 더욱 크게 다가오기도 한다. 이를 만회하고자 노력을 기울이지만 상당히 다양한 분야의 수학적 지식이 인공지능에서 활용되기 때문에 그 모든 수학과목을 각각 공부하는 것은 쉽지 않은 일이다. 이와 같은 어려움을 조금이나마 해소하고자 인공지능 이론을 이해하는 데에 필요한 수학 내용들을 정리하여 저자가 재직 중인 대학 내의 학생들에게 동영상 강의로 제공하게 되었고, 그 내용이 보다 널리 도움이 되었으면 하는 마음에서 이처럼 책으로 엮게 되었다.

이 책은 총 일곱 개의 장으로 구성되었으며, 각 장의 내용은 다음과 같다.

- 인공지능에서 데이터와 연산을 표현하는 기본적인 도구는 벡터와 행렬이라 할 수 있다. 1장에서는 벡터와 행렬의 정의와 연산, 각종 성질과 응용을 다루는 선형대수의 내용을 담고 있다.
- 확률에 기반한 인공지능 모델, 모델의 확률적 해석 및 최적화 등 확률통계는 인공지능에서 매우 빈번하게 활용되는 도구이다. 2장에서는 확률분포의 정의와 특성, 가장 널리 활용되는 정규분포, 엔트로피, 표본통계 등 확률과 통계의 주요 내용을 담고 있다.
- 3장에서는 인공지능의 실험 결과와 데이터의 특성을 보다 엄밀하게 비교분석하는데 유용한 도구로써 가설검정 기법의 원리와 방법을 소개한다.
- 미분은 인공지능 모델의 최적화를 위한 필수 도구이다. 4장에서는 미분의 기본 개념부터 벡터와 행렬의 미분, 고차미분, 테일러급수 등을 다룬다.
- 5장에서는 본격적으로 최적화 기법에 대해 소개한다. 미분에 의한 최적화 및 라그랑주 승수법에 대한 이해에 초점을 맞춘다.
- 6장에서는 확률적 관점에서 인공지능 모델의 파라미터를 추정하는 기법인 베이시안 추론을 다룬다. 최대가능도 추정, 최대사후확률 추정, 사후분포 추정 등을 다룬다.

- 인공지능에서 처리하고자 하는 영상, 음성 등의 데이터 특성을 주파수 관점에서 분석하는 것이 유용할 때가 많다. 주파수 분석을 위한 도구인 푸리에 변환에 대해 7장에서 소개한다.

다양한 수학 분야의 내용을 담고 있기 때문에 각각을 총망라하기보다는 인공지능의 이해를 위해 필요한 내용들을 선별하고 집약하여 소개하고자 하였다. 그러면서도 단순히 항목의 나열이 되지 않고 원리에 대한 설명과 체계적이고 논리적인 흐름을 통해 독자들이 읽어가면서 이해할 수 있도록 노력하였다. 또한, 신경회로망, 지지벡터기계, 주성분분석 등 인공지능과 연관된 예제를 통해 수학적 이론이 어떻게 적용되는지 소개하고자 노력하였다. 바라건대, 인공지능을 이해하고자 하는 많은 이들이 이 책을 통해 수학에 대한 장벽을 낮추는데 조금이나마 도움이 되었으면 한다.

흔쾌히 출판에 동의해 주시고 편집 과정에서 애써 주신 도서출판 홍릉 관계자분들께 감사의 말씀을 전한다. 초고 검토에 수고해 준 이호중 박사와 직간접적으로 도움을 준 멀티미디어 컴퓨팅 및 머신러닝 연구실원들에게도 고마움을 전한다. 끝으로, 언제나 든든한 지원을 아끼지 않는 가족들에게 무한한 감사의 마음을 전하고자 한다.

2024년 여름

목차

CHAPTER 01

선형대수(Linear Algebra)

CHAPTER 02

확률과 통계(Probability and Statistics)

CHAPTER

03

가설검정(Hypothesis Testing)

CHAPTER 04

미분(Differentiation)

CHAPTER 05

연속최적화(Continuous Optimization)

CHAPTER 06

베이지안 추론(Bayesian Inference)

CHAPTER 07

푸리에 변환(Fourier Transform)

CHAPTER 01

선형대수(Linear Algebra)

인공지능에서 처리하고자 하는 데이터나 인공지능 모델의 파라미터 등은 보통 하나의 숫자, 즉 스칼라(scalar) 값이 아니라 여러 개의 숫자의 모음으로 표현된다. 예를 들어, 시계열(time-series) 데이터인 음성 신호를 초당 8천 번 샘플링하여 1초간 얻었다고 하자. 총 8천개의 숫자를 얻은 것인데, 이를 다른 형태로 변환한다거나 인공지능 모델에 입력으로 넣는다면 이 8천개의 숫자를 늘어놓은 것을 하나로 묶은 "벡터(vector)"의 형태로 다루는 것이 효율적이고 편리할 것이다. 또 다른 예로, 완전연결 신경회로망(fully-connected neural network)의 하나의 층(layer)에서는 여러 개의 입력 값에 가중치 파라미터(weight parameter)를 곱하여 여러 개의 출력값을 얻게 되는데, 이 때 입력과 출력은 각각 벡터로, 그리고 가중치 파라미터는 2차원 배열의 형태인 "행렬(matrix)"로 표현할 수 있다. 이와 같이 숫자의 모음을 어떻게 표현하며 다루는지에 대한 수학의 영역이 바로 선형대수학이다.

본 장에서는 기본적인 벡터와 행렬의 개념에서 출발하여, 미분을 포함한 벡터와 행렬의 각종 연산 방법, 그리고 나아가 벡터와 행렬로 주어진 데이터 분석에 유용한 수학적 기법에 대해 소개한다. 본 장에서 다루는 벡터와 행렬은 모두 실수값을 원소로 갖는 것으로 국한하며 복소수에 대한 벡터와 행렬은 제외한다.

1.1 벡터의 정의

n개의 원소를 가지는 **벡터(vector)**를 n차원 벡터라 한다. 예를 들어, n차원 벡터 x는

$$\mathbf{x} = \begin{bmatrix} x_1 \\ x_2 \\ \vdots \\ x_n \end{bmatrix}$$

로 나타낼 수 있다. 간단히 $\mathbf{x} \in \mathbb{R}^n$라고 표현할 수 있는데, 이는 $\mathbf{x}$는 "n차원 실수공간에 속하는 하나의 원소"라는 의미이다. 위 식의 $\mathbf{x}$는 원소가 열(column) 방향으로 나열된 **열벡터(column vector)**이다. 이를 **전치(transpose)**하면 **행벡터(row vector)**가 된다. 즉,

$$\mathbf{x}^\top = [x_1\, x_2 \cdots x_n]$$

열과 행을 명시하지 않고 "벡터"라고 하면 대부분의 경우 열벡터를 의미한다.

모든 원소가 0인 벡터를 **영벡터(zero vector)**라 하며 $\mathbf{0}$으로 표기한다. 즉,

$$\mathbf{0} := \begin{bmatrix} 0 \\ \vdots \\ 0 \end{bmatrix}$$

이다. 모든 원소가 1인 벡터 역시 자주 사용된다. 즉,

$$\mathbf{1} := \begin{bmatrix} 1 \\ \vdots \\ 1 \end{bmatrix}$$

이들의 차원을 아래첨자로 명시하여 $\mathbf{0}_n$ 및 $\mathbf{1}_n$과 같이 표기하기도 한다.

1.2 벡터의 노름

1.2.1. 벡터 노름의 정의와 종류

벡터는 n차원 공간의 한 점으로 생각할 수 있다. 예를 들어, $\mathbf{x} = \begin{bmatrix} 1 \\ 2 \end{bmatrix}$는 2차원 좌표평면에서 (1, 2)에 위치한 점을 나타낸다고 할 수 있다. 이 경우 원점부터 벡터까지의 거리, 즉 벡터의 "크기" 또는 "길이"를 표현할 방법으로써 벡터의 **노름(norm)**이 등장한다. 벡터의 노름은 수학적으로 다음과 같이 정의된다.

정의

노름 $\|\cdot\|$은 벡터를 하나의 실수로 사상(mapping)하는 함수로써, 차원이 같은 두 벡터 $\mathbf{x}$, $\mathbf{y}$와 임의의 실수 λ에 대해 다음의 세 가지 조건을 만족한다.

(i) $\|\lambda\mathbf{x}\| = |\lambda| \cdot \|\mathbf{x}\|$

(ii) $\|\mathbf{x}+\mathbf{y}\| \le \|\mathbf{x}\| + \|\mathbf{y}\|$

(iii) $\|\mathbf{x}\| \ge 0$ 이고, $\|\mathbf{x}\| = 0 \Leftrightarrow \mathbf{x}=\mathbf{0}$

위의 세 가지 조건을 만족하는 노름은 다양하게 정의할 수 있다. 많이 활용되는 노름은 아래와 같다.($\mathbf{x}$는 n차원 벡터)

- 0-노름: $\|\mathbf{x}\|_0 =$ 0이 아닌 원소의 개수
- 1-노름: $\|\mathbf{x}\|_1 = \sum_{i=1}^{n} |x_i|$ (즉, 원소들의 절대값의 합)
- 2-노름 또는 유클리드 노름: $\|\mathbf{x}\|_2 = \sqrt{\sum_{i=1}^{n} x_i^2}$ (즉, 원소들의 제곱합의 제곱근)
- p-노름: $\|\mathbf{x}\|_p = \left(\sum_{i=1}^{n} x_i^p\right)^{\frac{1}{p}}$ $(p \ge 1)$
- ∞-노름: $\|\mathbf{x}\|_\infty = \max_{1 \le i \le n} |x_i|$ (즉, 원소들의 절대값 중 최대값)

특별한 언급이 없으면 대부분의 경우 아래첨자 없는 노름 표시 $\|\mathbf{x}\|$는 2-노름을 의미한다.

예제 1.1

$\mathbf{x}=\begin{bmatrix}1\\0\\10\end{bmatrix}$ 이고 $\mathbf{y}=\begin{bmatrix}-1\\1\\1\end{bmatrix}$ 이라 할 때, 이들의 노름 계산 결과 및 노름 간의 대소관계는 다음과 같다.

$$\|\mathbf{x}\|_0 = 2 \;<\; \|\mathbf{y}\|_0 = 3$$

$$\|\mathbf{x}\|_1 = 1+0+10 = 11 \;>\; \|\mathbf{y}\|_1 = |-1|+1+1 = 3$$

$$\|\mathbf{x}\|_2 = \sqrt{1^2+0^2+10^2} = \sqrt{101} \;>\; \|\mathbf{y}\|_2 = \sqrt{(-1)^2+1^2+1^2} = \sqrt{3}$$

$$\|\mathbf{x}\|_\infty = \max(1,0,10) = 10 \;>\; \|\mathbf{y}\|_\infty = \max(-1,1,1) = 1$$

이처럼 어떤 노름을 사용하는가에 따라 두 벡터에 대한 노름의 대소 관계는 달라질 수 있다.

예제 1.2

신경회로망을 지도학습(supervised learning) 방식으로 훈련하기 위해서는 손실함수(loss function)를 정의하고 이를 최소화하는 신경회로망의 파라미터값을 찾는다. 회귀(regression) 문제를 대상으로 하는 경우, 각각의 학습데이터에 대해 목표하는 출력과 현재 신경회로망의 출력 사이의 차이를 계산하고 이를 종합하는 것으로 손실함수를 정의한다. 목표하는 출력이 스칼라값인 경우, 모든 데이터에 대한 오차를 하나의 벡터로 만들어 1-노름 또는 2-노름을 최종 손실함수값으로 얻을 수 있다. 이를 종종 L1 손실 또는 L2 손실이라 부른다.

i 번째 입력데이터에 대한 목표 출력을 t_i, 신경회로망의 출력을 y_i라 하자. 이들의 차이를 $e_i = t_i - y_i$라 하고, 이를 모은 벡터를

$$\mathrm{e} = \begin{bmatrix} t_1 - y_1 \\ t_2 - y_2 \\ \vdots \\ t_n - y_n \end{bmatrix}$$

라 할 때, L1 손실과 L2 손실은 각각

$$L_1 = \|\mathrm{e}\|_1 = \sum_{i=1}^{n} |e_i| = \sum_{i=1}^{n} |t_i - y_i|$$
$$L_2 = \|\mathrm{e}\|_2^2 = \sum_{i=1}^{n} e_i^2 = \sum_{i=1}^{n} (t_i - y_i)^2$$

로 쓸 수 있다.

1.2.2. 벡터의 정규화

노름을 이용하면 영벡터가 아닌 임의의 벡터에 대해 그 방향은 유지하면서 길이가 1인 **단위벡터**(unit vector)를 얻을 수 있다. 즉, $\mathrm{x} \neq 0$에 대해

$$\hat{\mathrm{x}} = \frac{\mathrm{x}}{\|\mathrm{x}\|}$$

를 계산하면 이는 길이가 1인 단위벡터가 된다. 이 과정을 **정규화**(normalization)이라고 한다.

예제 1.3

4차원 벡터 $\mathrm{x} = [1\,3\,2\,4]^\top$가 주어졌을 때, 2-노름은

$$\|\mathrm{x}\|_2 = \sqrt{1^2 + 3^2 + 2^2 + 4^2} = \sqrt{30}$$

로 얻어지므로 x를 2-노름으로 정규화하면

$$\hat{\mathbf{x}} = [1\,3\,2\,4]^\top \times \frac{1}{\sqrt{30}} = \left[\frac{1}{\sqrt{30}}\ \frac{3}{\sqrt{30}}\ \frac{2}{\sqrt{30}}\ \frac{4}{\sqrt{30}}\right]^\top$$

가 된다.

1.2.3. 유클리드 거리

두 벡터 간의 유클리드 거리(Euclidean distance) 또한 노름으로부터 구할 수 있다. i번째 원소가 각각 x_i 및 y_i인 n차원 벡터 $\mathbf{x}$와 $\mathbf{y}$ 사이의 유클리드 거리는

$$\|\mathbf{x}-\mathbf{y}\|_2 = \sqrt{\sum_{i=1}^{n}(x_i - y_i)^2}$$

로 구한다.

예제 1.4

두 벡터 $\mathbf{x} = \begin{bmatrix} 1 \\ 0 \\ 10 \end{bmatrix}$와 $\mathbf{y} = \begin{bmatrix} -1 \\ 1 \\ 1 \end{bmatrix}$ 사이의 유클리드거리는

$$\|\mathbf{x}-\mathbf{y}\|_2 = \sqrt{(1-(-1))^2 + (0-1)^2 + (10-1)^2} = \sqrt{86}$$

으로 얻어진다.

1.3 내적

n차원 실수공간에서 주어진 두 벡터 사이의 내적(inner product, dot product, scalar product)은 다음과 같이 정의된다.

정의

$\mathbf{x} = [x_1\, x_2 \cdots x_n]^\top$ 와 $\mathbf{y} = [y_1\, y_2 \cdots y_n]^\top$ 사이의 내적은 다음과 같이 정의한다.

$$\mathbf{x} \cdot \mathbf{y} := \mathbf{x}^\top \mathbf{y} = \sum_{i=1}^{n} x_i y_i = x_1 y_1 + x_2 y_2 + \cdots + x_n y_n$$

기하학적으로 보면 두 벡터의 내적은 각각의 길이와 둘 사이의 각도를 이용하여 다음과 같이 쓸 수 있다.

$$\mathbf{x} \cdot \mathbf{y} = \|\mathbf{x}\| \|\mathbf{y}\| \cos\theta$$

여기서 θ는 두 벡터 사이의 각도를 의미한다. 이 식을 이용하면 [그림 1.1]에 보인 것과 같이 내적과 각 벡터의 길이로부터 두 벡터 사이의 각도를 구할 수 있다. 즉,

$$\theta = \cos^{-1}\left(\frac{\mathbf{x} \cdot \mathbf{y}}{\|\mathbf{x}\| \ \|\mathbf{y}\|}\right)$$

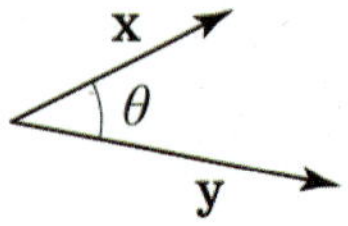

그림 1.1 두 벡터 사이의 각도

따라서 만약 영벡터가 아닌 두 벡터 사이의 내적이 0이 된다면 $\cos\theta$가 0이라는 말이고, 이는 다시 말하면 $\theta = 90^\circ$ 라는 의미이다. 이 경우, 두 벡터는 서로 **수직이다** 또는 **직교한다(orthogonal)**고 표현한다. 특별히, 수직인 두 벡터의 길이가 모두 1인 경우, 즉 $\|\mathbf{x}\| = \|\mathbf{y}\| = 1$인 경우, 두 벡터는 서로 **정규직교한다(orthonormal)**고 한다.

예제 1.5

두 벡터 $\mathbf{x} = \begin{bmatrix} 1 \\ 1 \end{bmatrix}$과 $\mathbf{y} = \begin{bmatrix} -1 \\ 1 \end{bmatrix}$은 내적하면 $1 \times (-1) + 1 \times 1 = 0$이 되어 서로 직교함을 알 수 있다. 실제로 좌표평면에서 표시하면 아래 그림과 같이 두 벡터 사이의 각도가 90도임을 확인할 수 있다.

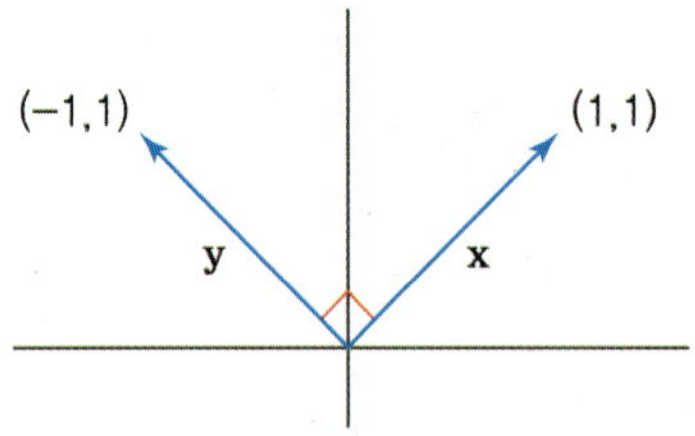

내적의 또 다른 의미는 **사영(projection)**과 관련이 있다. 벡터 $\mathbf{x}$를 다른 벡터 $\mathbf{y}$에 사영한 결과는 [그림 1.2]에 보인 것과 같이 $\mathbf{x}$를 $\mathbf{y}$에 평행한 벡터 $\mathbf{x}_1$과 수직인 벡터 $\mathbf{x}_2$의 합으로 나타내었을 때 그 중 $\mathbf{x}_1$에 해당한다. 이를 구하기 위해서는 $\mathbf{y}$ 방향의 단위벡터로 방향을 정하고 $\mathbf{x}_1$의 길

이를 적용하면 된다. $\mathbf{x}_1$의 길이는 그림에서 보는 바와 같이 $\mathbf{x}$의 길이에 $\cos\theta$를 곱하여 얻을 수 있으며, $\mathbf{y}$ 방향의 단위벡터는 $\mathbf{y}$를 정규화하여 얻을 수 있다. 즉,

$$\mathbf{x}_1 = \|\mathbf{x}\|\cos\theta \times \frac{\mathbf{y}}{\|\mathbf{y}\|} = \frac{\|\mathbf{x}\|\|\mathbf{y}\|\cos\theta}{\|\mathbf{y}\|} \times \frac{\mathbf{y}}{\|\mathbf{y}\|} = \frac{\mathbf{x}\cdot\mathbf{y}}{\|\mathbf{y}\|^2}\mathbf{y} = \frac{\mathbf{x}\cdot\mathbf{y}}{\mathbf{y}\cdot\mathbf{y}}\mathbf{y}$$

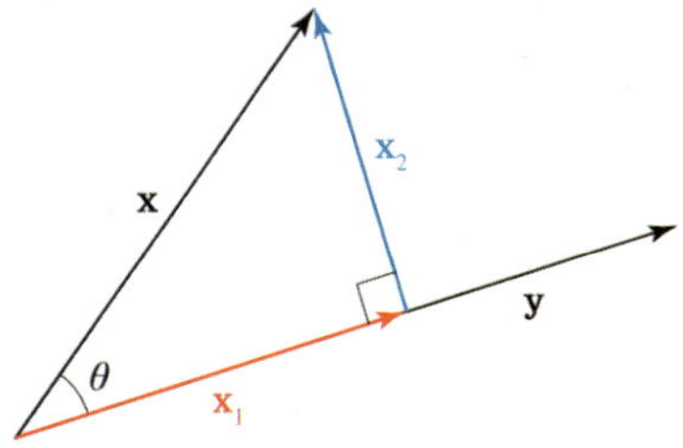

그림 1.2 벡터의 사영

벡터 자기 자신과의 내적은 2-노름의 제곱과 같다. 이는 다음과 같이 쉽게 확인할 수 있다.

$$\mathbf{x}\cdot\mathbf{x} = \sum_{i=1}^{n}(x_i \times x_i) = \|\mathbf{x}\|_2^2$$

m개의 벡터로 이루어진 집합 $\{\mathbf{x}_1, \mathbf{x}_2, \cdots, \mathbf{x}_m\}$가 있다고 할 때, 이들 중 서로 다른 두 벡터를 골라 내적을 취한 결과가 모든 벡터 쌍에 대해서 0일 때, 즉 모든 쌍이 서로 직교할 때, 이 집합을 **직교집합(orthogonal set)**이라 한다. 추가로, 모든 벡터들의 크기가 1이면 **정규직교집합(orthonormal set)**이라고 한다. 직교집합이 주어졌다면 각 벡터들을 정규화하여 정규직교집합으로 만들 수 있다. 즉, 집합 $\{\mathbf{x}_1, \mathbf{x}_2, \cdots, \mathbf{x}_m\}$이 직교집합일 때,

$$\left\{\frac{\mathbf{x}_1}{\|\mathbf{x}_1\|}, \frac{\mathbf{x}_2}{\|\mathbf{x}_2\|}, \cdots, \frac{\mathbf{x}_m}{\|\mathbf{x}_m\|}\right\}$$

는 정규직교집합이다.

예제 1.6

세 벡터의 집합 $\left\{\begin{bmatrix}1\\1\\1\end{bmatrix}, \begin{bmatrix}0\\1\\-1\end{bmatrix}, \begin{bmatrix}-2\\1\\1\end{bmatrix}\right\}$가 직교집합인지 판별해보자. 세 벡터의 쌍들에 대해 내적을 구해보면

$$\begin{bmatrix}1\\1\\1\end{bmatrix} \cdot \begin{bmatrix}0\\1\\-1\end{bmatrix} = 0+1-1=0$$
$$\begin{bmatrix}1\\1\\1\end{bmatrix} \cdot \begin{bmatrix}-2\\1\\1\end{bmatrix} = -2+1+1=0$$
$$\begin{bmatrix}0\\1\\-1\end{bmatrix} \cdot \begin{bmatrix}-2\\1\\1\end{bmatrix} = 0+1-1=0$$

따라서 이 집합은 직교집합이다. 그러나 정규직교집합은 아니다. 각 벡터를 정규화하여 얻는 집합 $\left\{\begin{bmatrix}1/\sqrt{3}\\1/\sqrt{3}\\1/\sqrt{3}\end{bmatrix}, \begin{bmatrix}0\\1/\sqrt{2}\\-1/\sqrt{2}\end{bmatrix}, \begin{bmatrix}-2/\sqrt{6}\\1/\sqrt{6}\\1/\sqrt{6}\end{bmatrix}\right\}$은 정규직교집합이다.

1.4 벡터의 선형독립

m개의 벡터로 이루어진 집합 $\{\mathbf{x}_1, \mathbf{x}_2, \cdots, \mathbf{x}_m\}$가 있다고 할 때,

$$\sum_{i=1}^{n} a_i \mathbf{x}_i = a_1\mathbf{x}_1 + a_2\mathbf{x}_2 + \cdots + a_n\mathbf{x}_n = 0 \tag{1.1}$$

를 만족시키는, 즉 벡터들의 선형조합(linear combination)을 영벡터로 만드는 스칼라값 $a_1, a_2, \ldots, a_n$이 모두 0인 경우밖에 존재하지 않으면 이 집합은 **선형독립(linearly independent)**이라고 한다. 반대로, $a_1, a_2, \ldots, a_n$ 중 하나라도 0이 아닌 값으로써 위 식을 만족시킬 수 있으면 **선형종속(linearly dependent)**라고 한다.

벡터 집합이 선형종속이 되는 것은 이들 중 하나의 벡터를 다른 벡터들의 선형조합으로 표현할 수 있다는 말과 같다. 예를 들어, $a_1 \neq 0$로 위 식을 만족한다고 하면 위 식을 다음과 같이 다시 표현할 수 있을 것이다.

$$\mathbf{x}_1 = -\frac{a_2}{a_1}\mathbf{x}_2 - \frac{a_3}{a_1}\mathbf{x}_3 - \cdots - \frac{a_n}{a_1}\mathbf{x}_n$$

예제 1.7

3차원 벡터의 집합 $\left\{ \begin{bmatrix} 1 \\ 0 \\ -1 \end{bmatrix}, \begin{bmatrix} 0 \\ 1 \\ 1 \end{bmatrix}, \begin{bmatrix} 1 \\ 2 \\ 1 \end{bmatrix} \right\}$을 생각해보자. 세 번째 벡터는 다른 두 벡터의 선형조합으로 다음과 같이 표현 가능하다.

$$\begin{bmatrix} 1 \\ 2 \\ 1 \end{bmatrix} = \begin{bmatrix} 1 \\ 0 \\ -1 \end{bmatrix} + 2 \begin{bmatrix} 0 \\ 1 \\ 1 \end{bmatrix}$$

따라서 이 집합은 선형종속이다.

특별한 경우로, 만약 벡터 집합에 영벡터가 포함되면 무조건 그 집합은 선형종속이다. 왜냐하면 영벡터 앞에 계수를 0이 아닌 값으로 하여 식 (1.1)을 만족시킬 수 있기 때문이다. 예를 들어 영벡터가 포함된 집합 $\left\{ \begin{bmatrix} 0 \\ 0 \end{bmatrix}, \begin{bmatrix} 1 \\ 1 \end{bmatrix} \right\}$에 대해

$$2 \times \begin{bmatrix} 0 \\ 0 \end{bmatrix} + 0 \times \begin{bmatrix} 1 \\ 1 \end{bmatrix} = \begin{bmatrix} 0 \\ 0 \end{bmatrix}$$

와 같이 쓸 수 있기 때문에 이 집합은 선형종속이다.

만약 $m > n$인 경우, 즉 벡터의 수가 벡터의 차원보다 더 많다면 이 집합은 무조건 선형종속이 된다. 다시 말해 n차원 벡터 공간에서 선형독립인 벡터의 집합의 최대 크기는 n이라는 것이다.

일반적으로 어떤 벡터의 집합이 선형독립인지 판단하는 것은 기본적으로 식 (1.1)을 만족하는 스칼라값을 확인하는 방법을 쓸 수 있다. 특별히, n개의 n차원 벡터 집합에 대해서는 이 벡터들을 모은 행렬 형태로 표현하면 쉽게 해결 가능하다. 이에 대해서는 1.5.9절에서 다시 언급한다.

1.5 행렬

1.5.1. 행렬의 정의

벡터가 한 방향으로 원소를 늘어놓은 것이라면 **행렬(matrix)**은 이를 확장하여 둘 이상의 방향으로 늘어놓은 것이라 할 수 있다. 예를 들어 m개의 행(row)과 n개의 열(column)을 갖는 2차원 행렬 A는 다음과 같이 나타낼 수 있다.

$$A=\begin{bmatrix} a_{11} & a_{12} & \cdots & a_{1n} \\ a_{21} & a_{22} & \cdots & a_{2n} \\ \vdots & \vdots & \ddots & \vdots \\ a_{m1} & a_{m2} & \cdots & a_{mn} \end{bmatrix}$$

각 원소의 첨자를 표현하는 순서에 주의하자. 보통의 경우 행의 순서를 먼저 표기하고 열의 순서를 나중에 표기한다. 따라서 (i,j)번째 원소라 하면 i번째 행의 j번째 열에 위치한 원소를 의미한다. 마찬가지로 행렬의 크기는 행의 수와 열의 수 순서로 표현한다. 즉, 위 행렬 A는 $m\times n$ 행렬이라고 하며, $A\in\mathbb{R}^{m\times n}$라고 간단히 표현하기도 한다. 행의 수와 열의 수가 같은 경우를 특별히 **정사각행렬**(square matrix) 또는 **정방행렬**이라 한다.

벡터는 행렬의 특수한 경우라 할 수 있다. 즉, n차원 벡터는 $n\times 1$ 크기의 행렬이라고도 할 수 있다. 따라서 n차원 벡터를 $\mathbf{x}\in\mathbb{R}^n$ 외에도 $\mathbf{x}\in\mathbb{R}^{n\times 1}$로 표현하기도 한다.

다음과 같이 모든 원소가 0인 행렬을 **영행렬**(zero matrix)이라 한다.

$$O=\begin{bmatrix} 0 & \cdots & 0 \\ \vdots & \vdots & \vdots \\ 0 & \cdots & 0 \end{bmatrix}$$

대각 성분은 1이고 나머지 성분들은 모두 0인 사각행렬을 **단위행렬**(unit matrix) 또는 **항등행렬**(identity matrix)이라 하며 주로 I로 표현한다. 크기를 첨자로 명시하여 I_n으로 표기하기도 한다.

$$I=\begin{bmatrix} 1 & 0 & 0 & \cdots & 0 \\ 0 & 1 & 0 & \cdots & 0 \\ 0 & 0 & 1 & \cdots & 0 \\ \vdots & \vdots & \vdots & \ddots & \vdots \\ 0 & 0 & 0 & 0 & 1 \end{bmatrix}$$

단위행렬은 스칼라에서 1에 해당하는 행렬이라 간주할 수 있다. 마치 1의 거듭제곱은 항상 1인 것과 같이, $I=I^2=I^3=\cdots$가 성립한다. 또한 A와 I가 모두 $n\times n$ 크기일 때 $AI=IA=A$가 성립한다.(행렬의 곱에 대해서는 1.5.3절 참조) 단, $A\in\mathbb{R}^{m\times n}$에 대해서는 $AI_n=A$만, $A\in\mathbb{R}^{n\times m}$에 대해서는 $I_nA=A$만 성립한다.

1.5.2. 행렬의 종류

단위행렬처럼 대각 성분을 제외하면 모두 0인 정사각행렬을 **대각행렬**(diagonal matrix)라 한다.

$$D=\begin{bmatrix} d_{11} & 0 & 0 & \cdots & 0 \\ 0 & d_{22} & 0 & \cdots & 0 \\ 0 & 0 & d_{33} & \cdots & 0 \\ \vdots & \vdots & \vdots & \ddots & \vdots \\ 0 & 0 & 0 & \cdots & d_{nn} \end{bmatrix}$$

대각 성분의 위쪽 또는 아래쪽이 0인 정사각행렬을 **삼각행렬(triangular matrix)**라 한다. 특히, 대각선 아래쪽이 0인 행렬, 즉

$$U=\begin{bmatrix} a_{11} & a_{12} & a_{13} & \cdots & a_{1n} \\ 0 & a_{22} & a_{23} & \cdots & a_{2n} \\ 0 & 0 & a_{33} & \cdots & a_{3n} \\ \vdots & \vdots & \vdots & \ddots & \vdots \\ 0 & 0 & 0 & \cdots & a_{nn} \end{bmatrix}$$

와 같은 행렬을 상삼각행렬(upper triangular matrix), 대각선 위쪽이 0인 행렬, 즉

$$L=\begin{bmatrix} a_{11} & 0 & 0 & \cdots & 0 \\ a_{12} & a_{22} & 0 & \cdots & 0 \\ a_{13} & a_{23} & a_{33} & \cdots & 0 \\ \vdots & \vdots & \vdots & \ddots & \vdots \\ a_{1n} & a_{2n} & a_{3n} & \cdots & a_{nn} \end{bmatrix}$$

와 같은 행렬을 하삼각행렬(lower triangular matrix)라고 한다. 또한, 상삼각행렬과 하삼각행렬에서 대각 성분까지 0인 경우를 순상삼각행렬(strictly upper triangular matrix) 및 순하삼각행렬(strictly lower triangular matrix)이라고 한다.

각각의 대각선 위의 성분들이 같은 행렬을 **퇴플리츠 행렬(Toeplitz matrix)**[1]이라 한다. 즉,

$$T=\begin{bmatrix} a_0 & a_{-1} & a_{-2} & \cdots & a_{-(n-2)} & a_{-(n-1)} \\ a_1 & a_0 & a_{-1} & \ddots & & a_{-(n-2)} \\ a_2 & a_1 & a_0 & \ddots & \ddots & \vdots \\ \vdots & \ddots & \ddots & \ddots & a_{-1} & a_{-2} \\ \vdots & & \ddots & \ddots & a_0 & a_{-1} \\ a_{n-1} & a_{n-2} & \cdots & a_2 & a_1 & a_0 \end{bmatrix}$$

1.5.3. 행렬의 합과 곱

두 행렬의 합은 크기가 같은 경우에만 정의된다. $m \times n$크기의 두 행렬 A와 B에 대해,

1) 독일의 수학자인 Otto Toeplitz (1881-1940)의 이름을 딴 것이다.

$$A+B=\begin{bmatrix} a_{11}+b_{11} & a_{12}+b_{12} & \cdots & a_{1n}+b_{1n} \\ a_{21}+b_{21} & a_{22}+b_{22} & \cdots & a_{2n}+b_{2n} \\ \vdots & \vdots & \ddots & \vdots \\ a_{m1}+b_{m1} & a_{m2}+b_{m2} & \cdots & a_{mn}+b_{mn} \end{bmatrix}$$

예제 1.8

2×3 크기의 행렬 $A=\begin{bmatrix}1&2&3\\4&5&6\end{bmatrix}$와 $B=\begin{bmatrix}9&-8&7\\-1&2&3\end{bmatrix}$의 합과 차는 각각

$$A+B=\begin{bmatrix}1+9 & 2-8 & 3+7\\ 4-1 & 5+2 & 6+3\end{bmatrix}=\begin{bmatrix}10&-6&10\\3&7&9\end{bmatrix}$$
$$A-B=\begin{bmatrix}1-9 & 2-(-8) & 3-7\\ 4-(-1) & 5-2 & 6-3\end{bmatrix}=\begin{bmatrix}-8&10&-4\\5&3&3\end{bmatrix}$$

으로 계산된다.

두 행렬 $A\in\mathbb{R}^{l\times m}$와 $B\in\mathbb{R}^{m\times n}$의 곱을 새로운 행렬 C라고 할 때, C는 $l\times n$ 크기가 되며 각 원소는 다음과 같이 구한다.

$$c_{ij}=\sum_{k=1}^{m} a_{ik}b_{kj}$$

즉, 아래 수식처럼 첫 번째 행렬의 i번째 행과 j번째 열을 곱하면 곱한 결과의 (i,j)번째 원소가 된다.

$$\begin{bmatrix}\vdots & \vdots & \vdots & \vdots\\ a_{i1} & a_{i2} & \cdots & a_{im}\\ \vdots & \vdots & \vdots & \vdots\end{bmatrix}\times\begin{bmatrix}\cdots & b_{1j} & \cdots\\ \cdots & b_{2j} & \cdots\\ \cdots & \vdots & \cdots\\ \cdots & b_{mj} & \cdots\end{bmatrix}=\begin{bmatrix}\vdots & \vdots & \vdots\\ \cdots & c_{ij} & \cdots\\ \vdots & \vdots & \vdots\end{bmatrix}$$

따라서 행렬의 곱은 첫 번째 행렬의 열의 개수와 두 번째 행렬의 행의 개수가 같을 때만 성립한다.(위에서는 m)

예제 1.9

1×2 크기의 행렬, 즉 2차원 행벡터와 2×1 크기의 행렬. 즉 2차원 열벡터의 곱의 예를 들어보자. 그 결과는 1×1 크기, 즉 스칼라값이 된다.

$$[1\ 2]\begin{bmatrix}3\\4\end{bmatrix}=1\times 3+2\times 4=11$$

그러나 순서를 바꾸어 2×1 크기의 행렬과 1×2 크기의 행렬을 곱하면 그 결과는 2×2 크기의 행렬이 된다.

$$\begin{bmatrix}3\\4\end{bmatrix}[1\ 2]=\begin{bmatrix}3\times 1 & 3\times 2\\4\times 1 & 4\times 2\end{bmatrix}=\begin{bmatrix}3 & 6\\4 & 8\end{bmatrix}$$

정사각행렬은 자기 자신과의 곱, 즉 거듭제곱을 할 수 있다. $n\times n$크기의 행렬과 $n\times n$크기의 행렬의 곱인 셈이므로 거듭제곱의 결과 역시 $n\times n$크기이다.

$$\mathrm{A}\times\mathrm{A}=\mathrm{A}^2$$

대각행렬의 거듭제곱은 대각 성분을 거듭제곱하여 얻어짐을 쉽게 확인할 수 있다. 즉, 자연수 k에 대해

$$\mathrm{D}^k=\begin{bmatrix}d_{11}^k & 0 & 0 & \cdots & 0\\0 & d_{22}^k & 0 & \cdots & 0\\0 & 0 & d_{33}^k & \cdots & 0\\\vdots & \vdots & \vdots & \ddots & \vdots\\0 & 0 & 0 & \cdots & d_{nn}^k\end{bmatrix}$$

같은 크기의 두 행렬에 대해 같은 위치의 원소끼리 곱하는 연산 역시 자주 쓰인다. 이를 **아다마르 곱(Hadamard product)**[2]이라 부르며, 아래 식처럼 표현할 수 있다.

$$\mathrm{A}\circ\mathrm{B}=\begin{bmatrix}a_{11}\times b_{11} & a_{12}\times b_{12} & \cdots & a_{1n}\times b_{1n}\\a_{21}\times b_{21} & a_{22}\times b_{22} & \cdots & a_{2n}\times b_{2n}\\\vdots & \vdots & \ddots & \vdots\\a_{m1}\times b_{m1} & a_{m2}\times b_{m2} & \cdots & a_{mn}\times b_{mn}\end{bmatrix}$$

예제 1.10

2×3 크기의 행렬 $\mathrm{A}=\begin{bmatrix}1 & 2 & 3\\4 & 5 & 6\end{bmatrix}$와 $\mathrm{B}=\begin{bmatrix}9 & -8 & 7\\-1 & 2 & 3\end{bmatrix}$에 대해 아다마르 곱은

$$\mathrm{A}\circ\mathrm{B}=\begin{bmatrix}1\times 9 & 2\times(-8) & 3\times 7\\4\times(-1) & 5\times 2 & 6\times 3\end{bmatrix}=\begin{bmatrix}9 & -16 & 21\\-4 & 10 & 18\end{bmatrix}$$

로 계산된다.

2) 프랑스 수학자인 Jacques Hadamard (1865-1963)의 이름을 딴 것이다.

1.5.4. 전치(Transpose)

행렬의 전치도 벡터의 경우와 같이 행과 열을 바꾸는 과정이다. 예를 들어,

$$A = \begin{bmatrix} 1 & 2 \\ 4 & 5 \\ 7 & 8 \end{bmatrix}$$

로 주어지는 경우, 이 행렬의 전치는

$$A^\top = \begin{bmatrix} 1 & 4 & 7 \\ 2 & 5 & 8 \end{bmatrix}$$

이 된다. 전치를 적용하면 행과 열의 크기가 바뀐다. 즉, $A \in \mathbb{R}^{m \times n}$일 때, $A^\top \in \mathbb{R}^{n \times m}$이다. 전치를 두 번 적용하면 다시 자기 자신으로 돌아옴을 쉽게 이해할 수 있다. 즉,

$$(A^\top)^\top = A$$

두 행렬을 더한 후 전치하는 것은 각각 전치한 후 더한 것과 같다. 즉,

$$(A+B)^\top = A^\top + B^\top$$

두 행렬을 곱한 후 전치하는 것은 각각 전치한 후 순서를 바꾸어 곱한 것과 같다. 즉,

$$(AB)^\top = B^\top A^\top \tag{1.2}$$

전치한 결과가 원래 행렬과 같은 경우를 **대칭행렬(symmetric matrix)**이라고 한다. 즉,

$$A^\top = A$$

대칭행렬은 응용분야가 많은 중요한 행렬로써 1.11절에서 보다 자세히 다룬다. 전치한 결과가 원래 행렬에 음의 부호를 붙인 것과 같은 경우, 즉

$$A^\top = -A$$

인 경우 이 행렬을 반대칭행렬(skew-symmetric matrix)이라 한다.

예제 1.11

온라인 소셜네트워크 서비스에서 각 가입자를 노드(node), 가입자 사이의 친구 관계를 노드간 연결로 표현하는 그래프를 생각해보자. 즉, 두 가입자가 친구관계이면 연결을 부여하고 그렇지 않으면 연결이 존재하지 않는다. 5명의 가입자 A, B, C, D, E가 있고 가입자 A와 B, 가입자 C와 E, 가입자 B와 D, 그리고 가입자 A와 E가 친구관계라 하자. 이를 아래 그림처럼 방향성 없는 그래프(undirected graph)로 표현할 수 있다.

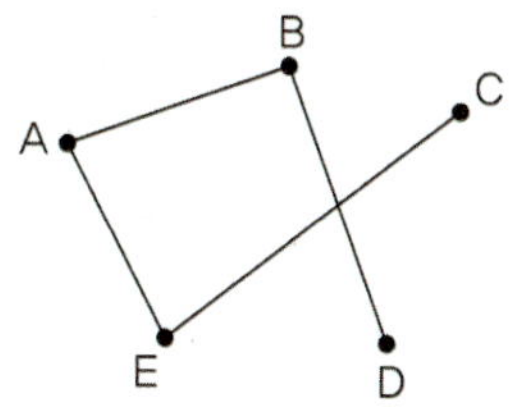

또한 노드간 연결 유무를 행렬로 표현하면

$$A=\begin{bmatrix}0&1&0&0&1\\1&0&0&1&0\\0&0&0&0&1\\0&1&0&0&0\\1&0&1&0&0\end{bmatrix}$$

로 정리할 수 있다. 이를 위 그래프의 인접행렬(adjacency matrix)이라 하며, 방향성 없는 그래프의 인접행렬은 대칭행렬로 나타난다.

1.5.5. 행렬식

행렬식(determinant)은 정사각행렬을 하나의 스칼라값으로 대응시키는 함수로써, 특히 다음 절에서 다룰 역행렬과 밀접한 관계가 있다.

행렬 A의 행렬식은 일반적으로 $\det(A)$ 또는 $|A|$로 표기한다. 크기가 2×2인 경우 행렬식은 다음과 같이 계산한다.

$$\det(A)=|A|=\begin{vmatrix}a_{11}&a_{12}\\a_{21}&a_{22}\end{vmatrix}=a_{11}a_{22}-a_{12}a_{21}$$

크기가 $n\times n$인 경우 임의의 $i(1\le i\le n)$에 대해 다음과 같은 재귀적 방식으로 계산할 수 있다.

$$\det(A)=|A|:=\sum_{j=1}^{n}(-1)^{i+j}a_{ij}|A_{ij}| \tag{1.3}$$

여기서 A_{ij}는 원래 행렬 A에서 i번째 행과 j번째 열(이들의 교차점에 원소 a_{ij}가 위치한다)을 삭제한 $(n-1)\times(n-1)$ 크기의 행렬을 말한다. $|\mathrm{A}_{ij}|$, 즉 A_{ij}의 행렬식을 계산하기 위해서는 위 식을 다시 재귀적으로 적용하면 된다. 여기서

$$C_{ij} := (-1)^{i+j}\mathrm{A}_{ij}$$

를 **공통인자(cofactor)**라 부른다. 이를 이용하면 식 (1.3)은

$$|\mathrm{A}| = \sum_{j=1}^{n} a_{ij}C_{ij} \tag{1.4}$$

로 다시 쓸 수 있다. 이를 공통인자 전개(cofactor expansion)라 부른다.

예제 1.12 **3×3 행렬의 행렬식**

3×3 행렬 $\mathrm{A}=\begin{bmatrix} a_{11} & a_{12} & a_{13} \\ a_{21} & a_{22} & a_{23} \\ a_{31} & a_{32} & a_{33} \end{bmatrix}$의 행렬식을 구해보자. 식 (1.3)을 적용하면

$$\begin{aligned}\det(\mathrm{A}) &= (-1)^{1+1}a_{11}\begin{vmatrix} a_{22} & a_{23} \\ a_{32} & a_{33} \end{vmatrix} + (-1)^{1+2}a_{12}\begin{vmatrix} a_{21} & a_{23} \\ a_{31} & a_{33} \end{vmatrix} + (-1)^{1+3}a_{13}\begin{vmatrix} a_{21} & a_{22} \\ a_{31} & a_{32} \end{vmatrix} \\ &= a_{11}(a_{22}a_{33} - a_{23}a_{32}) - a_{12}(a_{21}a_{33} - a_{23}a_{31}) + a_{13}(a_{21}a_{32} - a_{22}a_{31})\end{aligned}$$

로 계산할 수 있다.

만약 행렬 A가 삼각행렬인 경우, 행렬식은 대각 성분의 곱으로 쉽게 구해진다. 즉,

$$\det(\mathrm{A}) = \prod_{i=1}^{n} a_{ii}$$

대각행렬도 삼각행렬의 하나이므로 위 식이 마찬가지로 성립한다. 특별히 단위행렬의 경우 대각 성분이 모두 1이므로 단위행렬의 행렬식은 1임을 쉽게 알 수 있다.

$$\det(\mathrm{I}) = 1$$

전치하여 행렬식을 구하면 원래 행렬의 행렬식과 같다. 즉,

$$\det(\mathrm{A}^{\top}) = \det(\mathrm{A}) \tag{1.5}$$

두 행렬을 곱한 결과의 행렬식은 각각의 행렬식을 곱한 것과 같다. 즉,

$$\det(\mathrm{AB}) = \det(\mathrm{A}) \cdot \det(\mathrm{B}) \tag{1.6}$$

그러나 두 행렬을 합한 결과의 행렬식은 각각의 행렬식을 더한 것과 같지 않다. 즉,

$$\det(A+B) \neq \det(A) + \det(B)$$

예제 1.13

$A=\begin{bmatrix} 1 & -2 \\ -3 & 4 \end{bmatrix}$와 $B=\begin{bmatrix} -3 & -1 \\ 4 & 0 \end{bmatrix}$가 주어졌다고 하자. 각각의 행렬식은

$$\det(A) = 1\times 4-(-2)\times(-3) = -2$$
$$\det(B) = -3\times 0-(-1)\times 4 = 4$$

로 계산된다. A와 B의 곱의 행렬식은

$$\det(AB) = \det\left(\begin{bmatrix} -11 & -1 \\ 25 & 3 \end{bmatrix}\right) = -11\times 3-(-1)\times 25 = -8$$

이며 이는 각 행렬의 행렬식을 곱한 것과 같다. 그러나 A와 B의 합의 행렬식은

$$\det(A+B) = \det\left(\begin{bmatrix} -2 & -3 \\ 1 & 4 \end{bmatrix}\right) = -2\times 4-(-3)\times 1 = -5$$

로써, 두 행렬의 행렬식을 합한 값 $4-2=2$와 같지 않음을 볼 수 있다.

1.5.6. 역행렬

역행렬(inverse matrix)은 스칼라값에서 역수에 해당하는 개념이라 할 수 있다.

정의

$n\times n$ 행렬 A에 대해 $AB=BA=I$을 만족하는 행렬 B를 A의 역행렬이라 하며, A^{-1}로 표기한다. 즉, $AA^{-1}=A^{-1}A=I$이다.

모든 정사각행렬에 대해 역행렬이 존재하는 것은 아니다. 역행렬이 존재하는 행렬을 **가역행렬**(invertible matrix)이라고도 하고 **비특이행렬**(non-singular matrix)라고도 한다. 반대로 역행렬이 존재하지 않는 경우 **비가역행렬**(non-invertible matrix) 또는 **특이행렬**(singular matrix)라고 한다.

일반적인 경우 A의 역행렬은 앞서 정의한 공통인자를 이용하여 다음의 식으로 표현할 수 있다.

$$A^{-1} = \frac{1}{|A|}C^{\top} = \frac{1}{|A|}\begin{bmatrix} C_{11} \cdots C_{1n} \\ \vdots \ddots \vdots \\ C_{n1} \cdots C_{nn} \end{bmatrix}^{\top} \tag{1.7}$$

여기서 공통인자를 모아 놓은 행렬 C를 공통인자행렬(cofactor matrix)이라 한다. 이 식에 따라 역행렬의 각 원소는

$$(A^{-1})_{ij} = \frac{1}{|A|}C_{ji} \tag{1.8}$$

로 표현할 수 있다. 식 (1.7)을 2×2 크기의 행렬에 적용하면 다음의 공식을 얻을 수 있다.

$$\begin{bmatrix} a_{11} & a_{12} \\ a_{21} & a_{22} \end{bmatrix}^{-1} = \frac{1}{a_{11}a_{22} - a_{12}a_{21}}\begin{bmatrix} a_{22} & -a_{12} \\ -a_{21} & a_{11} \end{bmatrix}$$

몇 가지 특수한 경우를 살펴보자.

- 영행렬은 역행렬이 존재하지 않는다. 그 어떤 행렬을 곱해도 원소가 모두 0이 되어버리기 때문에 단위행렬을 얻어낼 수 없다.
- 단위행렬의 역행렬은 그 자신이다. 즉, $I = I^{-1}$이다.
- 대각행렬의 역행렬은 대각 성분이 모두 역수로 바뀐 것과 같다. 즉,

$$D^{-1} = \begin{bmatrix} 1/d_{11} & 0 & 0 & \cdots & 0 \\ 0 & 1/d_{22} & 0 & \cdots & 0 \\ 0 & 0 & 1/d_{33} & \cdots & 0 \\ \vdots & \vdots & \vdots & \ddots & \vdots \\ 0 & 0 & 0 & \cdots & 1/d_{nn} \end{bmatrix}$$

두 행렬의 곱에 대한 역행렬은 각각의 역행렬을 순서를 바꿔 곱한 것과 같다. 즉,

$$(AB)^{-1} = B^{-1}A^{-1}$$

이는 전치에 대한 식 (1.2)와 유사하다.

전치를 하여 역행렬을 구한 것은 역행렬에 대한 전치와 같다. 즉,

$$(A^{\top})^{-1} = (A^{-1})^{\top} = A^{-\top}$$

역행렬과 전치의 기호를 합하여 위의 식 마지막과 같이 표기하기도 한다.

주의할 것은, 행렬의 합에 대한 역행렬은 각각의 역행렬의 합과 같지 않다는 것이다. 즉,

$$(\mathrm{A}+\mathrm{B})^{-1} \neq \mathrm{A}^{-1}+\mathrm{B}^{-1}$$

역행렬의 존재는 행렬식으로 판별할 수 있다. 행렬식이 0이 아닌 경우에만 역행렬이 존재한다. 역행렬이 존재하는 경우, 역행렬의 행렬식은 원래 행렬의 행렬식의 역수이다. 즉,

$$\det(\mathrm{A}^{-1}) = \frac{1}{\det(\mathrm{A})} = \det(\mathrm{A})^{-1}$$

행렬식은 고유값을 모두 곱한 것과 같다. 이에 대해서는 뒤에 1.10절에서 다시 다룬다. 한 가지만 여기서 언급하자면, 역행렬이 존재하는 경우 행렬식은 0이 아니며 이는 고유값 중 어느 것도 0이 되어서는 안된다. 즉, 정사각행렬에 대해 다음 세 가지는 모두 동치이다.

(1) 정사각행렬 A 의 역행렬이 존재한다.

(2) A 의 행렬식이 0이 아니다.

(3) A 의 고유값이 모두 0이 아니다.

1.5.7. 제곱근

행렬 B를 거듭제곱하여 다른 행렬 A를 얻게 될 때, 즉

$$\mathrm{B}^2 = \mathrm{A}$$

일 때, 행렬 B를 A 의 **제곱근(square root)**이라 하며

$$\mathrm{B} = \mathrm{A}^{\frac{1}{2}}$$

로 표기한다. 주의할 것은, 행렬의 제곱근은 각 원소의 제곱근으로 구성된 행렬과 같지 않다는 것이다. 즉,

$$\mathrm{A}^{\frac{1}{2}} \neq \begin{bmatrix} \sqrt{a_{11}} & \sqrt{a_{12}} & \cdots \\ \vdots & \vdots & \ddots \end{bmatrix}$$

예제 1.14

2×2 행렬 $A=\begin{bmatrix}7 & 10\\ 15 & 22\end{bmatrix}$은 $B=\begin{bmatrix}1 & 2\\ 3 & 4\end{bmatrix}$를 두 번 곱한 것과 같다. 즉,

$$\begin{bmatrix}7 & 10\\ 15 & 22\end{bmatrix}=\begin{bmatrix}1 & 2\\ 3 & 4\end{bmatrix}^2$$

따라서 행렬 A의 제곱근은 행렬 B이다. 이는 A의 각 원소의 제곱근으로 구성된 행렬과는 다르다. 즉,

$$\begin{bmatrix}7 & 10\\ 15 & 22\end{bmatrix}^{\frac{1}{2}}=\begin{bmatrix}1 & 2\\ 3 & 4\end{bmatrix}\neq\begin{bmatrix}\sqrt{7} & \sqrt{10}\\ \sqrt{15} & \sqrt{22}\end{bmatrix}$$

1.5.8. 대각합

정사각행렬에 대해 대각 성분을 모두 합한 것을 **대각합(trace)**이라 한다. 즉, $n\times n$ 행렬 A에 대하여

$$\mathrm{trace}(A):=\sum_{i=1}^{n}a_{ii}$$

두 행렬 $A\in\mathbb{R}^{m\times n}$과 $B\in\mathbb{R}^{n\times m}$ 의 곱에 대한 대각합은 순서를 바꾸어 곱하여 구한 대각합과 같다. 즉,

$$\mathrm{trace}(AB)=\mathrm{trace}(BA) \tag{1.9}$$

예제 1.15

두 행렬 $A=\begin{bmatrix}1 & -2 & 3\\ 4 & 5 & -6\end{bmatrix}$과 $B=\begin{bmatrix}10 & 11\\ -12 & 13\\ 14 & -15\end{bmatrix}$에 대해

$$\mathrm{trace}(AB)=\mathrm{trace}\left(\begin{bmatrix}76 & -60\\ -104 & 199\end{bmatrix}\right)=76+199=275$$

이고

$$\mathrm{trace}(BA)=\mathrm{trace}\left(\begin{bmatrix}54 & 35 & -36\\ 40 & 89 & -114\\ -46 & -103 & 132\end{bmatrix}\right)=54+89+132=275$$

이다. 따라서 식 (1.9)가 성립함을 확인할 수 있다.

식 (1.9)를 활용하면 세 행렬의 곱에 대한 경우도 순환자리이동(cyclic shift)한 경우 대각합이 변하지 않음을 쉽게 유추할 수 있다. 즉, 세 행렬 P, Q, R에 대해

$$\mathrm{trace}(PQR)=\mathrm{trace}(QRP)=\mathrm{trace}(RPQ)$$

가 성립한다. 첫 번째 등호는 PQR에서 P와 QR을 각각 식 (1.9)에서 A와 B라 하면 쉽게 이해되며, 두 번째 등호는 PQ와 R을 각각 A와 B라 하면 얻을 수 있다. 그러나 임의로 곱하는 순서를 바꾸면 대각합은 유지되지 않는다. 즉,

$$\mathrm{trace}(PQR)\neq\mathrm{trace}(PRQ)$$

임의의 정사각행렬의 대각합은 그 행렬의 고유값의 합과 같다는 성질이 있다. 이는 1.10절에서 더 자세히 다룬다.

1.5.9. 랭크

행렬의 **랭크(rank)**[3]는 선형독립인 열의 수를 말하며 이는 또한 선형독립인 행의 수와도 같다. (행렬의 열들(columns)로 생성되는 벡터공간(vector space)의 차원이라고 정의할 수도 있다. 하지만 이 책에서는 벡터공간에 대해서는 다루지 않기 때문에 이에 대한 자세한 내용은 생략하기로 한다.)

예제 1.16

$A=\begin{bmatrix}1&2&-4\\0&1&-2\\1&3&-6\end{bmatrix}$는 세 번째 열이 두 번째 열에 -2를 곱하여 얻을 수 있기 때문에 열벡터의 집합 $\left\{\begin{bmatrix}1\\0\\1\end{bmatrix},\begin{bmatrix}2\\1\\3\end{bmatrix},\begin{bmatrix}-4\\-2\\-6\end{bmatrix}\right\}$는 선형독립이 아니다. 세 번째 열을 제외한 $\left\{\begin{bmatrix}1\\0\\1\end{bmatrix},\begin{bmatrix}2\\1\\3\end{bmatrix}\right\}$는 선형독립이며, 따라서 행렬 A의 랭크는 2이다.

3) 우리말로 rank를 "계수"라고 번역하기도 한다. 하지만 문자항 앞에 곱해진 상수를 의미하는 coefficient 역시 "계수"라 번역하며, 이들 간의 혼동의 여지가 있기 때문에 여기서는 우리말 표현 대신 영문 표현 그대로 "랭크"로 표기하기로 한다.

예제 1.17

2×2 행렬 $A=\begin{bmatrix}1 & -1\\0 & 1\end{bmatrix}$를 구성하는 열벡터의 집합 $\left\{\begin{bmatrix}1\\0\end{bmatrix}, \begin{bmatrix}-1\\1\end{bmatrix}\right\}$에 대해

$$a\begin{bmatrix}1\\0\end{bmatrix}+b\begin{bmatrix}-1\\1\end{bmatrix}=\begin{bmatrix}0\\0\end{bmatrix}$$

를 만족시키는 계수 a와 b는 $a=b=0$밖에 없기 때문에 열벡터의 집합은 선형독립이다. 또는 $\begin{bmatrix}1\\0\end{bmatrix}$는 $\begin{bmatrix}-1\\1\end{bmatrix}$의 상수배로 얻을 수 없기 때문이기도 하다. 따라서 행렬 A의 랭크는 2이다.

열벡터 대신 행벡터에 대해서 살펴보자. 행렬 A를 구성하는 행벡터의 집합 $\{[1\ \ -1], [0\ \ 1]\}$에 대해

$$a[1\ \ -1]+b[0\ \ 1]=[0\ \ 0]$$

를 만족시키는 계수는 $a=b=0$밖에 없다. 또는 하나의 행벡터의 상수배로 다른 행벡터를 얻을 수 없다. 따라서 행벡터를 통하여 확인한 결과에서도 행렬 A의 랭크는 2이다.

선형독립인 행의 수와 열의 수가 같다는 것은 다시 말하면 원래 행렬의 랭크와 전치한 행렬의 랭크는 같다는 것이다. 즉,

$$\mathrm{rank}(A)=\mathrm{rank}(A^{\top})$$

또한 행렬의 랭크는 행의 개수와 열의 개수 중 작은 것을 초과할 수 없다. 즉, 행렬 A의 크기가 $m\times n$일 때

$$\mathrm{rank}(A)\leq \min(m,n)$$

이다. 예를 들어 10×2 크기의 모든 행렬은 랭크가 2 이하이다. 등호가 성립할 때, 즉 행렬이 가질 수 있는 최대의 랭크를 가질 때 그 행렬은 **완전 랭크(full rank)**를 갖는다고 한다.

$n\times n$ 크기의 정사각행렬의 경우, 이 행렬의 랭크가 n이라는 것과 이 행렬이 가역행렬이라는 것은 서로 필요충분조건이다. 이 경우 행렬의 랭크가 행렬의 크기와 같은데 이 때 이 행렬은 완전 랭크를 갖는 것이다. 따라서 1.5.6절 마지막에 언급한 동치인 사항들에 랭크에 대한 것을 추가할 수 있다. 즉, 정사각행렬에 대해 아래 항목들은 모두 동치이다.

(1) 정사각행렬 A의 역행렬이 존재한다.

(2) A의 행렬식이 0이 아니다

(3) A의 고유값이 모두 0이 아니다.

(4) A는 완전 랭크를 갖는다.

(5) A를 구성하는 열벡터들은 선형독립이며 행벡터들 역시 선형독립이다.

예제 1.18

앞선 예제 1.16에서 행렬 $A=\begin{bmatrix}1 & 2 & -4\\ 0 & 1 & -2\\ 1 & 3 & -6\end{bmatrix}$의 랭크는 2이므로 완전 랭크가 아니다. 위의 동치인 명제들에 따르면 이 행렬의 행렬식은 0이며 역행렬이 존재하지 않는다. 실제로 행렬식을 계산하면

$$\begin{aligned}\det(A) &= (-1)^{1+1}\times 1\times\begin{vmatrix}1 & -2\\ 3 & -6\end{vmatrix}+(-1)^{1+2}\times 2\times\begin{vmatrix}0 & -2\\ 1 & -6\end{vmatrix}+(-1)^{1+3}\times(-4)\times\begin{vmatrix}0 & 1\\ 1 & 3\end{vmatrix}\\ &=-6+6-2\times 2-4\times(-1)=0\end{aligned}$$

을 얻는다.

두 행렬을 곱해서 얻은 행렬의 랭크는 원래 각 행렬의 랭크 중 작은 값보다 작거나 같다는 성질이 있다. 즉,

$$\text{rank}(AB)\le\min\{\text{rank}(A),\text{rank}(B)\}$$

이 성질의 응용한 예로써 자주 나오는 경우는 랭크가 1인 랭크-1 행렬(rank-1 matrix)이다.

정리

$m\times n$ 크기의 행렬 A에 대해, 이 행렬의 랭크가 1이라는 것과 이 행렬이 두 벡터의 곱으로 나타내어 질 수 있다는 것은 서로 필요충분조건이다. 즉,

$$\text{rank}(A)=1 \Leftrightarrow A=uv^{\top}\quad(u\in\mathbb{R}^m, v\in\mathbb{R}^n)$$

여기서 두 벡터의 곱으로 표현하는 것은 아래와 같은 모습이 된다. 이 때 두 벡터는 각각 행이 1개밖에 없기 때문에 랭크가 1이다. 따라서 랭크가 1인 벡터를 곱해서 행과 열의 개수를 증가시켰지만 랭크는 증가하지 않는다는 것을 의미한다.

$$\begin{bmatrix} & A & \end{bmatrix}=\begin{bmatrix}u\end{bmatrix}\cdot\begin{bmatrix} & v^{\top} & \end{bmatrix}$$

예제 1.19 **추천시스템(recommender system)**

추천시스템 분야에서 자주 등장하는 문제는 특정 상품에 대한 선호도 정보가 일부 사용자에 대해 알려졌을 때 이를 바탕으로 다른 상품 또는 다른 사용자의 선호도를 예측하는 것이다. 예를 들어 6가지 영화가 있고 4명의 사용자가 있다고 하자. 사용자 각각은 이미 관람한 몇몇 영화에 대해 선호도를 별점으로 매겼다. 이를 하나의 행렬로 표현하면 다음과 같은 "점수 행렬" R 이 될 것이다. 아직 관람하지 않은 영화에 대해서는 정보가 없기 때문에 빈 칸으로 남는다.

movie →

user ↓	1	2	3	4	5	6
1		5	2			1
2	5		3	4		4
3		4			2	5
4		2		1	4	

추천시스템의 목표는 빈 칸에 들어갈 선호도를 추정하여 아직 관람하지 않은 영화 중에서 높은 선호도를 보일 것으로 예측되는 영화를 추천하는 것이다. 이를 위한 한 가지 방법은 이 행렬을 두 행렬의 곱으로 근사화하여 표현하는 것이다. 이를 행렬 인자화(matrix factorization)이라 한다. 그림으로 표현하면 아래와 같다.

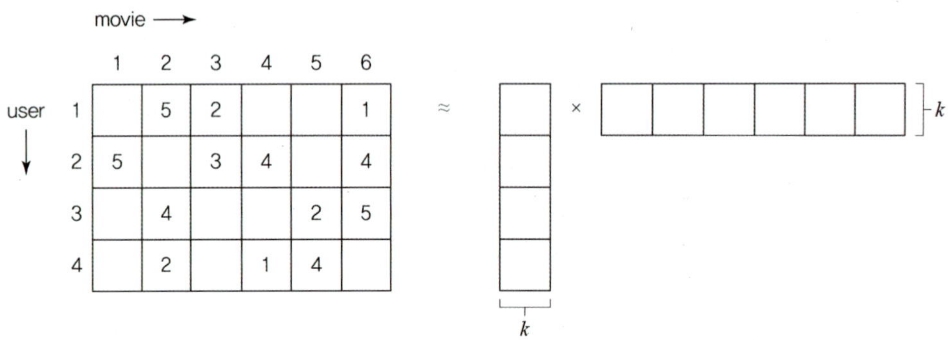

$$R \approx P \times Q^T$$

그림에서 행렬 P는 사용자 각각을 하나의 k차원 벡터로 표현한 것을 모아놓은 "사용자 행렬"이며, 행렬 Q는 영화 각각을 하나의 k차원 벡터로 표현한 것을 모아놓은 "아이템 행렬"이다. 즉, 각 사용자와 영화를 수치화한 "특징벡터"로 표현한 것이다. 극단적인 예로 $k=1$일 때를 생각해보자. 벡터 P의 각 원소를 p_i $(i=1,2,3,4)$, 벡터 Q의 각 원소를 q_j $(j=1,2,3,4,5,6)$라 하자. 그러면 이 문제는 P와 $Q^{\top}$를 곱한 결과가 R 에서 이미 채워져 있는 원소에 대해 최대한 가까워지는 p_i와 q_j를 구하는 최적화 문제로 귀결된다. 즉,

$$\min_{p_i, q_j} \sum_{r_{ij}:known} (r_{ij} - p_i \times q_j)^2$$

이 최적화 문제를 풀어 p_i와 q_j를 결정하면 R에서 빈 칸인 부분들의 추정치 역시 구할 수 있다. 이 과정은 결국 점수 행렬 R을 랭크-1 행렬로 근사화하는 것이다.

1.6 선형변환

행렬이 가지는 의미 중 중요한 하나는 **선형변환**(linear transformation)이다. 벡터 $\mathbf{x} \in \mathbb{R}^n$에 행렬 $\mathrm{A} \in \mathbb{R}^{m \times n}$를 곱하여 새로운 벡터 $\mathbf{y} \in \mathbb{R}^m$를 얻는 과정을 생각해보자.

$$\begin{bmatrix} & \mathrm{A} & \end{bmatrix} \begin{bmatrix} \mathbf{x} \end{bmatrix} = \begin{bmatrix} \mathbf{y} \end{bmatrix}$$

이는 A로 표현되는 선형변환 T가 정의역(domain)인 n차원 공간 상의 한 점 $\mathbf{x}$를 공역(codomain)인 m차원 공간 상의 한 점 $\mathbf{y}$로 사상(mapping)하는 것을 의미한다. 이를 기호로 $T : \mathbb{R}^n \to \mathbb{R}^m$으로 표현한다. 예를 들어, $\mathrm{A} = \begin{bmatrix} 1 & 2 & 3 & 4 \\ 4 & 3 & 2 & 1 \end{bmatrix}$는 4차원 공간의 한 점

$$\mathbf{x} = \begin{bmatrix} -1 \\ 1 \\ -1 \\ 1 \end{bmatrix}$$

를

$$\mathrm{A}\mathbf{x} = \begin{bmatrix} 1 & 2 & 3 & 4 \\ 4 & 3 & 2 & 1 \end{bmatrix} \begin{bmatrix} -1 \\ 1 \\ -1 \\ 1 \end{bmatrix} = \begin{bmatrix} 2 \\ -2 \end{bmatrix}$$

로 주어지는 2차원 공간의 점으로 사상한다. 선형변환에서 "선형"이라는 것은 공역에서의 좌표가 정의역에서의 좌표의 선형함수로 나타나기 때문이다. 4차원 공간의 한 점을

$$\mathbf{x} = \begin{bmatrix} x_1 \\ x_2 \\ x_3 \\ x_4 \end{bmatrix}$$

라 하면 위의 예에서 사용한 행렬 A에 의한 변환 결과는

$$y=\begin{bmatrix} x_1+2x_2+3x_3+4x_4 \\ 4x_1+3x_2+2x_3+x_4 \end{bmatrix}$$

로 얻어져 그 성분들이 x의 성분들의 선형함수로 나타남을 볼 수 있다.

예제 1.20

$A=\begin{bmatrix} 1\,0\,0 \\ 0\,1\,0 \\ 0\,0\,0 \end{bmatrix}$ 로 주어지는 선형변환을 생각해보자. 이 선형변환의 결과를 계산하면

$$Ax=\begin{bmatrix} 1\,0\,0 \\ 0\,1\,0 \\ 0\,0\,0 \end{bmatrix}\begin{bmatrix} x_1 \\ x_2 \\ x_3 \end{bmatrix}=\begin{bmatrix} x_1 \\ x_2 \\ 0 \end{bmatrix}$$

이다. 즉, 3차원 공간 상의 한 점을 2차원인 x_1x_2 평면으로 사영하는 변환이다.

예제 1.21

$A=\begin{bmatrix} \cos\phi & -\sin\phi \\ \sin\phi & \cos\phi \end{bmatrix}$ 는 2차원 평면상의 한 점을 ϕ만큼 회전시키는 변환이다. 예를 들어 $\begin{bmatrix} 1 \\ 0 \end{bmatrix}$는 이 행렬에 의해 $\begin{bmatrix} \cos\phi & -\sin\phi \\ \sin\phi & \cos\phi \end{bmatrix}\begin{bmatrix} 1 \\ 0 \end{bmatrix}=\begin{bmatrix} \cos\phi \\ \sin\phi \end{bmatrix}$ 로 변환되며 $\begin{bmatrix} 0 \\ 1 \end{bmatrix}$은 $\begin{bmatrix} \cos\phi & -\sin\phi \\ \sin\phi & \cos\phi \end{bmatrix}\begin{bmatrix} 0 \\ 1 \end{bmatrix}=\begin{bmatrix} -\sin\phi \\ \cos\phi \end{bmatrix}$ 로 변환된다. 아래 그림과 같이 이는 각 점이 ϕ만큼 회전된 결과임을 알 수 있다.

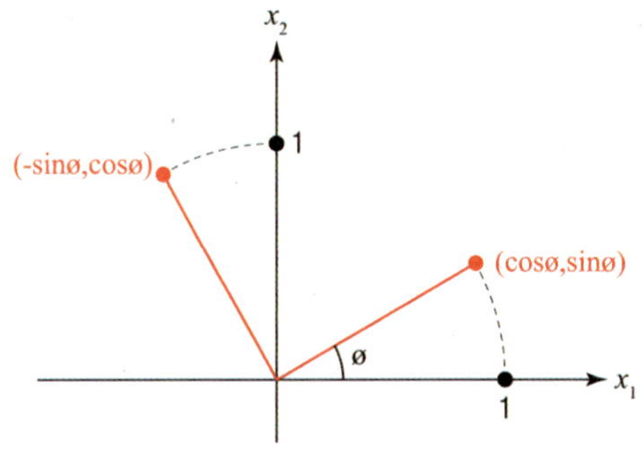

1.7 행렬의 노름

벡터에서와 유사하게 행렬에서도 노름을 정의할 수 있다.

정의

노름 ‖·‖은 행렬을 하나의 실수로 사상하는 함수로써, 크기가 같은 행렬 A, B와 임의의 실수 λ에 대해 다음의 조건들을 만족한다.

(i) $\|\lambda A\| = |\lambda| \cdot \|A\|$

(ii) $\|A+B\| \le \|A\| + \|B\|$

(iii) $\|A\| \ge 0$ 이고, $\|A\| = 0 \Leftrightarrow A = O$

(iv) $\|AB\| \le \|A\| \cdot \|B\|$

벡터에서와 마찬가지로 "크기"의 개념을 도입하기 위해 행렬의 노름을 정의한다. 하지만 행과 열이 모두 존재하는 행렬의 경우 노름을 정의하는 방법이 다양하다. 크게 두 가지 방식을 아래에 소개한다.

1) 벡터 노름으로부터 유래되는 노름

- p-노름: $\|A\|_p := \sup_{\mathbf{x} \neq 0} \frac{\|A\mathbf{x}\|_p}{\|\mathbf{x}\|_p}$
- 1-노름: $\|A\|_1 := \max_{1 \le j \le n} \sum_{i=1}^{m} |a_{ij}|$

  (즉, 각 열 별로 절대합을 구한 후 그 중 최대값)
- ∞-노름: $\|A\|_\infty := \max_{1 \le i \le m} \sum_{j=1}^{n} |a_{ij}|$

  (즉, 각 행 별로 절대합을 구한 후 그 중 최대값)
- 2-노름 (스펙트럼 노름(spectral norm)): A의 특이값(singular value) 중 최대값, 또는 $A^\top A$의 고유값의 제곱근 중 최대값 (특이값에 대해서는 1.12절 참조)

2) 행렬의 성분별로 계산하는 노름

- p,q-노름: $\|A\|_{p,q} := \left\{ \sum_{j=1}^{n} \left(\sum_{i=1}^{m} |a_{ij}|^p \right)^{\frac{q}{p}} \right\}^{\frac{1}{q}}$
- p,p-노름: $\|A\|_{p,p} := \left\{ \sum_{j=1}^{n} \sum_{i=1}^{m} |a_{ij}|^p \right\}^{\frac{1}{p}}$

- $p=q=2$인 경우 : 프로베니우스(Frobenius) 노름이라고도 한다. 모든 원소를 제곱합하여 제곱근을 구한 것과 같으며, 이는 몇 가지 다른 방식으로 표현 가능하다.

$$\|\mathrm{A}\|_F := \sqrt{\sum_{i=1}^{m}\sum_{j=1}^{n} a_{ij}^2} = \sqrt{\mathrm{trace}(\mathrm{A}^\top \mathrm{A})} = \sqrt{\sum_k \sigma_k^2}$$

여기서 σ_k는 A의 특이값이다. 앞서 스펙트럼 노름은 특이값 중 최대값이라고 했는데, 프로베니우스 노름은 모든 특이값을 제곱하여 합하고 제곱근을 구한 것이므로 항상 프로베니우스 노름이 스펙트럼 노름보다 크거나 같음을 알 수 있다. 즉,

$$\text{spectral norm} = \max_k(\sigma_k) \le \sqrt{\sum_k \sigma_k^2} = \text{Frobenius norm}$$

- $p=q=\infty$ 인 경우: $\|\mathrm{A}\|_{\max} := \max_{i,j} |a_{ij}|$

(즉, 모든 원소의 절대값 중 최대값)

예제 1.22

$\mathrm{A} = \begin{bmatrix} -1 & 2 & 3 \\ 4 & -5 & 6 \\ 7 & 8 & -9 \end{bmatrix}$의 노름을 계산해보자.

$\|\mathrm{A}\|_1 = \max(|-1|+4+7,\ 2+|-5|+8,\ 3+6+|-9|) = \max(12,15,18) = 18$

$\|\mathrm{A}\|_\infty = \max(|-1|+2+3,\ 4+|-5|+6,\ 7+8+|-9|) = \max(6,15,24) = 24$

$\|\mathrm{A}\|_F = \sqrt{(-1)^2+2^2+3^2+4^2+(-5)^2+6^2+7^2+8^2+(-9)^2} = 285$

$\|\mathrm{A}\|_{\max} = \max(|-1|, 2, 3, 4, |-5|, 6, 7, 8, |-9|) = 9$

1.8 직교행렬

직교행렬(orthogonal matrix)이란 정사각행렬에서 열(또는 행)의 집합이 정규직교집합인 경우를 말한다. 즉, 다음과 같이 $n \times n$ 행렬 A의 각 열을 벡터 $\mathrm{a}_i (i=1,\ldots,n)$으로 표현했을 때

$$\mathrm{A} = \begin{bmatrix} | & & | \\ \mathrm{a}_1 & \cdots & \mathrm{a}_n \\ | & & | \end{bmatrix}$$

다음이 성립함을 뜻한다.

$$\mathbf{a}_i^\top \mathbf{a}_j = \mathbf{a}_i \cdot \mathbf{a}_j = \begin{cases} 1, & i = j \\ 0, & i \neq j \end{cases}$$

그러면 $A^\top A$는 다음과 같이 계산될 수 있다.

$$A^\top A = \begin{bmatrix} - & \mathbf{a}_1^\top & - \\ & \vdots & \\ - & \mathbf{a}_n^\top & - \end{bmatrix} \begin{bmatrix} | & & | \\ \mathbf{a}_1 & \cdots & \mathbf{a}_n \\ | & & | \end{bmatrix} = \begin{bmatrix} \mathbf{a}_1^\top \mathbf{a}_1 & \mathbf{a}_1^\top \mathbf{a}_2 & \cdots \\ \mathbf{a}_2^\top \mathbf{a}_1 & \mathbf{a}_2^\top \mathbf{a}_2 & \cdots \\ \vdots & \vdots & \ddots \end{bmatrix} = \begin{bmatrix} 1 & 0 & \cdots \\ 0 & 1 & \cdots \\ \vdots & \vdots & \ddots \end{bmatrix} = I$$

유사한 방식으로 $AA^\top = I$임도 보일 수 있다. 즉 이는

$$A^\top = A^{-1}$$

임을 보인 것이다. 다시 말해, 직교행렬은 자신의 전치와 역행렬이 같다.

예제 1.23

단위행렬은 직교행렬이다. 예를 들어 3×3 단위행렬 $I_3 = \begin{bmatrix} 1 & 0 & 0 \\ 0 & 1 & 0 \\ 0 & 0 & 1 \end{bmatrix}$의 세 열벡터 $\begin{bmatrix} 1 \\ 0 \\ 0 \end{bmatrix}, \begin{bmatrix} 0 \\ 1 \\ 0 \end{bmatrix}, \begin{bmatrix} 0 \\ 0 \\ 1 \end{bmatrix}$에 대해, 서로 다른 두 열벡터의 내적은 0이며 자기 자신과의 내적은 모두 1임을 쉽게 확인 가능하다.

예제 1.24

예제 1.21에서 소개한 회전변환을 나타내는 행렬 $A = \begin{bmatrix} \cos\phi & -\sin\phi \\ \sin\phi & \cos\phi \end{bmatrix}$를 살펴보자. 두 열벡터의 내적은

$$[\cos\phi \ \sin\phi] \begin{bmatrix} -\sin\phi \\ \cos\phi \end{bmatrix} = -\sin\phi\cos\phi + \sin\phi\cos\phi = 0$$

이고 각 열벡터에 대한 자기 자신과의 내적은

$$[\cos\phi \ \sin\phi] \begin{bmatrix} \cos\phi \\ \sin\phi \end{bmatrix} = \cos^2\phi + \sin^2\phi = 1$$
$$[-\sin\phi \ \cos\phi] \begin{bmatrix} -\sin\phi \\ \cos\phi \end{bmatrix} = \sin^2\phi + \cos^2\phi = 1$$

이므로 행렬 A는 직교행렬이다. 또는

$$\begin{aligned} A^\top A &= \begin{bmatrix} \cos\phi & \sin\phi \\ -\sin\phi & \cos\phi \end{bmatrix} \begin{bmatrix} \cos\phi & -\sin\phi \\ \sin\phi & \cos\phi \end{bmatrix} \\ &= \begin{bmatrix} \cos^2\phi + \sin^2\phi & -\cos\phi\sin\phi + \sin\phi\cos\phi \\ -\sin\phi\cos\phi + \cos\phi\sin\phi & \sin^2\phi + \cos^2\phi \end{bmatrix} \\ &= \begin{bmatrix} 1 & 0 \\ 0 & 1 \end{bmatrix} \end{aligned}$$

와 같이 보일 수도 있다.

직교행렬의 행렬식은 +1 또는 −1이다. 왜냐하면, 두 행렬을 곱해서 행렬식을 구하면 각각의 행렬식을 곱한 것과 같다는 성질(식 (1.6) 참조)과 전치한 행렬의 행렬식은 원래 행렬의 행렬식과 같다는 성질(식 (1.5) 참조)을 활용하면,

$$1 = \det(\mathrm{I}) = \det(\mathrm{A}^\top \mathrm{A}) = \det(\mathrm{A}^\top)\det(\mathrm{A}) = \{\det(\mathrm{A})\}^2$$

이기 때문이다.

어떤 벡터에 직교행렬로 표현되는 선형변환을 수행하는 것을 생각해 보자. 임의의 벡터 $\mathbf{x}$에 대해 선형변환하여 얻는 벡터의 크기의 제곱인 $\|\mathrm{A}\mathbf{x}\|^2$는

$$\|\mathrm{A}\mathbf{x}\|^2 = (\mathrm{A}\mathbf{x}) \cdot (\mathrm{A}\mathbf{x}) = (\mathrm{A}\mathbf{x})^\top (\mathrm{A}\mathbf{x}) = \mathbf{x}^\top \mathrm{A}^\top \mathrm{A}\mathbf{x} = \mathbf{x}^\top \mathrm{I}\mathbf{x} = \|\mathbf{x}\|^2$$

가 되어 선형변환 전 원래 벡터의 크기의 제곱과 같다. 즉, 모든 벡터는 직교행렬로 표현되는 선형변환에 의해 그 크기가 보존된다는 것이다. 또한 임의의 두 벡터 $\mathbf{x}$와 $\mathbf{y}$에 대해, 선형변환 전 두 벡터 사이의 각도를 θ, 선형변환 후의 두 벡터 $\mathrm{A}\mathbf{x}$와 $\mathrm{A}\mathbf{y}$ 사이의 각도를 θ'라고 하면

$$\begin{aligned}
\cos\theta' &= \frac{(\mathrm{A}\mathbf{x})^\top (\mathrm{A}\mathbf{y})}{\|\mathrm{A}\mathbf{x}\|\,\|\mathrm{A}\mathbf{y}\|} \\
&= \frac{(\mathrm{A}\mathbf{x})^\top (\mathrm{A}\mathbf{y})}{\sqrt{\|\mathrm{A}\mathbf{x}\|^2\,\|\mathrm{A}\mathbf{y}\|^2}} \\
&= \frac{(\mathrm{A}\mathbf{x})^\top (\mathrm{A}\mathbf{y})}{\sqrt{(\mathrm{A}\mathbf{x})^\top (\mathrm{A}\mathbf{x})\,(\mathrm{A}\mathbf{y})^\top (\mathrm{A}\mathbf{y})}} \\
&= \frac{\mathbf{x}^\top \mathrm{A}^\top \mathrm{A}\mathbf{y}}{\sqrt{\mathbf{x}^\top \mathrm{A}^\top \mathrm{A}\mathbf{x}\ \mathbf{x}^\top \mathrm{A}^\top \mathrm{A}\mathbf{y}}} \\
&= \frac{\mathbf{x}^\top \mathbf{y}}{\sqrt{\mathbf{x}^\top \mathbf{x}\ \mathbf{x}^\top \mathbf{y}}} \\
&= \frac{\mathbf{x}^\top \mathbf{y}}{\sqrt{\|\mathbf{x}\|^2\,\|\mathbf{y}\|^2}} \\
&= \frac{\mathbf{x}^\top \mathbf{y}}{\|\mathbf{x}\|\,\|\mathbf{y}\|} \\
&= \cos\theta
\end{aligned}$$

가 되어 벡터 사이의 각도 역시 변환 전후로 유지되는 것을 확인할 수 있다.

1.9 의사역행렬

1.9.1. 의사역행렬의 정의

앞서 살펴보았듯이 역행렬을 구하는 것은 정사각행렬에 대해서만 가능하다. 그러나 이를 임의의 크기의 행렬에 대해 확장한 개념이 바로 **의사역행렬(pseudo-inverse)**이다. 다른 이름으로는 **무어-펜로즈 역행렬(Moore-Penrose inverse)**[4]이라고도 한다.

정의

$m \times n$ 크기의 행렬 A에 대해, $n \times m$ 크기의 행렬 B가 다음의 조건들을 만족하면 행렬 B는 행렬 A의 의사역행렬이라고 하며, 기호로는 $\mathrm{B} = \mathrm{A}^{+}$라고 한다.

(i) $\mathrm{ABA} = \mathrm{A}$ (즉, B는 A의 일반역행렬(generalized inverse))

(ii) $\mathrm{BAB} = \mathrm{B}$ (즉, A는 B의 일반역행렬)

(iii) $(\mathrm{AB})^{\top} = \mathrm{AB}$ (즉, AB는 대칭행렬)

(iv) $(\mathrm{BA})^{\top} = \mathrm{BA}$ (즉, BA는 대칭행렬)

임의의 행렬에 대해 위 네 가지 조건을 만족하는 의사역행렬은 항상 존재하며 단 하나만 존재한다.

예제 1.25

영행렬 $\mathrm{O} = \begin{bmatrix} 0 & 0 \\ 0 & 0 \end{bmatrix}$의 의사역행렬은 $\mathrm{O}^{+} = \begin{bmatrix} 0 & 0 \\ 0 & 0 \end{bmatrix}$이다. 의사역행렬의 네 가지 조건을 만족함을 쉽게 보일 수 있다.

(i) $\mathrm{O}\mathrm{O}^{+}\mathrm{O} = \begin{bmatrix} 0 & 0 \\ 0 & 0 \end{bmatrix} = \mathrm{O}$

(ii) $\mathrm{O}^{+}\mathrm{O}\mathrm{O}^{+} = \begin{bmatrix} 0 & 0 \\ 0 & 0 \end{bmatrix} = \mathrm{O}^{+}$

(iii) $(\mathrm{O}\mathrm{O}^{+})^{\top} = \begin{bmatrix} 0 & 0 \\ 0 & 0 \end{bmatrix} = \mathrm{O}\mathrm{O}^{+}$

(iv) $(\mathrm{O}^{+}\mathrm{O})^{\top} = \begin{bmatrix} 0 & 0 \\ 0 & 0 \end{bmatrix} = \mathrm{O}^{+}\mathrm{O}$

4) 미국의 수학자 Eliakim Hastings Moore (1862-1932)와 영국의 수학자 Roger Penrose (1931-)의 이름을 딴 것이다. Roger Penrose는 블랙홀에 관한 연구로 2020년 노벨 물리학상을 공동 수상하였다.

예제 1.26

행렬 $A = \begin{bmatrix} 1 & 0 \\ 1 & 0 \end{bmatrix}$의 의사역행렬은 $A^+ = \begin{bmatrix} 0.5 & 0.5 \\ 0 & 0 \end{bmatrix}$이다. 다음과 같이 확인할 수 있다.

(i) $AA^+A = \begin{bmatrix} 1 & 0 \\ 1 & 0 \end{bmatrix} = A$

(ii) $A^+AA^+ = \begin{bmatrix} 0.5 & 0.5 \\ 0 & 0 \end{bmatrix} = A^+$

(iii) $(AA^+)^\top = \begin{bmatrix} 0.5 & 0.5 \\ 0.5 & 0.5 \end{bmatrix} = AA^+$

(iv) $(A^+A)^\top = \begin{bmatrix} 1 & 0 \\ 0 & 0 \end{bmatrix} = A^+A$

의사역행렬의 의미를 정사각행렬의 역행렬의 확장이라고 소개하였으나, 역행렬과는 다르게 의사역행렬은 원래 행렬과 곱했을 때 항상 단위행렬을 만드는 것은 아니다. 이는 위의 두 예제에서 확인할 수 있다.

행렬이 완전랭크를 갖는 경우, 즉 해당 크기를 갖는 행렬이 가질 수 있는 최대의 랭크를 갖는 경우에는 의사역행렬을 수식으로 손쉽게 구할 수 있으며 원래 행렬과 의사역행렬의 곱이 단위행렬로 나타난다. 완전랭크를 갖는 $m \times n$ 크기의 행렬 A에 대해 m과 n의 대소관계에 따라 다음과 같은 세 가지 경우가 있다.

1) $m = n = \mathrm{rank}(A)$인 경우

이 경우는 정사각행렬이므로 역행렬이 존재하며, 의사역행렬과 역행렬은 같다. 즉,

$$A^+ = A^{-1}$$

이다.

2) $m > n = \mathrm{rank}(A)$인 경우

이 경우는 행렬이 세로로 더 긴 경우이다. 행렬의 랭크가 열의 수와 같기 때문에 n개의 열의 집합은 선형독립이며 m개의 행의 집합은 선형독립이 아니다. 행렬 A에 대한 의사역행렬은 $n \times m$의 크기를 가지며

$$A^+ = (A^\top A)^{-1} A^\top \tag{1.10}$$

로 얻어질 수 있다. 이 식에서 $A^\top A (\in \mathbb{R}^{n \times n})$의 랭크는 n이므로 역행렬이 존재한다. 식 (1.10)

으로 얻는 결과에 대해 의사역행렬의 정의의 네 조건이 성립함은 어렵지 않게 확인할 수 있다. 이렇게 얻는 의사역행렬은 원래의 행렬과 곱하면 단위행렬을 얻는다.

$$A^{+}A=(A^{\top}A)^{-1}A^{\top}A=I_n$$

A의 왼쪽에 곱해질 때 단위행렬을 얻게 되므로 좌측역행렬(left inverse)라고 부른다.

3) $n > m = \text{rank}(A)$인 경우

이 경우는 행렬이 가로로 더 긴 경우이다. 행렬의 랭크가 행의 수와 같기 때문에 행렬의 행들은 선형독립이며 열은 선형독립이 아니다. $n \times m$의 크기의 의사역행렬은

$$A^{+}=A^{\top}(AA^{\top})^{-1}$$

로 얻는다. 여기서 $AA^{\top}(\in\mathbb{R}^{m\times m})$의 랭크는 m이므로 역행렬이 존재한다. 이러한 의사역행렬에 대해

$$AA^{+}=AA^{\top}(AA^{\top})^{-1}=I_m$$

가 된다. A의 오른쪽에 곱해질 때 단위행렬을 얻게 되므로 우측역행렬(right inverse)라고 부른다.

예제 1.27

n차원 열벡터 $\mathbf{x}$의 의사역행렬을 구해보자. 앞선 세 가지 경우 중 두 번째에 해당한다. 따라서

$$\mathbf{x}^{+}=(\mathbf{x}^{\top}\mathbf{x})^{-1}\mathbf{x}^{\top}=(\|\mathbf{x}\|^2)^{-1}\mathbf{x}^{\top}=\frac{\mathbf{x}^{\top}}{\|\mathbf{x}\|^2}$$

로 구할 수 있다. 즉, 벡터의 의사역행렬은 벡터의 전치를 벡터의 노름의 제곱으로 나눈 것이다. 그리면

$$\mathbf{x}^{+}\mathbf{x}=\frac{\mathbf{x}^{\top}}{\|\mathbf{x}\|^2}\mathbf{x}=\frac{\|\mathbf{x}\|^2}{\|\mathbf{x}\|^2}=1$$

임을 확인할 수 있다.

예제 1.28

$A=\begin{bmatrix}-1 & -3 & 1\\ 2 & 1 & -1\end{bmatrix}$의 의사역행렬을 구해보자. 열의 수가 행의 수보다 많으며 두 행은 서로 독립이므로 앞의 세 가지 경우 중 세 번째 경우이다. 의사역행렬은

$$\begin{aligned}A^{+} &= A^{\top}(AA^{\top})^{-1}\\ &=\begin{bmatrix}-1 & -3 & 1\\ 2 & 1 & -1\end{bmatrix}^{\top}\left(\begin{bmatrix}-1 & -3 & 1\\ 2 & 1 & -1\end{bmatrix}\begin{bmatrix}-1 & -3 & 1\\ 2 & 1 & -1\end{bmatrix}^{\top}\right)^{-1}\\ &=\begin{bmatrix}-1 & -3 & 1\\ 2 & 1 & -1\end{bmatrix}^{\top}\begin{bmatrix}11 & -6\\ -6 & 6\end{bmatrix}^{-1}\\ &=\begin{bmatrix}-1 & 2\\ -3 & 1\\ 1 & -1\end{bmatrix}\begin{bmatrix}6/30 & 6/30\\ 6/30 & 11/30\end{bmatrix}\\ &=\begin{bmatrix}1/5 & 8/15\\ -2/5 & -7/30\\ 0 & -1/6\end{bmatrix}\end{aligned}$$

확인을 위해 원래의 행렬과 곱하면

$$AA^{+}=\begin{bmatrix}-1 & -3 & 1\\ 2 & 1 & -1\end{bmatrix}\begin{bmatrix}1/5 & 8/15\\ -2/5 & -7/30\\ 0 & -1/6\end{bmatrix}=\begin{bmatrix}1 & 0\\ 0 & 1\end{bmatrix}=I_2$$

를 얻는다.

행렬이 완전랭크를 갖지 않는 경우에는 특이값분해를 이용하여 의사역행렬을 구할 수 있다. (1.12절 참조)

1.9.2. 연립 일차방정식과의 관계

연립 일차방정식(system of linear equations)은 입력과 출력 사이의 관계에 대해 표현하는 기본적인 방식으로써, 선형회귀(linear regression) 등과 같이 선형 관계를 추정하는 문제 등에서 자주 등장한다. 연립 일차방정식은 의사역행렬과 밀접한 관계를 갖고 있으며 이에 대해 알아보자.

앞에서와 같이 m과 n의 대소관계에 따라 세 가지 경우로 나누어 보자. 이해를 돕기 위해 m과 n이 작은 숫자인 경우에 대해 예를 들어 설명한다. 각 경우를 [그림 1.3]에 나타내었다.

1) $m=n$인 경우

$m=n=2$인 경우를 예를 들어 보자. 두 미지수 x_1와 x_2에 대한 연립 일차방정식은 다음과 같은 형태로 주어진다.

$$\begin{cases} a_{11}x_1 + a_{12}x_2 = b_1 \\ a_{21}x_1 + a_{22}x_2 = b_2 \end{cases}$$

이를 행렬식으로 표현하면

$$\underbrace{\begin{bmatrix} a_{11} & a_{12} \\ a_{21} & a_{22} \end{bmatrix}}_{\mathrm{A}} \underbrace{\begin{bmatrix} x_1 \\ x_2 \end{bmatrix}}_{\mathrm{x}} = \underbrace{\begin{bmatrix} b_1 \\ b_2 \end{bmatrix}}_{\mathrm{b}}$$

이 경우는 미지수의 수와 방정식의 수가 같은 경우로써 행렬 A가 가역행렬이라면 역행렬을 통해 유일한 해를 얻을 수 있다. 즉,

$$\mathrm{x} = \mathrm{A}^{-1}\mathrm{b} \tag{1.11}$$

이는 두 점이 주어졌을 때 이들을 지나는 직선의 방정식을 찾는 문제와 같다. 2차원 평면상의 두 점 (α_1, β_1)과 (α_2, β_2)이 주어지고 이들을 지나는 직선 $y = x_1 x + x_2$의 계수인 x_1와 x_2를 찾고자 한다. 이를 위해서는 두 점을 직선의 방정식에 대입하여

$$\begin{cases} \beta_1 = x_1\alpha_1 + x_2 \\ \beta_2 = x_1\alpha_2 + x_2 \end{cases}$$

를 얻는다. 이를 행렬식으로 정리하면

$$\underbrace{\begin{bmatrix} \alpha_1 & 1 \\ \alpha_2 & 1 \end{bmatrix}}_{\mathrm{A}} \underbrace{\begin{bmatrix} x_1 \\ x_2 \end{bmatrix}}_{\mathrm{x}} = \underbrace{\begin{bmatrix} \beta_1 \\ \beta_2 \end{bmatrix}}_{\mathrm{b}}$$

가 되어 식 (1.11)과 같이 역행렬을 통해 x_1와 x_2의 값을 얻을 수 있다. 다시 말해서 서로 다른 두 점이 주어졌다면 직선의 방정식은 유일하게 결정될 수 있다.

2) $m > n$인 경우

$m = 3$이고 $n = 2$인 경우를 생각해보자.

$$\begin{cases} a_{11}x_1 + a_{12}x_2 = b_1 \\ a_{21}x_1 + a_{22}x_2 = b_2 \\ a_{31}x_1 + a_{32}x_2 = b_3 \end{cases} \rightarrow \underbrace{\begin{bmatrix} a_{11} & a_{12} \\ a_{21} & a_{22} \\ a_{31} & a_{32} \end{bmatrix}}_{\mathrm{A}} \underbrace{\begin{bmatrix} x_1 \\ x_2 \end{bmatrix}}_{\mathrm{x}} = \underbrace{\begin{bmatrix} b_1 \\ b_2 \\ b_3 \end{bmatrix}}_{\mathrm{b}}$$

미지수의 수가 방정식의 수보다 많기 때문에 방정식을 모두 만족시키는 해는 존재하지 않는다. 다른 말로 하면 역행렬로 해 **x**를 구할 수 없다. 선형회귀에서는 이러한 상황을 최소자승법(least squares method)로 해결한다. 즉, 모두 만족시킬 수는 없는 대신, 제곱합오차(sum squared error)가 최소화되는 해를 찾는 것이다. 수학적으로 표현하면,

$$\min_{x_1, x_2} \sum_{i=1}^{3} \{(a_{i1}x_1 + a_{i2}x_2) - b_i\}^2$$

또는 행렬과 벡터로 표현하면

$$\min_{\mathbf{x}} \|\mathbf{A}\mathbf{x} - \mathbf{b}\|^2$$

가 된다. 이 문제의 해는 바로 의사역행렬(좌측역행렬)로 주어진다.(유도 과정은 예제 5.3 참조) 즉,

$$\mathbf{x} = \mathbf{A}^{+}\mathbf{b} = (\mathbf{A}^{\top}\mathbf{A})^{-1}\mathbf{A}^{\top}\mathbf{b}$$

이 문제는 두 개를 초과한 점이 주어졌을 때 이를 만족하는 직선의 방정식을 구하는 문제와 같다. 모든 점을 만족시킬 수는 없지만 최소자승법을 사용하면 주어진 점과의 오차의 합이 최소가 되는 직선의 방정식을 얻게 된다.

3) $m < n$인 경우

$m = 1$이고 $n = 2$인 경우를 생각해보자.

$$a_{11}x_1 + a_{12}x_2 = b_1 \quad \rightarrow \quad \underbrace{\begin{bmatrix} a_{11} & a_{12} \end{bmatrix}}_{\mathbf{A}} \underbrace{\begin{bmatrix} x_1 \\ x_2 \end{bmatrix}}_{\mathbf{x}} = \underbrace{\begin{bmatrix} b_1 \end{bmatrix}}_{\mathbf{b}}$$

방정식의 수보다 미지수의 수가 많기 때문에 무수히 많은 해가 존재하며, 역행렬로 해를 구할 수 없다. 무수히 많은 해 중 하나의 해를 특정하기 위해서는 추가의 조건이 필요하다. 해의 노름을 최소로 만드는 최소 노름 해(minimum norm solution)이 대표적 예이다. 이는 다음의 최적화 문제로 표현할 수 있다.

$$\min_{\mathbf{x}} \|\mathbf{x}\| \quad \text{subject to} \quad \mathbf{A}\mathbf{x} = \mathbf{b}$$

또는 노름 대신 노름의 제곱을 최소화하는 것으로 해도 무방하다.

$$\min_{\mathbf{x}} \|\mathbf{x}\|^2 \quad \text{subject to} \quad \mathbf{A}\mathbf{x} = \mathbf{b}$$

이 문제의 해는 의사역행렬(우측역행렬)로 주어진다.(유도 과정은 예제 5.6 참조) 즉,

$$\mathrm{x} = \mathrm{A}^{+}\mathrm{b} = \mathrm{A}^{\top}(\mathrm{A}\mathrm{A}^{\top})^{-1}\mathrm{b}$$

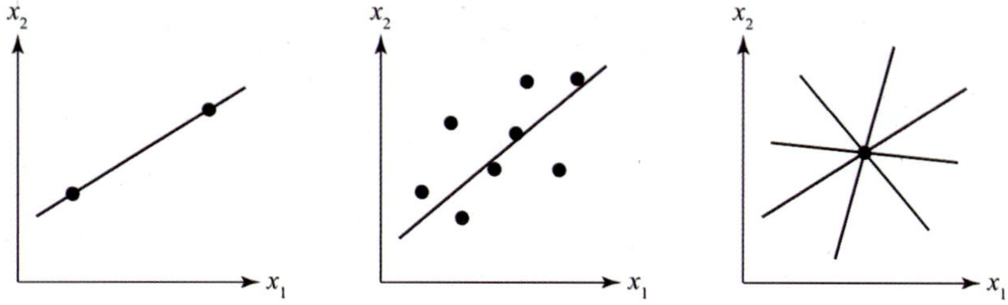

그림 1.3 연립일차방정식의 세 가지 경우
(1) $m = n$인 경우 (2) $m > n$인 경우 (3) $m < n$인 경우

1.10 고유값분해

주어진 행렬을 여러 행렬의 곱으로 표현하는 것을 행렬의 분해(matrix decomposition 또는 factorization)이라고 한다. 그 중에서 고유값 분해(eigendecomposition)는 주어진 행렬의 고유값과 고유벡터를 사용하여 분해하는 방법이다.

먼저 **고유값 문제(eigenvalue problem)**에 대해 알아보자. $n \times n$ 크기의 행렬 A에 대해 다음을 만족하는 벡터 x(단 $\mathrm{x} \neq 0$) 및 상수 λ를 찾는 것이 고유값문제이다.

$$\mathrm{A}\mathrm{x} = \lambda \mathrm{x} \tag{1.12}$$

이때 x를 **고유벡터(eigenvector)**, λ를 **고유값(eigenvalue)**이라 한다. 이 식을 다시 쓰면

$$(\mathrm{A} - \lambda \mathrm{I})\mathrm{x} = 0 \tag{1.13}$$

으로 쓸 수 있다. 여기서 $\mathrm{A} - \lambda \mathrm{I}$가 역행렬을 가지면 이 식의 해는

$$\mathrm{x} = (\mathrm{A} - \lambda \mathrm{I})^{-1} 0 = 0$$

이 되므로 $\mathrm{x} \neq 0$이라는 조건에 맞지 않는다. 따라서 $\mathrm{A} - \lambda \mathrm{I}$가 역행렬을 가지지 않아야만 $\mathrm{x} \neq 0$인 해가 존재함을 알 수 있다. 즉,

$$\det(\mathrm{A} - \lambda \mathrm{I}) = 0$$

을 만족해야 한다. 이 식은

$$p(\lambda) := \prod_{i=1}^{d}(\lambda - \lambda_i)^{m_i^a} = 0$$

의 꼴로 나타날 것이며, $p(\lambda)$를 특성다항식(characteristic polynomial)이라 한다. $p(\lambda)=0$을 만족하는 λ_i가 바로 우리가 찾는 고유값이다. 고유값의 개수 d는 최대 n이며 n보다 작은 경우도 있다. 즉 일반적으로 $d \leq n$이다. 또한 특정 고유값은 다항식에 여러 번 나타나 m_i^a가 1보다 큰 값을 가질 수도 있다. 이때 m_i^a를 대수적 중복도(algebraic multiplicity)라 한다. 특성다항식의 최고차항의 차수는 n이기 때문에 대수적 중복도를 모두 더하면 n과 같다. 즉

$$\sum_{i=1}^{d} m_i^a = n$$

특성다항식을 풀어 고유값을 찾은 다음, 각 λ_i에 대해 식 (1.12) 또는 식 (1.13)을 만족하는 고유벡터 $\mathbf{x}$를 찾을 수 있다. 대수적 중복도가 1보다 큰 고유값에 대해 얻는 고유벡터의 수는 대수적 중복도와 같을 수도 있지만 그보다 적을 수도 있다. 어떤 고유값 λ_i에 대해 얻는 서로 독립인 고유벡터의 수를 기하적 중복도(geometric multiplicity)라 하며 m_i^g로 표기하자. 대수적 중복도가 1인 경우 하나의 고유벡터를 얻는게 보통이지만, 대수적 중복도가 1보다 큰 경우 얻을 수 있는 서로 독립인 고유벡터는 대수적 중복도와 같거나 작게 된다. 즉

$$m_i^a \geq m_i^g$$

가 성립한다.

예제 1.29

$\mathrm{A}=\begin{bmatrix} 1 & -2 \\ -4 & 3 \end{bmatrix}$의 고유값과 고유벡터를 찾아보자. 특성방정식을 써보면

$$\det(\mathrm{A}-\lambda\mathrm{I}) = \begin{vmatrix} 1-\lambda & -2 \\ -4 & 3-\lambda \end{vmatrix} = (1-\lambda)(3-\lambda)-8 = (\lambda+1)(\lambda-5) = 0$$

따라서 고유값은 $\lambda=-1$과 $\lambda=5$이다.

$\lambda=-1$에 대해 식 (1.12)를 적용하면

$$\begin{bmatrix} 1 & -2 \\ -4 & 3 \end{bmatrix}\begin{bmatrix} x_1 \\ x_2 \end{bmatrix} = -\begin{bmatrix} x_1 \\ x_2 \end{bmatrix}$$

이를 풀면 두 행 모두 $x_1 = x_2$를 얻는다. 따라서 $x_1 = 1$로 정하면 고유벡터는 $\mathbf{v}_1 = \begin{bmatrix} 1 \\ 1 \end{bmatrix}$를 얻는다.

$\lambda = 5$에 대해 같은 방식으로 적용하면

$$\begin{bmatrix} 1 & -2 \\ -4 & 3 \end{bmatrix} \begin{bmatrix} x_1 \\ x_2 \end{bmatrix} = 5 \begin{bmatrix} x_1 \\ x_2 \end{bmatrix}$$

가 되어 $-2x_1 = x_2$를 얻고 $x_1 = 1$으로 정하면 고유벡터는 $\mathbf{v}_2 = \begin{bmatrix} 1 \\ -2 \end{bmatrix}$을 얻는다.

종합하면, 고유값은 $\lambda = -1$과 $\lambda = 5$이고, 이에 해당하는 고유벡터는 $\left\{ \begin{bmatrix} 1 \\ 1 \end{bmatrix}, \begin{bmatrix} 1 \\ -2 \end{bmatrix} \right\}$ 또는 정규화를 적용하여 $\left\{ \begin{bmatrix} 1/\sqrt{2} \\ 1/\sqrt{2} \end{bmatrix}, \begin{bmatrix} 1/\sqrt{5} \\ -2/\sqrt{5} \end{bmatrix} \right\}$이다.

예제 1.30 **고유값이 복소수인 경우**

행렬의 성분이 모두 실수라고 해서 고유값이 항상 실수인 것은 아니며 복소수로 얻어질 수도 있다. 다만 특성다항식이 실수 계수를 가지기 때문에 고유값이 복소수인 경우 켤레복소수 쌍이 모두 고유값으로 얻어질 것이다.

행렬 $\mathrm{A} = \begin{bmatrix} 1 & -1 \\ 1 & 1 \end{bmatrix}$의 고유값을 계산해보자.

$$\det(\mathrm{A} - \lambda \mathrm{I}) = \begin{vmatrix} 1-\lambda & -1 \\ 1 & 1-\lambda \end{vmatrix} = (1-\lambda)^2 + 1 = \lambda^2 - 2\lambda + 2 = 0$$

따라서 고유값은 $\lambda = 1 \pm j$이다.[5)]

$\lambda = 1 + j$에 대해 식 (1.12)를 적용하면

$$\begin{bmatrix} 1 & -1 \\ 1 & 1 \end{bmatrix} \begin{bmatrix} x_1 \\ x_2 \end{bmatrix} = (1+j) \begin{bmatrix} x_1 \\ x_2 \end{bmatrix}$$

이고 이를 풀면 $x_2 = -jx_1$을 얻는다. 따라서 $x_1 = 1$로 정하면 고유벡터는 $\begin{bmatrix} 1 \\ -j \end{bmatrix}$을 얻는다.

이번에는 $\lambda = 1 - j$에 대해 식 (1.12)를 적용하면

$$\begin{bmatrix} 1 & -1 \\ 1 & 1 \end{bmatrix} \begin{bmatrix} x_1 \\ x_2 \end{bmatrix} = (1-j) \begin{bmatrix} x_1 \\ x_2 \end{bmatrix}$$

이고 이를 풀면 $x_2 = jx_1$를 얻는다. $x_1 = 1$로 정하면 고유벡터는 $\begin{bmatrix} 1 \\ j \end{bmatrix}$을 얻는다.

---

5) 분야에 따라 허수를 i 또는 j로 표기한다. 이 책에서는 j로 표기하기로 한다.

예제 1.31 대수적 중복도와 기하적 중복도가 같은 예

단위행렬 $A = I = \begin{bmatrix} 1 & 0 \\ 0 & 1 \end{bmatrix}$의 고유값과 고유벡터를 찾아보자. 특성방정식은

$$\det(A - \lambda I) = \begin{vmatrix} 1-\lambda & 0 \\ 0 & 1-\lambda \end{vmatrix} = (1-\lambda)^2 = 0$$

따라서 고유값은 대수적 중복도가 2인 $\lambda = 1$이다. 식 (1.12)를 적용하면

$$\begin{bmatrix} 1 & 0 \\ 0 & 1 \end{bmatrix} \begin{bmatrix} x_1 \\ x_2 \end{bmatrix} = \begin{bmatrix} x_1 \\ x_2 \end{bmatrix}$$

이므로 그 어떤 x_1과 x_2에 대해서도 만족하므로, 독립인 두 벡터 $\left\{ \begin{bmatrix} 1 \\ 0 \end{bmatrix}, \begin{bmatrix} 0 \\ 1 \end{bmatrix} \right\}$를 임의로 정하여 고유벡터로 할 수 있다. 따라서 $\lambda = 1$의 기하적중복도는 2이다.

예제 1.32 대수적 중복도와 기하적 중복도가 같은 예

$A = \begin{bmatrix} 1 & 0 & 0 \\ 0 & 1 & 0 \\ 1 & 0 & 2 \end{bmatrix}$의 고유값과 고유벡터를 찾아보자. 특성방정식은

$$\det(A - \lambda I) = \begin{vmatrix} 1-\lambda & 0 & 0 \\ 0 & 1-\lambda & 0 \\ 1 & 0 & 2-\lambda \end{vmatrix} = (1-\lambda)^2(2-\lambda) = 0$$

이므로 고유값은 대수적 중복도가 2인 $\lambda = 1$과 대수적 중복도가 1인 $\lambda = 2$를 얻는다. $\lambda = 1$에 대해 식 (1.12)를 적용하면

$$\begin{bmatrix} 1 & 0 & 0 \\ 0 & 1 & 0 \\ 1 & 0 & 2 \end{bmatrix} \begin{bmatrix} x_1 \\ x_2 \\ x_3 \end{bmatrix} = \begin{bmatrix} x_1 \\ x_2 \\ x_3 \end{bmatrix}$$

이므로 $x_1 + x_3 = 0$을 얻는다. 이를 만족하는 독립인 고유벡터는 다음과 같이 2개를 찾을 수 있다. 따라서 $\lambda = 1$은 기하적 중복도 역시 2이다.

$$v_1 = \begin{bmatrix} 1 \\ 0 \\ -1 \end{bmatrix}, \quad v_2 = \begin{bmatrix} 0 \\ 1 \\ 0 \end{bmatrix}$$

$\lambda = 1$에 대해 식 (1.12)를 적용하면

$$\begin{bmatrix} 1 & 0 & 0 \\ 0 & 1 & 0 \\ 1 & 0 & 2 \end{bmatrix} \begin{bmatrix} x_1 \\ x_2 \\ x_3 \end{bmatrix} = 2 \begin{bmatrix} x_1 \\ x_2 \\ x_3 \end{bmatrix}$$

이며 이로부터 $x_1 = x_2 = 0$을 얻는다. 따라서 고유벡터는

$$v_3 = \begin{bmatrix} 0 \\ 0 \\ 1 \end{bmatrix}$$

로 정할 수 있다. 종합하면, 고유벡터의 집합은 $\left\{ \begin{bmatrix} 1 \\ 0 \\ -1 \end{bmatrix}, \begin{bmatrix} 0 \\ 1 \\ 1 \end{bmatrix}, \begin{bmatrix} 0 \\ 0 \\ 1 \end{bmatrix} \right\}$ 또는 정규화하여

$\left\{ \begin{bmatrix} 1/\sqrt{2} \\ 0 \\ -1/\sqrt{2} \end{bmatrix}, \begin{bmatrix} 0 \\ 1/\sqrt{2} \\ 1/\sqrt{2} \end{bmatrix}, \begin{bmatrix} 0 \\ 0 \\ 1 \end{bmatrix} \right\}$이다.

예제 1.33 **대수적 중복도가 기하적 중복도보다 큰 예**

$A = \begin{bmatrix} 1 & 0 \\ 1 & 1 \end{bmatrix}$의 고유값과 고유벡터를 찾아보자. 특성방정식을 써보면

$$\det(A - \lambda I) = \begin{vmatrix} 1-\lambda & 0 \\ 1 & 1-\lambda \end{vmatrix} = (1-\lambda)^2 = 0$$

따라서 고유값은 $\lambda = 1$ 하나이다. 그리고 이 고유값의 대수적 중복도는 2이다. $\lambda = 1$에 대해 식 (1.12)를 적용하면

$$\begin{bmatrix} 1 & 0 \\ 1 & 1 \end{bmatrix} \begin{bmatrix} x_1 \\ x_2 \end{bmatrix} = \begin{bmatrix} x_1 \\ x_2 \end{bmatrix}$$

이므로 $x_1 = 0$을 얻는다. 따라서 $x_2 = 1$로 정하면 고유벡터는 $\begin{bmatrix} 0 \\ 1 \end{bmatrix}$ 하나를 얻으며, 이와 독립이면서 $x_1 = 0$을 만족하는 다른 고유벡터는 찾을 수 없다. 따라서 기하적 중복도는 1이다.

예제 1.34

$A = \begin{bmatrix} 1 & 1 & 1 \\ 0 & 2 & 2 \\ 0 & 0 & 1 \end{bmatrix}$에 대해 특성방정식을 적으면

$$\det(A - \lambda I) = \begin{vmatrix} 1-\lambda & 1 & 1 \\ 0 & 2-\lambda & 2 \\ 0 & 0 & 1-\lambda \end{vmatrix} = (1-\lambda)^2(2-\lambda) = 0$$

이므로 고유값은 대수적 중복도가 2인 $\lambda = 1$과 대수적 중복도가 1인 $\lambda = 2$이다. $\lambda = 1$에 대해 식 (1.12)를 적용하면

$$\begin{bmatrix} 1 & 1 & 1 \\ 0 & 2 & 2 \\ 0 & 0 & 1 \end{bmatrix} \begin{bmatrix} x_1 \\ x_2 \\ x_3 \end{bmatrix} = \begin{bmatrix} x_1 \\ x_2 \\ x_3 \end{bmatrix}$$

이며, 이로부터 $x_2 = x_3 = 0$을 얻으므로 고유벡터는 $\begin{bmatrix}1\\0\\0\end{bmatrix}$ 하나만 얻어진다. 따라서 $\lambda = 1$의 기하적 중복도는 1이다. 한편 $\lambda = 2$에 대해서는

$$\begin{bmatrix}1&1&1\\0&2&2\\0&0&1\end{bmatrix}\begin{bmatrix}x_1\\x_2\\x_3\end{bmatrix} = 2\begin{bmatrix}x_1\\x_2\\x_3\end{bmatrix}$$

이므로 $x_1 = x_2$ 및 $x_3 = 0$을 얻는다. 따라서 고유벡터는 $\begin{bmatrix}1\\1\\0\end{bmatrix}$이다. 종합하면, 고유벡터는 $\left\{\begin{bmatrix}1\\0\\0\end{bmatrix}, \begin{bmatrix}1\\1\\0\end{bmatrix}\right\}$ 또는 정규화하여 $\left\{\begin{bmatrix}1\\0\\0\end{bmatrix}, \begin{bmatrix}1/\sqrt{2}\\1/\sqrt{2}\\0\end{bmatrix}\right\}$로 얻어진다.

$n \times n$ 크기의 행렬 A에 대해 n개의 고유값과 그에 대응하는 고유벡터를 구하였을 때, 각 고유값과 고유벡터에 대해 식 (1.12)가 성립하므로 이를 모두 모아 다음과 같은 행렬식으로 표현할 수 있다.

$$\begin{bmatrix} & & \\ & \mathrm{A} & \\ & & \end{bmatrix}\begin{bmatrix}| & & |\\ \mathbf{x}_1 & \cdots & \mathbf{x}_n\\ | & & |\end{bmatrix} = \begin{bmatrix}| & & |\\ \mathbf{x}_1 & \cdots & \mathbf{x}_n\\ | & & |\end{bmatrix}\begin{bmatrix}\lambda_1 & \cdots & 0\\ & \ddots & \\ 0 & \cdots & \lambda_n\end{bmatrix}$$

여기서 마지막 행렬은 대각성분이 고유값인 대각행렬이다. 이때

$$\mathrm{Q} = \begin{bmatrix}| & & |\\ \mathbf{x}_1 & \cdots & \mathbf{x}_n\\ | & & |\end{bmatrix}, \ \Lambda = \begin{bmatrix}\lambda_1 & \cdots & 0\\ & \ddots & \\ 0 & \cdots & \lambda_n\end{bmatrix}$$

로 놓으면 위 식은

$$\mathrm{AQ} = \mathrm{Q}\Lambda$$

가 되고 이를 다시 쓰면

$$\mathrm{A} = \mathrm{Q}\Lambda\mathrm{Q}^{-1}$$

가 된다. 즉, 주어진 행렬 A가 세 행렬의 곱으로 분해되었다. 이를 바로 **고유값분해(eigendecomposition)**라고 한다. 또한 가운데 있는 Λ는 대각행렬이기 때문에 행렬 A는 대각행렬을 이용하여 분해한 것이며 이를 **대각화 가능(diagonalizable)**하다고 표현한다. 아래 예제에서 보듯이 하나의 행렬에 대한 대각화의 결과는 유일하지 않다.

예제 1.35

앞선 예제 1.29에서 $A=\begin{bmatrix}1 & -2\\-4 & 3\end{bmatrix}$의 고유값은 -1과 5, 그리고 고유벡터는 $\begin{bmatrix}1\\1\end{bmatrix}$과 $\begin{bmatrix}1\\-2\end{bmatrix}$이다. 따라서 이를 이용하여 Q와 Λ를 구성하고 $Q\Lambda Q^{-1}$를 계산하면

$$\begin{aligned}Q\Lambda Q^{-1} &= \begin{bmatrix}1 & 1\\1 & -2\end{bmatrix}\begin{bmatrix}-1 & 0\\0 & 5\end{bmatrix}\begin{bmatrix}1 & 1\\1 & -2\end{bmatrix}^{-1}\\ &= \begin{bmatrix}1 & 1\\1 & -2\end{bmatrix}\begin{bmatrix}-1 & 0\\0 & 5\end{bmatrix}\begin{bmatrix}2/3 & 1/3\\1/3 & -1/3\end{bmatrix}\\ &= \begin{bmatrix}1 & -2\\-4 & 3\end{bmatrix}\\ &= A\end{aligned}$$

가 되므로 대각화가 되었음을 알 수 있다.

고유값과 고유벡터의 순서를 바꾸면 다른 형태의 대각화 결과를 얻을 수 있다. 즉,

$$\begin{aligned}Q\Lambda Q^{-1} &= \begin{bmatrix}1 & 1\\-2 & 1\end{bmatrix}\begin{bmatrix}5 & 0\\0 & -1\end{bmatrix}\begin{bmatrix}1 & 1\\-2 & 1\end{bmatrix}^{-1}\\ &= \begin{bmatrix}1 & 1\\-2 & 1\end{bmatrix}\begin{bmatrix}5 & 0\\0 & -1\end{bmatrix}\begin{bmatrix}1/3 & -1/3\\2/3 & 1/3\end{bmatrix}\\ &= \begin{bmatrix}1 & -2\\-4 & 3\end{bmatrix}\\ &= A\end{aligned}$$

이번에는 Q에 정규화된 고유벡터 $\begin{bmatrix}1/\sqrt{2}\\1/\sqrt{2}\end{bmatrix}$와 $\begin{bmatrix}1/\sqrt{5}\\-2/\sqrt{5}\end{bmatrix}$를 사용해보자. 그러면

$$\begin{bmatrix}1 & -2\\-4 & 3\end{bmatrix}=\begin{bmatrix}1/\sqrt{2} & 1/\sqrt{5}\\1/\sqrt{2} & -2/\sqrt{5}\end{bmatrix}\begin{bmatrix}-1 & 0\\0 & 5\end{bmatrix}\begin{bmatrix}1/\sqrt{2} & 1/\sqrt{5}\\1/\sqrt{2} & -2/\sqrt{5}\end{bmatrix}^{-1}$$

가 성립함을 계산하여 알 수 있다. 즉, 정규화된 고유벡터를 사용하여 또 다른 형태의 대각화 결과를 얻을 수 있다.

대각화를 위해서는 고유벡터를 모아놓은 행렬 Q가 역행렬이 존재해야 한다. 이는 다시 말하면 고유벡터들이 서로 선형 독립이어야 한다. 따라서 n개의 고유벡터가 선형 독립이라는 것과 대각화 가능하다는 것은 필요충분조건이다. 고유벡터가 선형독립이 되는 경우 중 하나는 고유값이 모두 서로 다른 값인 경우이다. 그러나 반드시 고유값이 모두 서로 달라야만 고유벡터가 선형독립이 되는 것은 아니다. 고유값이 같은 것이 존재하더라도, 즉 대수적 중복도가 1보다 큰 고유값이 존재하더라도, 그 고유값의 기하적 중복도가 대수적 중복도와 같다면 선형독립인 고유벡터가 n개가 얻어지므로 대각화가 가능하다. 정리하면, 다음의 항목들은 모두 동치이다.

(1) $n\times n$ 정사각행렬 A는 대각화가 가능하다.

(2) A 의 고유벡터 집합이 선형독립이다.

(3) A 를 고유값분해했을 때 기하적 중복도의 합이 n이다.(n개의 서로 다른 고유값이 존재하거나 n개보다 적은 고유값이 존재하지만 모든 고유값의 기하적 중복도와 대수적 중복도가 같다.)

앞선 예에서 단위행렬 $A = I = \begin{bmatrix} 1 & 0 \\ 0 & 1 \end{bmatrix}$의 경우 서로 다른 고유값은 $n = 2$보다 적은 1개만 존재하지만 기하적 중복도가 2이기 때문에 대각화가 가능하다. 반면, $A = \begin{bmatrix} 1 & 0 \\ 1 & 1 \end{bmatrix}$인 경우는 고유벡터가 1개밖에 존재하지 않으므로, 또는 다른 표현으로는 기하적 중복도의 합이 1이기 때문에 대각화가 가능하지 않다. $A = \begin{bmatrix} 1 & 1 & 1 \\ 0 & 2 & 2 \\ 0 & 0 & 1 \end{bmatrix}$도 고유벡터가 2개밖에 존재하지 않으므로 대각화가 가능하지 않다.

고유값분해를 이용하면 행렬의 행렬식이 고유값의 곱으로 표현됨을 보일 수 있다. 즉,

$$\begin{aligned} \det(A) &= \det(Q\Lambda Q^{-1}) \\ &= \det(Q)\det(\Lambda)\det(Q^{-1}) \\ &= \det(Q)\det(\Lambda)\frac{1}{\det(Q)} \\ &= \det(\Lambda) \\ &= \prod_{i=1}^{n} \lambda_i \end{aligned}$$

위 과정에서는 역행렬의 행렬식은 원래 행렬의 행렬식의 역수라는 것과 대각행렬의 행렬식은 대각 성분의 곱이라는 것을 이용하였다.

또한 행렬의 대각합은 고유값의 합으로 표현됨도 보일 수 있다. 즉,

$$\mathrm{trace}(A) = \mathrm{trace}(Q\Lambda Q^{-1}) = \mathrm{trace}(\Lambda Q^{-1}Q) = \mathrm{trace}(\Lambda) = \sum_{i=1}^{n} \lambda_i$$

이 과정에서는 행렬의 곱에 대한 대각합은 순환이동을 해도 유지된다는 것을 이용하였다.

대각화를 하면 행렬의 거듭제곱이나 역행렬을 쉽게 구하는 데 사용될 수 있다. 거듭제곱의 경우,

$$A^k = Q\Lambda Q^{-1}Q\Lambda Q^{-1} \cdots Q\Lambda Q^{-1} = Q\Lambda^k Q^{-1}$$

이 되며, Λ^k는 대각행렬 Λ의 각 원소를 k번 거듭제곱함으로 쉽게 구할 수 있다. 역행렬의 경우,

$$A^{-1} = (Q\Lambda Q^{-1})^{-1} = Q\Lambda^{-1}Q^{-1}$$

이며 Λ^{-1}은 대각행렬 Λ의 각 원소의 역수를 취하여 쉽게 얻을 수 있다.

독립인 고유벡터가 n개 얻어지지 않는다면 대각화, 즉 고유값분해가 불가능하다. 그러나 대각행렬 대신 상삼각행렬을 이용하는 **슈어 분해(Schur decomposition)**[6]는 모든 정사각행렬에 대해 가능하다.

$$A = QUQ^{-1}$$

여기서 U는 A의 고유값을 대각성분으로 갖는 상삼각행렬이다. 특별히, A의 고유값이 모두 실수이면 $Q^{-1} = Q^{\top}$가 성립하는 직교행렬 Q가 존재한다. 즉,

$$A = QUQ^{\top}$$

로 분해하는 것이 가능하다.

1.11 대칭행렬

앞서 1.5.4절에서 대칭행렬이 무엇인지 간단히 정의하였다. 본 절에서는 대칭행렬이 갖는 특성과 응용에 대해 보다 자세히 알아본다.

1.11.1. 성질

대칭행렬은 여러 가지 재미있는 성질을 가진다. 다음의 항목들은 모두 서로 필요충분조건이다.

(1) $n \times n$ 크기의 행렬 A가 대칭행렬이다.

(2) 행렬 A는 n개의 실수 고유값을 갖는다.

(3) 행렬 A의 서로 다른 고유값에 대한 고유벡터는 직교한다.

(4) 행렬 A는 직교 대각화가 가능(orthogonally diagonalizable)하다. 고유값과 고유벡터를 이용하여 $A = Q\Lambda Q^{-1}$로 고유값분해함으로써 대각화를 수행하는 것이 가능하며 특히 $Q^{\top} = Q^{-1}$가 되도록 하는 것이 가능하다는 의미이다. 즉, $A = Q\Lambda Q^{\top}$로 대각화가 가능하다. 이와 같은

6) 러시아의 수학자 Issai Schur (1875-1941)의 이름을 딴 것이다.

대칭행렬의 고유값분해를 특별히 스펙트럼 분해(spectral decomposition)라 부른다.

예제 1.36

$A=\begin{bmatrix}1&2\\2&1\end{bmatrix}$에 대해 대칭행렬의 성질을 확인해 보자.

(1) A는 2×2 대칭행렬이다.

(2) 고유값을 구해보자.

$$\det(A-\lambda I)=\begin{vmatrix}1-\lambda&2\\2&1-\lambda\end{vmatrix}=(1-\lambda)(1-\lambda)-4=(\lambda+1)(\lambda-3)=0$$

따라서 고유값은 $\lambda=-1$과 $\lambda=3$이다. 2개의 실수 고유값이 존재한다.

(3) $\lambda=-1$에 대해 식 (1.12)를 적용하면

$$\begin{bmatrix}1&2\\2&1\end{bmatrix}\begin{bmatrix}x_1\\x_2\end{bmatrix}=-\begin{bmatrix}x_1\\x_2\end{bmatrix}$$

이를 풀면 두 행 모두 $x_1=-x_2$를 얻는다. 따라서 임의로 $x_2=1$로 하면 고유벡터는 $v_1=\begin{bmatrix}-1\\1\end{bmatrix}$를 얻는다.

$\lambda=3$에 대해 같은 방식으로 적용하면

$$\begin{bmatrix}1&2\\2&1\end{bmatrix}\begin{bmatrix}x_1\\x_2\end{bmatrix}=3\begin{bmatrix}x_1\\x_2\end{bmatrix}$$

가 되어 $x_1=x_2$를 얻고 이에 따라 고유벡터는 $v_2=\begin{bmatrix}1\\1\end{bmatrix}$을 얻는다. 두 고유벡터는 서로 내적하면 0이므로 직교한다. 즉,

$$\begin{bmatrix}-1\\1\end{bmatrix}^{\top}\begin{bmatrix}1\\1\end{bmatrix}=0$$

(4) 얻은 고유값과 고유벡터를 이용하여 Q와 Λ를 구성하고 $Q\Lambda Q^{-1}$를 계산하면

$$Q\Lambda Q^{-1}=\begin{bmatrix}-1&1\\1&1\end{bmatrix}\begin{bmatrix}-1&0\\0&3\end{bmatrix}\begin{bmatrix}-1&1\\1&1\end{bmatrix}^{-1}=\begin{bmatrix}-1&1\\1&1\end{bmatrix}\begin{bmatrix}-1&0\\0&3\end{bmatrix}\begin{bmatrix}-1/2&1/2\\1/2&1/2\end{bmatrix}=\begin{bmatrix}1&2\\2&1\end{bmatrix}=A$$

가 되므로 대각화가 가능함을 알 수 있다. 그러나 이 경우 Q^{-1}과 $Q^{\top}$는 같지 않기 때문에 직교 대각화는 아니다. 직교 대각화를 위해서는 고유벡터를 각각 정규화해야 한다. 즉, 고유벡터를 $\begin{bmatrix}-1/\sqrt{2}\\1/\sqrt{2}\end{bmatrix}$와 $\begin{bmatrix}1/\sqrt{2}\\1/\sqrt{2}\end{bmatrix}$로 정하여 $Q=\begin{bmatrix}-1/\sqrt{2}&1/\sqrt{2}\\1/\sqrt{2}&1/\sqrt{2}\end{bmatrix}$로 구성한다. 그러면 $QQ^{\top}=I$, 즉 $Q^{\top}=Q^{-1}$임을 확인할 수 있다. 따라서

$$\begin{bmatrix}1&2\\2&1\end{bmatrix}=\begin{bmatrix}-1/\sqrt{2}&1/\sqrt{2}\\1/\sqrt{2}&1/\sqrt{2}\end{bmatrix}\begin{bmatrix}-3&0\\0&1\end{bmatrix}\begin{bmatrix}-1/\sqrt{2}&1/\sqrt{2}\\1/\sqrt{2}&1/\sqrt{2}\end{bmatrix}^{\top}$$

가 성립하여 직교 대각화가 가능함을 알 수 있다.

1.11.2. 이차형식

이차형식(quadratic form)이란 어떤 n차원 벡터 $\mathbf{x}$에 대해 다음의 식으로 주어지는 함수 $f(\mathbf{x})$를 말한다.

$$f(\mathbf{x}) = \mathbf{x}^\top \mathbf{A}\mathbf{x}$$

여기서 $n \times n$ 크기의 행렬 $\mathbf{A}$를 이차형식의 행렬이라고 한다. 함수 $f(\mathbf{x})$의 결과는 하나의 스칼라값으로 얻어진다. 일반적으로는 임의의 행렬에 대해 이차형식을 정의할 수 있지만, 대칭행렬로 만들어지는 이차형식은 특별히 중요하며 자주 등장한다.

$n \times n$ 크기의 대칭행렬 $\mathbf{A}$는 이차형식 $\mathbf{x}^\top \mathbf{A}\mathbf{x}$가 갖는 부호에 따라 다음과 같이 분류할 수 있다.

- 영벡터가 아닌 모든 $\mathbf{x}$에 대해 $\mathbf{x}^\top \mathbf{A}\mathbf{x} > 0$일 때: 양의 정부호(positive definite)
- 모든 $\mathbf{x}$에 대해 $\mathbf{x}^\top \mathbf{A}\mathbf{x} \geq 0$일 때: 양의 준정부호(positive semi-definite)
- 영벡터가 아닌 모든 $\mathbf{x}$에 대해 $\mathbf{x}^\top \mathbf{A}\mathbf{x} < 0$일 때: 음의 정부호(negative definite)
- 모든 $\mathbf{x}$에 대해 $\mathbf{x}^\top \mathbf{A}\mathbf{x} \leq 0$일 때: 음의 준정부호(negative semi-definite)
- 그 외, 즉 $\mathbf{x}$값에 따라 $\mathbf{x}^\top \mathbf{A}\mathbf{x}$의 부호가 달라질 때: 부정부호(indefinite)

$\mathbf{x}^\top \mathbf{A}\mathbf{x}$의 부호와 $\mathbf{A}$의 고유값의 부호는 항상 같다는 성질이 있다. 또한 $\mathbf{A}$의 고유값은 $\mathbf{A} = \mathbf{Q}\Lambda\mathbf{Q}^\top$로 대각화했을 때 Λ의 대각성분이기 때문에 이 대각성분의 부호도 같다. 예를 들어, $\mathbf{x}^\top \mathbf{A}\mathbf{x}$가 모든 n차원 벡터 $\mathbf{x}$에 대해 항상 양수인 경우, 즉 $\mathbf{A}$가 양의 정부호인 경우, $\mathbf{A}$의 고유값도 모두 양수이며 Λ의 대각성분 역시 모두 양수이다.

예제 1.37

$\mathbf{A} = \begin{bmatrix} 1 & 1 \\ 1 & 1 \end{bmatrix}$는 양의 준정부호이다. 이는 다음과 같이 다양하게 확인할 수 있다.

- $\mathbf{x}^\top \mathbf{A}\mathbf{x}$를 수식으로 표현하면

$$\mathbf{x}^\top \mathbf{A}\mathbf{x} = \begin{bmatrix} x_1 & x_2 \end{bmatrix} \begin{bmatrix} 1 & 1 \\ 1 & 1 \end{bmatrix} \begin{bmatrix} x_1 \\ x_2 \end{bmatrix} = (x_1 + x_2)^2$$

이며, 이는 $x_1 = -x_2$일 때는 0, 그 외 모든 x_1, x_2에 대해서는 0보다 크다.

- 고유값을 구하면 0과 2이다. 즉 고유값이 0보다 크거나 같다.
- 대각화하면

$$A=\begin{bmatrix}-1/\sqrt{2} & 1/\sqrt{2}\\ 1/\sqrt{2} & 1/\sqrt{2}\end{bmatrix}\begin{bmatrix}0 & 0\\ 0 & 2\end{bmatrix}\begin{bmatrix}-1/\sqrt{2} & 1/\sqrt{2}\\ 1/\sqrt{2} & 1/\sqrt{2}\end{bmatrix}^{-1}$$

Λ의 대각성분이 0과 2이며, 이들은 0보다 크거나 같다.

주의할 것은 A의 대각성분의 부호와 $\mathbf{x}^\top A\mathbf{x}$의 부호는 일치하지 않는다는 것이다. 예를 들어 $A=\begin{bmatrix}1 & 4\\ 1 & 1\end{bmatrix}$를 살펴보자. 대각성분은 모두 양수이지만 고유값은 3과 -1이기 때문에 이 행렬은 부정부호에 해당한다.

1.11.3. 이차형식과 주축

A가 2×2 대각행렬이고 모든 대각성분이 0이 아닌 경우를 생각해보자.

$$A=\begin{bmatrix}a_{11} & 0\\ 0 & a_{22}\end{bmatrix},\quad a_{11},a_{22}\neq 0$$

이를 이용한 이차형식을 구하면

$$\mathbf{x}^\top A\mathbf{x}=[x_1\ x_2]\begin{bmatrix}a_{11} & 0\\ 0 & a_{22}\end{bmatrix}\begin{bmatrix}x_1\\ x_2\end{bmatrix}=a_{11}x_1^2+a_{22}x_2^2$$

A가 양의 정부호인 경우, 즉 고유값인 a_{11}과 a_{22} 모두 양수인 경우, 양의 상수 c에 대해

$$a_{11}x_1^2+a_{22}x_2^2=c$$

로 쓸 수 있다. $\alpha=c/a_{11}$ 및 $\beta=c/a_{22}$라 하면 α와 β는 양수이며 위 식은

$$\frac{x_1^2}{\alpha}+\frac{x_2^2}{\beta}=1$$

로 다시 쓸 수 있다. 이는 [그림 1.4]의 왼쪽과 같이 x_1x_2 평면에서 타원을 표현하는 방정식이다. 이 타원은 x_1축과 x_2축에 대해 대칭이며, 이들을 주축(principal axis)이라 한다.

A가 부정부호인 경우, 예를 들어 $a_{11}>0$이고 $a_{22}<0$인 경우를 생각해보자. 이차형식 $\mathbf{x}^\top A\mathbf{x}$이 양수인 경우, 즉 상수 $c>0$에 대해

$$\mathbf{x}^\top A\mathbf{x}=a_{11}x_1^2+a_{22}x_2^2=c$$

라 놓고 $\alpha=c/a_{11}$와 $\beta=-c/a_{22}$라 하면

$$\frac{x_1^2}{\alpha} - \frac{x_2^2}{\beta} = 1$$

로 표현되며, α와 β는 양수이기 때문에 이 식은 [그림 1.4]의 오른쪽과 같이 x_1x_2 평면에서 쌍곡선을 표현하는 방정식이다. 이 쌍곡선 역시 위의 타원과 마찬가지로 x_1축과 x_2축에 대해 대칭이기 때문에 x_1축과 x_2축이 주축에 해당한다. $\mathbf{x}^\top \mathrm{A}\mathbf{x}$이 음수인 경우도 이와 유사하다. 즉 $c < 0$인 경우에는 α와 β가 음수가 되어 x_2축에 걸친 쌍곡선, 즉 [그림 1.4] 오른쪽의 쌍곡선을 90도 돌린 것과 같은 형태가 된다.

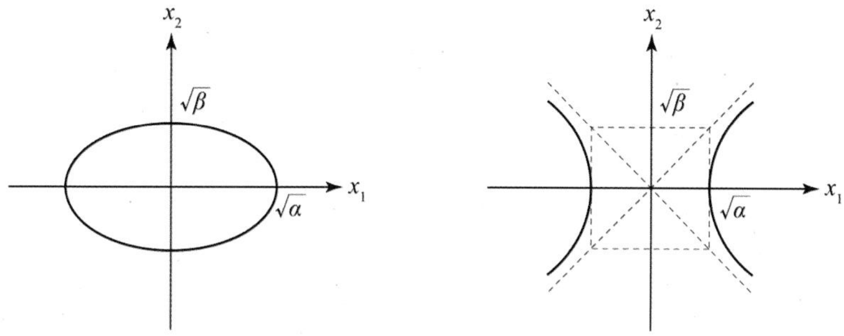

그림 1.4 이차형식이 나타내는 타원과 쌍곡선

이번에는 A가 대각행렬이 아닌 경우를 생각해보자. 즉

$$\mathrm{A} = \begin{bmatrix} a_{11} & a_{12} \\ a_{21} & a_{22} \end{bmatrix}$$

일 때 이 행렬에 대한 이차형식을 계산하면

$$\mathbf{x}^\top \mathrm{A}\mathbf{x} = [x_1 \; x_2] \begin{bmatrix} a_{11} & a_{12} \\ a_{21} & a_{22} \end{bmatrix} \begin{bmatrix} x_1 \\ x_2 \end{bmatrix} = a_{11}x_1^2 + (a_{12} + a_{21})x_1x_2 + a_{22}x_2^2$$

이다. 즉, 비대각성분(off-diagonal element)이 0이 아닌 경우 이차형식에 x_1x_2항이 나타나는 것을 볼 수 있다. 이 경우

$$a_{11}x_1^2 + (a_{12} + a_{21})x_1x_2 + a_{22}x_2^2 = c$$

가 x_1x_2 평면에서 나타내는 도형은 앞의 경우와 마찬가지로 타원 또는 쌍곡선이지만 주축이 원점을 중심으로 회전된 타원 또는 쌍곡선을 나타낸다. 이때 주축의 방향은 [그림 1.5]에서 붉은색 선과 같이 나타나며 이는 곧 A의 고유벡터의 방향에 해당한다.

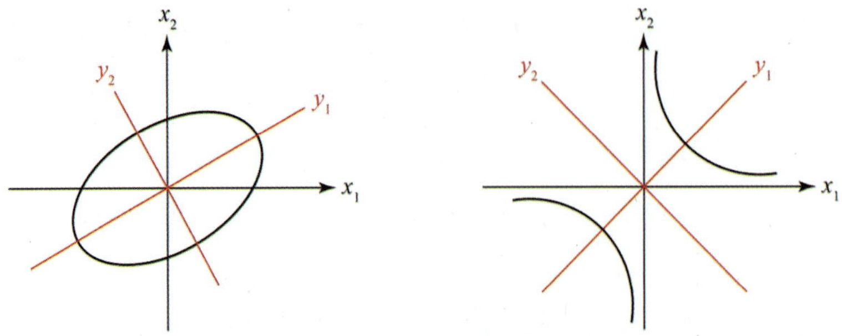

그림 1.5 이차형식이 나타내는 회전된 타원과 쌍곡선

A가 대각행렬일 때 $A = Q\Lambda Q^\top$로 직교 대각화가 가능함을 앞서 언급하였다. 이를 이용하여 이차형식을 다시 정리하면

$$\mathbf{x}^\top A\mathbf{x} = \mathbf{x}^\top(Q\Lambda Q^\top)\mathbf{x} = (Q^\top\mathbf{x})^\top\Lambda(Q^\top\mathbf{x}) = \mathbf{y}^\top\Lambda\mathbf{y}$$

와 같이 새로운 이차형식을 얻는다. 새로운 이차형식은 대각행렬 Λ를 이용한다. 즉, 원래의 변수 $\mathbf{x}$를 A의 고유벡터로 만들어지는 $Q^\top$로 선형변환하여 새로운 변수 $\mathbf{y} = Q^\top\mathbf{x}$로 바꾸면, 새로운 변수의 원소간의 곱, 즉 y_1y_2와 같은 교차항이 없는 이차형식을 얻을 수 있다는 것이다. 이를 요약하면 다음에 소개하는 정리와 같다.

정리 주축 정리(principal axis theorem)

A가 $n \times n$ 대칭행렬일 때, 이차형식 $\mathbf{x}^\top A\mathbf{x}$를 교차항이 없는 새로운 이차형식 $\mathbf{y}^\top\Lambda\mathbf{y}$로 바꾸는 직교 선형변환 $\mathbf{x} = Q\mathbf{y}$이 존재하며 Q의 열이 $\mathbf{x}^\top A\mathbf{x}$의 주축에 해당한다. 특히 Q는 $A = Q\Lambda Q^\top$와 같이 직교 대각화하여 얻을 수 있다. 직교대각화했을 때 Q의 열은 A의 고유벡터이므로 $\mathbf{x}^\top A\mathbf{x}$의 주축은 바로 A의 고유벡터임을 의미한다.

[그림 1.5]에서 나타낸 것과 같이, 행렬 A의 비대각성분이 0이 아닌 경우 이차형식이 그림에서 붉은색으로 나타낸 회전된 주축을 표현하는데, A의 고유벡터를 이용하여 만드는 직교행렬 Q를 이용하여 변수를 변환하면 회전되지 않은 주축을 갖게 된다는 것이다. 즉 이 변환은 회전변환에 해당한다.

예제 1.38

대각행렬이 아닌 대칭행렬 $A = \begin{bmatrix} 1 & -1 \\ -1 & 2 \end{bmatrix}$에 대해 주축정리를 적용해보자.

이차형식을 풀어서 써보면

$$\mathbf{x}^\top A\mathbf{x} = [x_1\ x_2]\begin{bmatrix} 1 & -1 \\ -1 & 2 \end{bmatrix}\begin{bmatrix} x_1 \\ x_2 \end{bmatrix} = x_1^2 - 2x_1x_2 + 2x_2^2$$

가 되어 교차항 $-2x_1x_2$가 나타난다. 교차항이 없는 이차형식을 만들기 위한 새로운 변수 $\mathbf{y}$를 얻기 위해 A를 직교 대각화한다. A의 고유값을 구하면 2.618과 0.382를 얻으며, 고유벡터는 $\begin{bmatrix} -0.526 \\ 0.851 \end{bmatrix}$와 $\begin{bmatrix} 0.851 \\ 0.526 \end{bmatrix}$을 얻는다. 따라서 직교 대각화는

$$A = Q\Lambda Q^\top = \begin{bmatrix} -0.526 & 0.851 \\ 0.851 & 0.526 \end{bmatrix}\begin{bmatrix} 2.618 & 0 \\ 0 & 0.382 \end{bmatrix}\begin{bmatrix} -0.526 & 0.851 \\ 0.851 & 0.526 \end{bmatrix}^\top$$

로 얻는다. 따라서 선형변환은

$$\mathbf{x} = Q\mathbf{y} = \begin{bmatrix} -0.526 & 0.851 \\ 0.851 & 0.526 \end{bmatrix}\begin{bmatrix} y_1 \\ y_2 \end{bmatrix}$$

이며 이를 통해

$$\mathbf{x}^\top A\mathbf{x} = \mathbf{y}^\top \Lambda \mathbf{y} = [y_1\ y_2]\begin{bmatrix} 2.618 & 0 \\ 0 & 0.382 \end{bmatrix}\begin{bmatrix} y_1 \\ y_2 \end{bmatrix} = 2.618y_1^2 + 0.382y_2^2$$

를 얻는다. 즉, 새로운 변수에 대한 이차형식은 교차항이 없는 형태로 나타난다.

대칭행렬의 대표적인 예는 공분산행렬(covariance matrix)이다. n차원 벡터로 표현되는 N개의 데이터, 즉 $\mathbf{x}_1, \mathbf{x}_2, \ldots, \mathbf{x}_N$가 주어졌다고 하자. $x_{ij}\ (i = 1, \ldots, N,\ j = 1, \ldots, n)$을 i번째 데이터의 j번째 원소라 하자. 모든 데이터에 대한 j번째 원소의 평균[7]을 $\bar{x}_j$라 하자. 즉,

$$\bar{x}_j = \frac{1}{N}\sum_{i=1}^{N} x_{ij}$$

모든 데이터에 대해 j번째 원소의 분산을

$$s_{jj} = \frac{1}{N-1}\sum_{i=1}^{N}(x_{ij} - \bar{x}_j)^2$$

---

7) 엄밀히 말하면 표본에 대한 평균이므로 표본평균이라 부르는게 보다 정확하다. 이는 이하에 나오는 분산, 공분산에 대해서도 마찬가지이다. 표본평균, 표본분산, 표본공분산에 대해서는 2.8절에 자세히 설명한다.

로 구할 수 있다. 분산은 전체 데이터가 해당 성분에 대해 얼마나 퍼져 있는지에 대한 척도이다. j번째 원소와 k번째 원소 사이의 공분산(covariance)을

$$s_{jk} = \frac{1}{N-1}\sum_{i=1}^{N}(x_{ij} - \overline{x}_j)(x_{ik} - \overline{x}_k)$$

로 구할 수 있다. 공분산은 한 원소가 변할 때 다른 원소가 얼마나 함께 변하는지, 즉 두 원소가 얼마나 서로 의존적인지에 대한 척도이다. s_{jj}와 s_{jk}를 모아서 행렬을 구성하면

$$\Sigma = \begin{bmatrix} s_{11} & s_{12} & \cdots & s_{1n} \\ s_{21} & s_{22} & \cdots & s_{2n} \\ \vdots & \vdots & & \vdots \\ s_{n1} & s_{n2} & \cdots & s_{nn} \end{bmatrix} \tag{1.14}$$

를 얻으며 이를 표본 공분산 행렬이라고 한다. 또한 이 행렬은

$$\Sigma = \frac{1}{N-1}\sum_{i=1}^{N}(\mathbf{x}_i - \overline{\mathbf{x}})(\mathbf{x}_i - \overline{\mathbf{x}})^\top \tag{1.15}$$

로 표현할 수도 있다. 여기서

$$\overline{\mathbf{x}} = \frac{1}{N}\sum_{i=1}^{N}\mathbf{x}_i$$

이다. 분산은 항상 0보다 같거나 크기 때문에 공분산 행렬의 대각성분은 0 또는 양수이다.(사실, 특별한 경우가 아니라면 여러 데이터에 대해 계산한 분산은 0보다 큰 것이 보통이기 때문에 위 행렬의 대각성분은 보통은 양수라 볼 수 있다.) 또한 $s_{jk} = s_{kj}$이기 때문에 이 행렬은 대칭행렬임을 알 수 있다. 그리고, 임의의 n차원 벡터 $\mathbf{y}$로 이차형식을 만들어 보면

$$\begin{aligned} \mathbf{y}^\top \Sigma \mathbf{y} &= \mathbf{y}^\top \left\{ \frac{1}{\mathrm{N}-1}\sum_{\mathrm{i}=1}^{\mathrm{N}}(\mathbf{x}_\mathrm{i} - \overline{\mathbf{x}})(\mathbf{x}_\mathrm{i} - \overline{\mathbf{x}})^\top \right\}\mathbf{y} \\ &= \frac{1}{N-1}\sum_{i=1}^{N}\left\{(\mathbf{x}_\mathrm{i} - \overline{\mathbf{x}})^\top \mathbf{y}\right\}^\top \left\{(\mathbf{x}_\mathrm{i} - \overline{\mathbf{x}})^\top \mathbf{y}\right\} \\ &= \frac{1}{N-1}\sum_{i=1}^{N}\left\{(\mathbf{x}_i - \overline{\mathbf{x}})^\top \mathbf{y}\right\}^2 \\ &\geq 0 \end{aligned}$$

가 되기 때문에 행렬 Σ는 항상 양의 준정부호임을 알 수 있다.

예제 1.39 **주성분분석(principal component analysis, PCA)**

2차원 데이터의 예를 들어보자. 아래 그림에서 보인 것과 같이 5000개의 2차원 데이터를 생각해보자. 이 데이터는 이변량(bivariate) 정규분포를 활용하여 무작위로 생성한 것이다.(2.5절 참조) 즉, 평균이 $\begin{bmatrix} 0 \\ 0 \end{bmatrix}$이고 공분산 행렬이 $\begin{bmatrix} 4 & 1 \\ 1 & 1 \end{bmatrix}$인 이변량 정규분포를 따르는 무작위 벡터를 5000개 생성한 것이다.

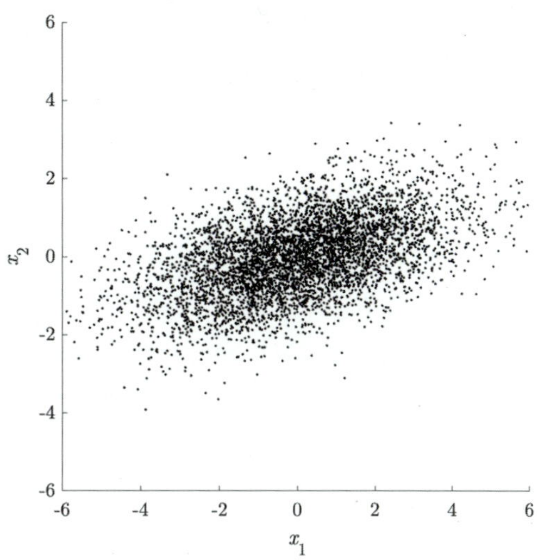

식 (1.14)에 의해 표본 공분산행렬을 구하면

$$\Sigma = \begin{bmatrix} 4.072 & 1.001 \\ 1.001 & 0.998 \end{bmatrix}$$

이다. 이 행렬의 고유값과 고유벡터를 구하면

$$\lambda_1 = 0.696,\ \lambda_2 = 4.374,\ \mathrm{v}_1 = \begin{bmatrix} 0.287 \\ -0.958 \end{bmatrix},\ \mathrm{v}_2 = \begin{bmatrix} 0.958 \\ 0.287 \end{bmatrix}$$

을 얻는다. 여기서 고유벡터는 정규화된 벡터, 즉 크기가 1인 벡터이다. 주축 정리에 의하여 고유벡터의 방향이 주축이 된다. 아래 그림에 고유벡터의 방향을 고유값에 비례하도록 나타내었다. 큰 고유값인 λ_2에 해당하는 고유벡터 v_2가 데이터의 변화가 가장 큰 방향을 나타내는 첫 번째 주축을 의미함을 알 수 있다. 그리고 작은 고유값 λ_1에 해당하는 고유벡터 v_1는 첫 번째 주축과 수직이면서 데이터의 변화가 그 다음으로 큰 방향을 나타내는 두 번째 주축에 해당한다.

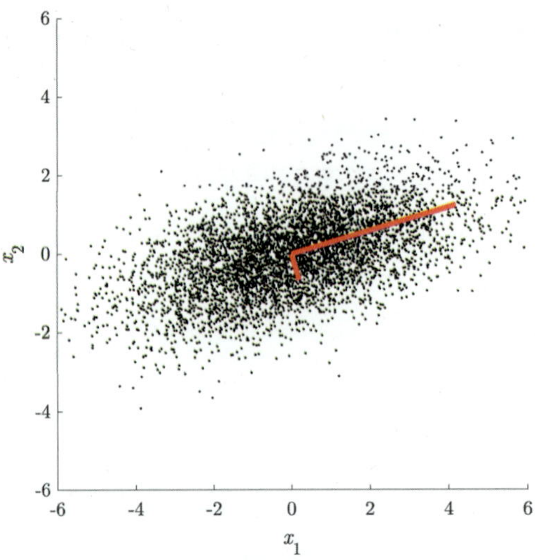

각 데이터(즉 2차원 벡터)를 첫 번째 주축 위로 사영하여 크기를 얻으면(즉 내적하면) 데이터 사이의 주된 변화를 반영하면서 2차원 데이터를 1차원으로 차원감소시키는 방법이다. 이것이 기계학습의 특징 추출에서 많이 쓰이는 주성분분석(principal component analysis, PCA)의 원리이다.

예제 1.40 **마할라노비스 거리(Mahalanobis distance)**

직업의 조건과 만족도의 관계에 대해 분석하는 문제를 생각해보자. 직업의 조건으로 연봉과 주당 근무시간을 고려하여 이들을 2차원 벡터로 생각하자. 1000명을 조사하였을 때 연봉은 최소 3천만원에서 최대 1억원, 근무시간은 최소 30시간에서 최대 60시간으로 조사되었다. 연봉이 5천만원으로 같고 근무시간이 최소 혹은 최대인 경우, 즉 $\begin{bmatrix} 50,000,000 \\ 30 \end{bmatrix}$과 $\begin{bmatrix} 50,000,000 \\ 60 \end{bmatrix}$의 차이를 유클리드 거리로 계산하면 30이다. 그런데 연봉이 10,000원만 차이나도 유클리드 거리는 10,000이 되기 때문에, 데이터 간의 차이를 계산할 때 근무시간의 차이는 거의 영향을 미치지 못하고 연봉의 차이만 반영될 것이다.

이 예에서 보듯이 벡터의 차원별 스케일의 차이가 심하면 종종 오류를 불러일으킬 수 있다. 이를 보상하기 위해서는 각 차원별로 데이터가 퍼진 정도에 반비례하도록 스케일링하는 방법을 생각할 수 있다. 이를 마할라노비스 거리(Mahalanobis distance)라 하며, 두 벡터 $\mathbf{x}$와 $\mathbf{y}$의 마할라노비스 거리는 다음의 식으로 구한다.

$$d_M = \sqrt{(\mathbf{x}-\mathbf{y})^\top \Sigma^{-1} (\mathbf{x}-\mathbf{y})}$$

이 식을 살펴보면 두 벡터의 차이에 대해 공분산행렬의 역행렬을 곱하는 형태이다. 공분산행렬이 데이터 전체의 퍼진 정도를 반영하는 것이기 때문에 각 차원별로 퍼진 정도로 나누어주는 효과임을 쉽게 알수 있다. 이 식에서 가운데 공분산행렬을 빼면, 또는 공분산행렬이 단위행렬이라면 마할라노비스 거리는 유클리드 거리와 같게 된다.

1.12 특이값분해

앞서 본 바와 같이 고유값분해는 정사각행렬에 대해서만 적용 가능하다. 일반적인 행렬에 대해 고유값분해와 비슷한 분해가 가능할까? 이에 대한 답이 바로 **특이값분해**(singular value decomposition, SVD)이다.

$m \times n$ 크기이며 랭크가 r인 행렬 A은 아래와 같이 특이값분해가 가능하다.

$$\underbrace{\begin{bmatrix} \\ \mathrm{A} \\ \\ \end{bmatrix}}_{\mathrm{A} \in \mathbb{R}^{m \times n}} = \underbrace{\begin{bmatrix} | & & | \\ \mathrm{u}_1 & \cdots & \mathrm{u}_m \\ | & & | \end{bmatrix}}_{\mathrm{U} \in \mathbb{R}^{m \times m}} \underbrace{\left[\begin{array}{ccc:c} \sigma_1 & & & \\ & \ddots & & \mathrm{O}_{r \times (n-r)} \\ & & \sigma_r & \\ \hdashline & \mathrm{O}_{(m-r) \times r} & & \mathrm{O}_{(m-r) \times (n-r)} \end{array}\right]}_{\Sigma \in \mathbb{R}^{m \times n}} \underbrace{\begin{bmatrix} | & & | \\ \mathrm{v}_1 & \cdots & \mathrm{v}_n \\ | & & | \end{bmatrix}^{\top}}_{\mathrm{V}^{\top} \in \mathbb{R}^{n \times n}} \tag{1.16}$$

여기서 양쪽에 있는 행렬 U와 V는 직교행렬이다. 즉,

$$\mathrm{U}\mathrm{U}^{\top} = \mathrm{I}$$

$$\mathrm{V}\mathrm{V}^{\top} = \mathrm{I}$$

가운데 있는 행렬 Σ는 왼쪽 윗부분이 대각행렬이고 나머지는 모두 0으로 채워진 행렬이다. 대각성분 $\sigma_1 \geq \sigma_2 \geq \ldots \geq \sigma_r > 0$는 모두 0보다 큰 값으로써 이들을 **특이값**(singular value)이라 부른다. 특이값의 개수는 행렬의 랭크만큼 얻어지며 주어진 행렬 A에 대해 유일하게 구해진다. 하지만 U와 V의 쌍은 유일하지는 않다. [그림 1.6]에 n과 m의 대소관계에 따라 특이값분해 결과를 나타내었다.

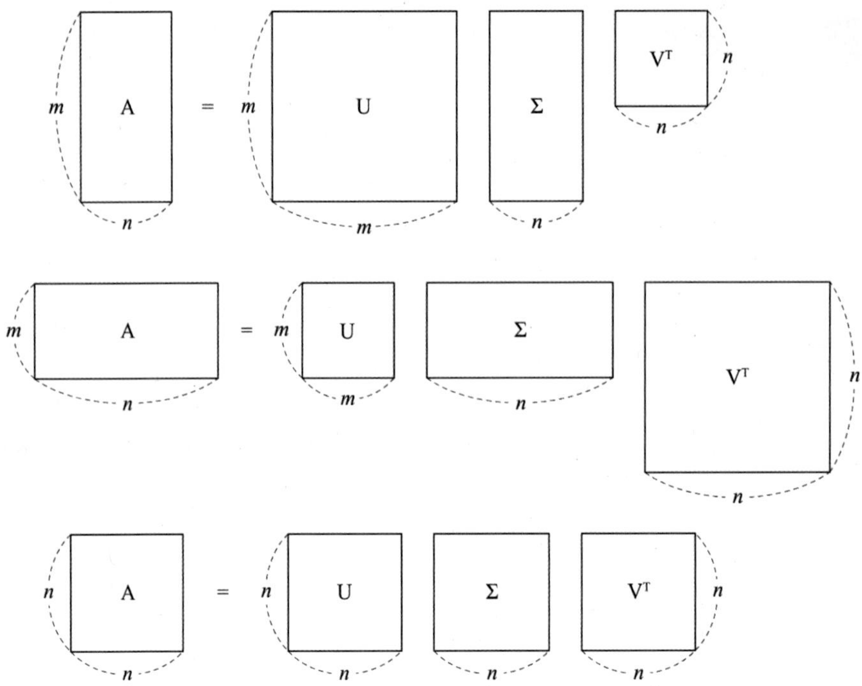

그림 1.6 n과 m의 대소관계에 따른 특이값분해 결과.
위로부터 각각 $m > n$일 때, $m < n$일 때, 그리고 $m = n$일 때.

특이값분해를 앞서 소개한 고유값분해와 비교해보자. 가운데 위치하는 행렬을 살펴보면, 고유값분해의 경우 Λ는 정사각행렬이면서 대각행렬인 반면, 특이값분해의 Σ는 정사각행렬이 아니며 부분적으로 대각행렬이지만 나머지 성분들은 모두 0이다. 좌우에 곱해진 행렬을 살펴보면, 고유값분해의 경우 서로 역행렬관계이며 크기가 같은 행렬 Q와 Q^{-1}이지만, 특이값분해의 U와 V는 역행렬관계가 아니고 크기도 다르지만 각각 직교행렬이다.

식 (1.16)의 양변 오른쪽에 V를 곱하면

$$\mathrm{AV} = \mathrm{U}\Sigma\underbrace{\mathrm{V}^{\top}\mathrm{V}}_{=\mathrm{I}} = \mathrm{U}\Sigma$$

$$\Rightarrow \begin{bmatrix} & & \\ & \mathrm{A} & \\ & & \end{bmatrix}\begin{bmatrix} | & & | \\ \mathbf{v}_1 & \cdots & \mathbf{v}_n \\ | & & | \end{bmatrix} = \begin{bmatrix} | & & | \\ \mathbf{u}_1 & \cdots & \mathbf{u}_m \\ | & & | \end{bmatrix}\left[\begin{array}{ccc:c} \sigma_1 & & & \\ & \ddots & & \mathrm{O}_{r\times(n-r)} \\ & & \sigma_r & \\ \hdashline & \mathrm{O}_{(m-r)\times r} & & \mathrm{O}_{(m-r)\times(n-r)} \end{array}\right]$$

를 얻는다. 양 변의 계산 결과의 각 열은

$$\mathbf{A}\mathbf{v}_i = \sigma_i \mathbf{u}_i \ \ (i = 1, ..., r) \tag{1.17}$$

와 같으며 이는 곧 U와 V의 열벡터 간의 관계를 보여준다.

식 (1.17)의 의미를 해석해보자. 등호의 왼쪽은 n차원 단위벡터인 $\mathbf{v}_i$를 행렬 A로 선형변환하여 m차원 벡터를 얻는 것이며, 오른쪽은 m차원 단위벡터인 $\mathbf{u}_i$를 σ_i만큼 크기 변화시키는 것이다. $\mathbf{v}_i (i = 1, ..., n)$은 서로 직교하며 $\mathbf{u}_i (i = 1, ..., m)$ 역시 서로 직교한다. 즉, n차원 공간 상에서 서로 직교하는 단위벡터들을 A로 선형변환할 때, 크기는 변할 수 있지만 여전히 직교하는 벡터들을 찾고자 하는 것이라 할 수 있다. 특이값분해에 의해 그런 벡터들을 구할 수 있으며 총 r개의 벡터 쌍이 얻어진다는 의미이다. [그림 1.7]에 $m = 2$, $n = 3$인 경우를 예를 들어 나타내었다.

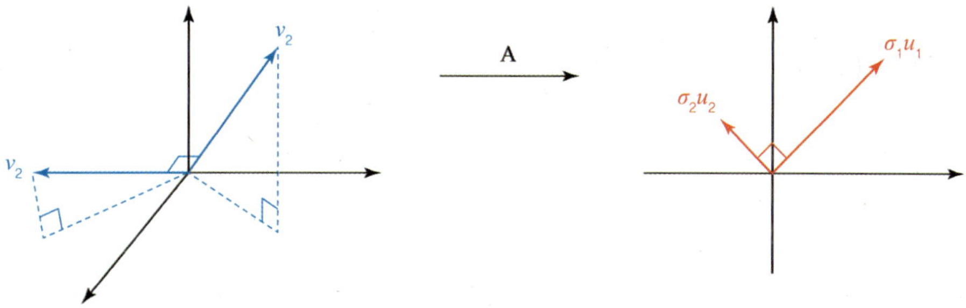

그림 1.7 $m = 2$, $n = 3$일 때 식 (1.17)의 해석

식 (1.17)을 고유값분해 문제인 식 (1.12)와 비교해보면 매우 유사하며, 유일한 차이는 오른쪽에 곱해지는 벡터가 왼쪽의 벡터와 같은지 같지 않은지의 차이만 있다. 고유값분해에서는 A가 $n \times n$ 정사각행렬이기 때문에 A로 표현되는 선형변환의 정의역과 공역은 같은 n차원 공간이며, 고유벡터에 선형변환을 적용했을 때의 결과가 고유벡터 자신의 실수배가 되는 경우를 의미한다. 하지만 특이값분해에서는 A가 정사각행렬이 아니기 때문에 n차원 벡터 $\mathbf{v}_i$를 A에 의해 선형변환한 결과는 선형변환 전과 같은 공간이 아닌 새로운 m차원 공간의 벡터 $\mathbf{u}_i$의 실수배로 얻어진다는 의미이다.

고유값분해와 특이값분해는 또 다른 측면에서도 밀접한 관련이 있다. $\mathbf{A}^\top\mathbf{A}$를 생각해보자. 이는 $n \times n$의 크기를 갖는 정사각행렬이며 임의의 벡터 $\mathbf{x}$에 대해

$$\mathbf{x}^\top(\mathbf{A}^\top\mathbf{A})\mathbf{x} = (\mathbf{A}\mathbf{x})^\top(\mathbf{A}\mathbf{x}) = \|\mathbf{A}\mathbf{x}\|^2 \geq 0$$

이기 때문에 양의 준정부호를 갖는다. $A^\top A$ 를 특이값분해를 통해 계산해보면,

$$A^\top A = V\Sigma^\top \underbrace{U^\top U}_{=I} \Sigma V^\top = V\Sigma^\top \Sigma V^\top \tag{1.18}$$

로 얻어진다. 여기서 V 는 직교행렬이기 때문에 제일 오른쪽의 $V^\top$ 은 V^{-1}로 쓸 수 있다. 또한 가운데 있는 $\Sigma^\top \Sigma$를 계산하면

$$\Sigma^\top \Sigma = \left[\begin{array}{ccc|c} \sigma_1^2 & & & \\ & \ddots & & O_{r\times(n-r)} \\ & & \sigma_r^2 & \\ \hline & O_{(n-r)\times r} & & O_{(n-r)\times(n-r)} \end{array}\right]$$

와 같은 대각행렬이 된다. 따라서, 식 (1.18)은 결국 고유값분해의 형태가 됨을 알 수 있다. 다시 말해서, $A^\top A$ 의 고유값은 A 의 특이값의 제곱이고 ($A^\top A$ 가 양의 준정부호를 갖기 때문에 고유값이 0보다 크거나 같다는 것과 일맥상통한다), $A^\top A$ 의 고유벡터는 A 를 특이값분해하여 얻는 V 의 각 열과 같다.

예제 1.41

2×3 행렬 $A=\frac{1}{3}\begin{bmatrix} 5 & 10 & -10 \\ 2 & -2 & -1 \end{bmatrix}$ 에 대해 특이값분해를 적용해보자.

A 의 특이값은 $A^\top A$ 의 고유값을 찾아 제곱근을 구하여 얻을 수 있다.

$$A^\top A = \frac{1}{9}\begin{bmatrix} 29 & 46 & -52 \\ 46 & 104 & -98 \\ -52 & -98 & 101 \end{bmatrix}$$

이며, 고유값을 구하면 25, 1, 0이다. 2×3 행렬인 A 의 랭크는 최대 2이기 때문에 $A^\top A$ 의 랭크 역시 최대 2이다. 따라서 세 번째 고유값이 0으로 얻어진다. 특이값은 고유값의 제곱근으로 얻을 수 있다.

$$\sigma_1 = 5,\ \sigma_2 = 1,\ \sigma_3 = 0$$

이로부터 행렬 Σ는

$$\Sigma = \begin{bmatrix} \sigma_1 & 0 & 0 \\ 0 & \sigma_2 & 0 \end{bmatrix} = \begin{bmatrix} 5 & 0 & 0 \\ 0 & 1 & 0 \end{bmatrix}$$

$A^\top A$ 의 고유벡터를 구하면

$$v_1 = \frac{1}{3}\begin{bmatrix} 1 \\ 2 \\ -2 \end{bmatrix},\ v_2 = \frac{1}{3}\begin{bmatrix} 2 \\ -2 \\ -1 \end{bmatrix},\ v_3 = \frac{1}{3}\begin{bmatrix} 2 \\ 1 \\ 2 \end{bmatrix}$$

이다. 따라서

$$V = \begin{bmatrix} v_1 \ v_2 \ v_3 \end{bmatrix} = \frac{1}{3}\begin{bmatrix} 1 & 2 & 2 \\ 2 & -2 & 1 \\ -2 & -1 & 2 \end{bmatrix}$$

이다.

마지막으로 U를 얻어보자. 식 (1.17)을 이용하여

$$u_1 = \frac{1}{\sigma_1}Av_1 = \frac{1}{5}\times\frac{1}{3}\begin{bmatrix} 5 & 10 & -10 \\ 2 & -2 & -1 \end{bmatrix}\times\frac{1}{3}\begin{bmatrix} 1 \\ 2 \\ -2 \end{bmatrix} = \begin{bmatrix} 1 \\ 0 \end{bmatrix}$$

$$u_2 = \frac{1}{\sigma_2}Av_2 = \frac{1}{1}\times\frac{1}{3}\begin{bmatrix} 5 & 10 & -10 \\ 2 & -2 & -1 \end{bmatrix}\times\frac{1}{3}\begin{bmatrix} 2 \\ -2 \\ -1 \end{bmatrix} = \begin{bmatrix} 0 \\ 1 \end{bmatrix}$$

따라서

$$U = \begin{bmatrix} u_1 \ u_2 \end{bmatrix} = \begin{bmatrix} 1 & 0 \\ 0 & 1 \end{bmatrix}$$

최종적으로 특이값 분해의 결과는 아래와 같이 쓸 수 있다.

$$\underbrace{\begin{bmatrix} 5/3 & 10/3 & -10/3 \\ 2/3 & -2/3 & -1/3 \end{bmatrix}}_{A\in\mathbb{R}^{2\times 3}} = \underbrace{\begin{bmatrix} 1 & 0 \\ 0 & 1 \end{bmatrix}}_{U\in\mathbb{R}^{2\times 2}}\underbrace{\begin{bmatrix} 5 & 0 & 0 \\ 0 & 1 & 0 \end{bmatrix}}_{\Sigma\in\mathbb{R}^{2\times 3}}\underbrace{\begin{bmatrix} 1/3 & 2/3 & 2/3 \\ 2/3 & -2/3 & 1/3 \\ -2/3 & -1/3 & 2/3 \end{bmatrix}^{\top}}_{V^{\top}\in\mathbb{R}^{3\times 3}}$$

예제 1.42

3×2 행렬 $A = \frac{1}{3}\begin{bmatrix} 5 & 2 \\ 10 & -2 \\ -10 & -1 \end{bmatrix}$에 대해 특이값분해를 적용해보자.

$$A^{\top}A = \begin{bmatrix} 25 & 0 \\ 0 & 1 \end{bmatrix}$$

는 대각행렬이기 때문에 고유값은 대각성분인 25와 1이다. 이들의 제곱근이 특이값이다.

$$\sigma_1 = 5,\ \sigma_2 = 1$$

$A^{\top}A$ 고유벡터는

$$v_1 = \begin{bmatrix} 1 \\ 0 \end{bmatrix},\ v_2 = \begin{bmatrix} 0 \\ 1 \end{bmatrix}$$

으로 얻어진다. 따라서

$$\mathrm{V} = [\mathbf{v}_1\ \mathbf{v}_2] = \begin{bmatrix} 1 & 0 \\ 0 & 1 \end{bmatrix}$$

이다. 식 (1.17)을 이용하면

$$\mathbf{u}_1 = \frac{1}{\sigma_1}\mathrm{A}\mathbf{v}_1 = \frac{1}{5} \times \frac{1}{3}\begin{bmatrix} 5 & 2 \\ 10 & -2 \\ -10 & -1 \end{bmatrix} \times \begin{bmatrix} 1 \\ 0 \end{bmatrix} = \frac{1}{3}\begin{bmatrix} 1 \\ 2 \\ -2 \end{bmatrix}$$

$$\mathbf{u}_2 = \frac{1}{\sigma_2}\mathrm{A}\mathbf{v}_2 = \frac{1}{1} \times \frac{1}{3}\begin{bmatrix} 5 & 2 \\ 10 & -2 \\ -10 & -1 \end{bmatrix} \times \begin{bmatrix} 0 \\ 1 \end{bmatrix} = \frac{1}{3}\begin{bmatrix} 2 \\ -2 \\ -1 \end{bmatrix}$$

이다. U는 3×3 행렬이기 때문에 $\mathbf{u}_3$를 추가로 얻어야 한다. $\mathbf{u}_3$는 $\mathbf{u}_1$ 및 $\mathbf{u}_2$과 직교해야 한다. 즉,

$$\mathbf{u}_3 = \begin{bmatrix} x_1 \\ x_2 \\ x_3 \end{bmatrix}$$

이라 하면

$$\mathbf{u}_1 \cdot \mathbf{u}_3 = \frac{1}{3}[1\ 2\ -2]\begin{bmatrix} x_1 \\ x_2 \\ x_3 \end{bmatrix} = \frac{1}{3}(x_1 + 2x_2 - 2x_3) = 0$$

$$\mathbf{u}_2 \cdot \mathbf{u}_3 = \frac{1}{3}[2\ -2\ -1]\begin{bmatrix} x_1 \\ x_2 \\ x_3 \end{bmatrix} = \frac{1}{3}(2x_1 - 2x_2 - x_3) = 0$$

두 식을 연립하면 $x_1 : x_2 : x_3 = 2 : 1 : 2$의 비율을 얻으며, 길이가 1인 단위벡터를 구하면

$$\mathbf{u}_3 = \frac{1}{3}\begin{bmatrix} 2 \\ 1 \\ 2 \end{bmatrix}$$

이다. 따라서

$$\mathrm{U} = [\mathbf{u}_1\ \mathbf{u}_2\ \mathbf{u}_3] = \frac{1}{3}\begin{bmatrix} 1 & 2 & 2 \\ 2 & -2 & 1 \\ -2 & -1 & 2 \end{bmatrix}$$

이다. 최종적으로 특이값분해의 결과는

$$\underbrace{\begin{bmatrix} 5/3 & 2/3 \\ 10/3 & -2/3 \\ -10/3 & -1/3 \end{bmatrix}}_{\mathrm{A} \in \mathbb{R}^{3\times 2}} = \underbrace{\begin{bmatrix} 1/3 & 2/3 & 2/3 \\ 2/3 & -2/3 & 1/3 \\ -2/3 & -1/3 & 2/3 \end{bmatrix}}_{\mathrm{U} \in \mathbb{R}^{3\times 3}} \underbrace{\begin{bmatrix} 5 & 0 \\ 0 & 1 \\ 0 & 0 \end{bmatrix}}_{\Sigma \in \mathbb{R}^{3\times 2}} \underbrace{\begin{bmatrix} 1 & 0 \\ 0 & 1 \end{bmatrix}^{\top}}_{\mathrm{V}^{\top} \in \mathbb{R}^{2\times 2}}$$

식 (1.16)을 계산하면

$$\begin{aligned}\begin{bmatrix} & \\ & \mathrm{A} & \\ & \end{bmatrix} &= \begin{bmatrix} | & & | \\ \mathbf{u}_1 & \cdots & \mathbf{u}_m \\ | & & | \end{bmatrix} \left[\begin{array}{ccc|c} \sigma_1 & & & \\ & \ddots & & \mathrm{O}_{r\times(n-r)} \\ & & \sigma_r & \\ \hline & \mathrm{O}_{(m-r)\times r} & & \mathrm{O}_{(m-r)\times(n-r)} \end{array}\right] \begin{bmatrix} - & \mathbf{v}_1^\top & - \\ & \vdots & \\ - & \mathbf{v}_n^\top & - \end{bmatrix} \\ &= \left[\begin{array}{ccc|c} | & & | & \\ \sigma_1\mathbf{u}_1 & \cdots & \sigma_r\mathbf{u}_r & \mathrm{O}_{m\times(m-r)} \\ | & & | & \end{array}\right] \begin{bmatrix} - & \mathbf{v}_1^\top & - \\ & \vdots & \\ - & \mathbf{v}_n^\top & - \end{bmatrix} \\ &= \sigma_1\mathbf{u}_1\mathbf{v}_1^\top + \sigma_2\mathbf{u}_2\mathbf{v}_2^\top + \cdots + \sigma_r\mathbf{u}_r\mathbf{v}_r^\top \end{aligned}$$

을 얻는다. 여기서 $\mathbf{u}_i\mathbf{v}_i^\top$ 는 $m\times 1$ 벡터와 $1\times n$ 벡터를 곱하여 얻는 $m\times n$ 행렬이기 때문에 랭크가 1인 행렬이다. 즉, 주어진 행렬 A를 랭크-1 행렬들의 선형조합으로 표현한다는 의미이다.

여기서, $\sigma_1 \geq \sigma_2 \geq \cdots \geq \sigma_r$의 순서로 정했기 때문에 선형조합에서 앞에 나오는 항들이 전체 합에 주로 기여할 것이며, 뒤에 나오는 항들은 그 크기가 상대적으로 작아서 무시할 수도 있다. 즉, 특이값 일부만을 사용하여 행렬 A를 근사화하는 것이 가능하다. 즉, $k < r$에 대해

$$\mathrm{A} \approx \sigma_1\mathbf{u}_1\mathbf{v}_1^\top + \sigma_2\mathbf{u}_2\mathbf{v}_2^\top + \cdots + \sigma_k\mathbf{u}_k\mathbf{v}_k^\top$$

이를 그림으로 표현하면 [그림 1.8]처럼 나타낼 수 있다. 이를 끝이 잘린 특이값 분해(truncated SVD)라 한다.

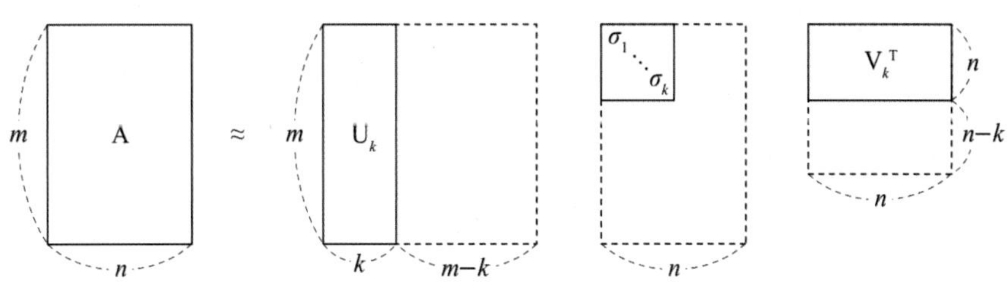

그림 1.8 fig:trunc_svd. 특이값 분해의 일부만을 사용하여 근사화하는 과정

이러한 방법을 적용하여 데이터 압축에 적용한 예를 다음의 예제에서 살펴보자.

예제 1.43 **특이값 분해를 통한 영상 압축**

아래 512×412크기의 흑백 영상을 압축해보자.

이 영상의 픽셀값을 행렬 A로 하여 특이값분해를 수행하면 512×512 크기의 행렬 U, 512×412 크기의 행렬 Σ, 그리고 412×412 크기의 행렬 V을 얻는다. 특이값은 크기 순서대로 Σ에 정렬되며, 첫번째부터 20번째까지의 특이값을 비교하면 아래 그림과 같다. 첫 번째 특이값이 나머지에 비해 월등히 크다는 것을 알 수 있다.($\sigma_1 = 233.03$, $\sigma_2 = 29.62$, $\sigma_3 = 25.10$, ...)

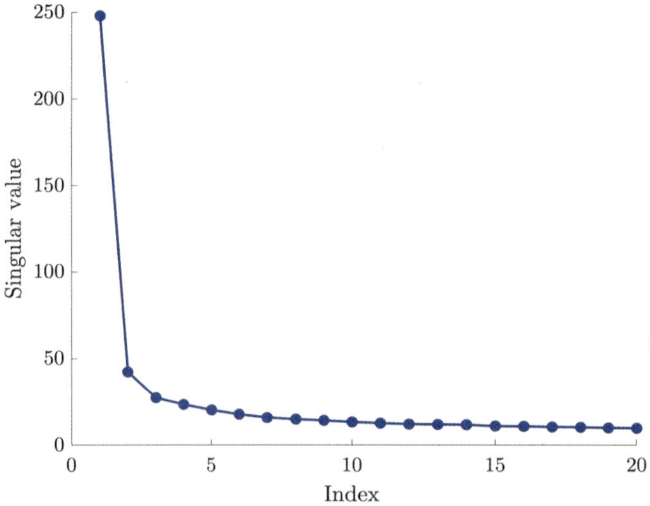

[그림 1.8]과 같이 상위 k개의 특이값 성분만을 사용하여 행렬 A를 근사화한 결과는 아래 그림과 같다. 원본 영상과의 차이를 평균제곱오차(mean squared error, MSE)와 최대신호대잡음비(peak signal-to-noise ratio, PSNR)로 계산하여 같이 표기하였다. 상위 20%(82개)의 특이값 성분만을 사용하여도 원본에 근접한 영상을 얻을 수 있음을 볼 수 있다. 이 경우 U_k에 512×82개, V_k에 412×82개,

그리고 Σ_k에 82개의 숫자를 통해 512×412개의 숫자로 구성된 원본을 근사화하는 것이며, 원본 대비 36%의 데이터량으로 압축한 셈이다.[8)]

$k = 1$ (0.2%)
MSE=0.0458, PSNR=13.39dB

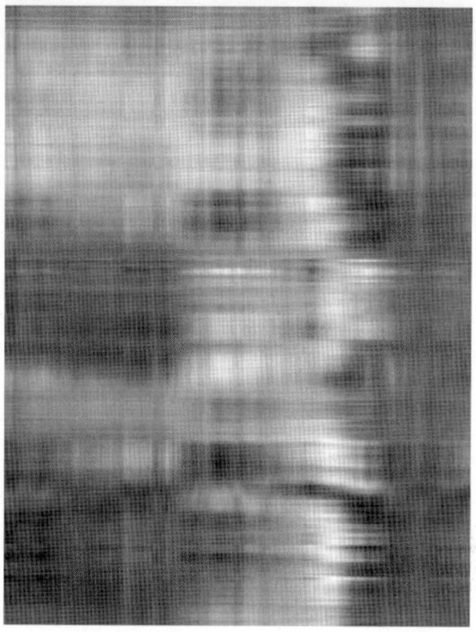

$k = 4$ (1%)
MSE=0.0311, PSNR=15.08dB

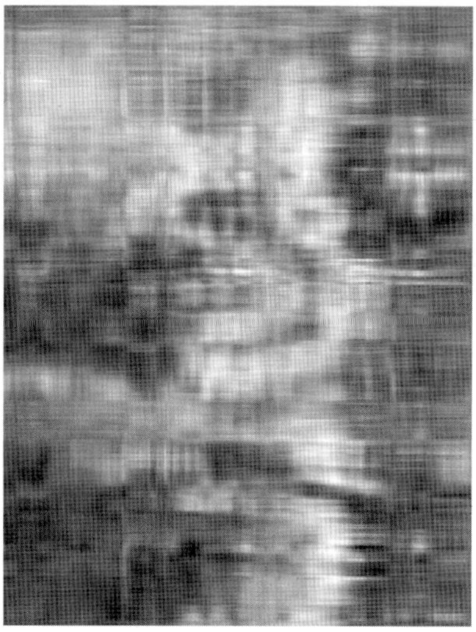

$k = 8$ (2%)
MSE=0.0253, PSNR=15.96dB

$k = 20$ (5%)
MSE=0.0176, PSNR=17.55dB

8) 원본 영상은 8비트 정수로 이루어져 있는 반면, 여기서 보인 결과는 실수값으로 얻은 특이값 분해 결과를 활용한 것이기 때문에, 엄밀히 말하자면 단순히 숫자의 개수를 비교하기는 어렵다. 그러나 전반적인 과정과 개념을 설명하기 위해 단순화하여 비교하였다.

$k=41$ (10%)
MSE=0.0113, PSNR=19.46dB

$k=82$ (20%)
MSE=0.0060, PSNR=22.21dB

아래 그림은 k값을 증가시키며 MSE와 PSNR을 측정한 것이다. 더 많은 특이값 성분을 사용할수록 오차는 줄어들고 복원 영상의 화질은 향상되는 것을 확인할 수 있다.

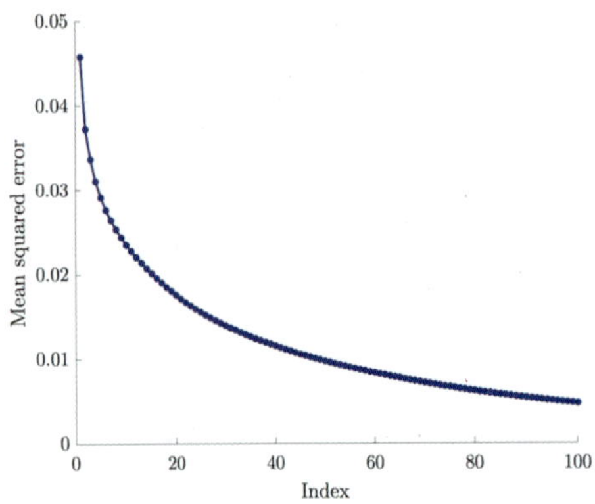

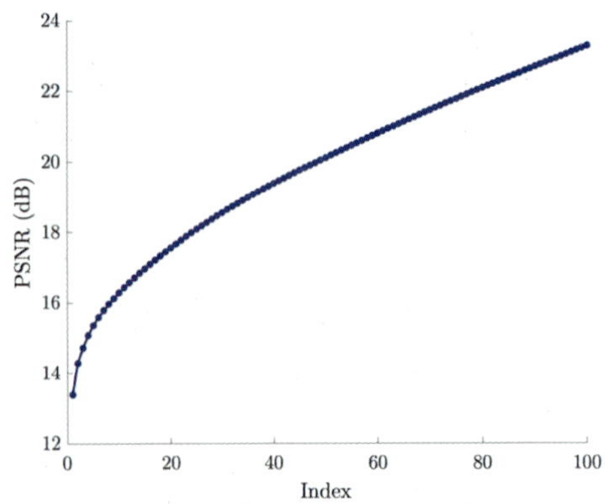

특이값 분해의 또 다른 응용은 의사역행렬을 구하는데 쓰는 것이다. 앞서 1.9절에서 살펴본 것과 같이 최소자승법으로 선형함수를 구하기 위해서는 $\mathbf{x}=A^{+}\mathbf{b}$와 같이 의사역행렬을 필요로 한다. 의사역행렬을 특이값 분해를 활용하여 풀어보면

$$
\begin{aligned}
A^{+} &= (A^{\top}A)^{-1}A^{\top} \\
&= \{(U\Sigma V^{\top})^{\top}(U\Sigma V^{\top})\}^{-1}(U\Sigma V^{\top})^{\top} \\
&= (V\Sigma^{\top}U^{\top}U\Sigma V^{\top})^{-1}(U\Sigma V^{\top})^{\top} \\
&= (V\Sigma^{\top}\Sigma V^{\top})^{-1}(U\Sigma V^{\top})^{\top} \\
&= V(\Sigma^{\top}\Sigma)^{-1}V^{\top}V\Sigma^{\top}U^{\top} \\
&= V(\Sigma^{\top}\Sigma)^{-1}\Sigma^{\top}U^{\top} \\
&= V\Sigma^{+}U^{\top}
\end{aligned}
$$

를 얻는다. 전개 과정에서 $UU^{\top} = I$와 $VV^{\top} = I$를 활용하였다. 마지막 줄에서는

$$\Sigma^{+} = (\Sigma^{\top}\Sigma)^{-1}\Sigma^{\top}$$

로 정의하였는데, 이는 Σ에서 0이 아닌 성분을 각각 역수를 취하고 전치하여 얻는 결과와 같다. 이처럼 특이값 분해를 활용하여 의사역행렬을 계산하는 것이 직접 계산하는 것보다 더 간단하고, 특히 컴퓨터에서 계산할 때 더 정확한 값을 얻을 수 있다.

CHAPTER 02

확률과 통계(Probability and Statistics)

2.1 확률

확률(probability)은 하나의 사건(event) A를 하나의 실수로 대응시키는 함수이며, 사건 A에 대응되는 실수를 $\Pr(A)$라 할 때 다음의 두 조건을 만족하여야 한다.

(i) 모든 A에 대해 $\Pr(A) \geq 0$

(ii) $\sum_{A} \Pr(A) = 1$

두 사건 A와 B가 있을 때 이들 사이의 관계에 따른 확률에 대해 알아보자. 먼저, 두 사건이 동시에 일어날 확률을 **결합확률(joint probability)**이라 하며 $\Pr(A, B)$ 또는 $\Pr(A \cap B)$로 표기한다.

두 사건이 동시에 일어날 수 없을 때 이 둘이 **상호배타적(mutually exclusive)**인 관계를 갖는다고 한다. 예를 들어, 동전 하나를 던졌을 때 앞면이 나오는 사건을 A, 뒷면이 나오는 사건을 B라고 하면 동전의 앞면과 뒷면이 동시에 나올 수 없기 때문에 두 사건은 상호배타적이라 할 수 있다. 두 사건이 상호배타적이면 결합확률은

$$\Pr(A, B) = 0$$

이 됨을 쉽게 이해할 수 있다.

두 사건이 **독립(independent)**이라는 것은 하나의 사건이 일어나는 것이 다른 사건이 일어나는 것에 영향을 주지 않는다는 것이다. 예를 들어, 동전과 주사위를 던졌을 때 동전의 앞면이 나오는 사건을 A, 주사위의 수가 짝수인 사건을 B라고 할 때, 이 두 사건은 서로 영향을 주지 않기 때문에 서로 독립이다. 두 사건이 독립이면 결합확률은

$$\Pr(A,B)=\Pr(A)\times\Pr(B) \tag{2.1}$$

로 쓸 수 있다.

예제 2.1

동전 하나와 주사위 하나를 던졌을 때 동전의 앞면이 나오는 사건 A와 주사위가 짝수가 나는 사건 B는 서로 독립이다. 따라서 이 두 사건의 결합확률은

$$\Pr(A,B)=\Pr(A)\times\Pr(B)=\frac{1}{2}\times\frac{1}{2}=\frac{1}{4}$$

이다.

하나의 사건이 이미 일어났을 때 다른 사건이 일어날 확률을 **조건부확률(conditional probability)**이라 한다. 사건 B가 일어났을 때 사건 A가 일어날 확률, 즉 B에 대한 A의 조건부확률 $\Pr(A|B)$은

$$\Pr(A|B)=\frac{\Pr(A,B)}{\Pr(B)}$$

로 표현된다. 이 식을 변형하면 결합확률 $\Pr(A,B)$는

$$\Pr(A,B)=\Pr(A|B)\Pr(B) \tag{2.2}$$

로 쓸 수 있다. 또한 A에 대한 B의 조건부확률은

$$\Pr(B|A)=\frac{\Pr(A,B)}{\Pr(A)}$$

로 표현되며 이로부터

$$\Pr(A,B)=\Pr(B|A)\Pr(A) \tag{2.3}$$

를 얻는다. 식 (2.2)와 식 (2.3)로부터 아래 결과를 얻는다.

$$\Pr(A|B)\Pr(B)=\Pr(B|A)\Pr(A)$$

이를 변형하면

$$\Pr(A|B)=\frac{\Pr(B|A)\Pr(A)}{\Pr(B)} \tag{2.4}$$

를 얻는다. 이를 **베이즈 정리(Bayes' theorem)**라 한다. 이 식을 말로 표현하면

$$\text{사후확률}(posterior) = \frac{\text{가능도}(likelihood) \times \text{사전확률}(prior)}{\text{증거}(evidence)}$$

로 쓸 수 있다. 즉, 사건 B가 일어난 후("사후") 사건 A의 확률은 사건 A가 일어났다고 했을 때 사건 B가 일어날 가능성("가능도")과 다른 사건이 일어나기 전("사전") 사건 A에 대한 확률의 곱에 비례한다는 것이다. 가능도는 때로는 우도라고도 한다.

베이즈 정리에서 분모는 식 (2.2)를 활용하여 아래와 같이 다시 쓸 수 있다.

$$\Pr(B) = \sum_{A'} \Pr(A', B) = \sum_{A'} \Pr(B|A')\Pr(A')$$

그러면 베이즈 정리는

$$\Pr(A|B) = \frac{\Pr(B|A)\Pr(A)}{\sum_{A'} \Pr(B|A')\Pr(A')} \tag{2.5}$$

로도 표현 가능하다. 이 식에서 분모의 역할은 사후확률이 확률로써 의미를 갖도록 하기 위해 분자인 $\Pr(B|A)\Pr(A)$를 정규화(normalization)하는 항이라고도 볼 수 있다. 즉, 사후확률을 사건 A의 모든 경우에 대해 더했을 때 1이 되도록 분자의 모든 경우에 대해 더한 것을 분모에 쓰는 것이다.

세 개 이상의 사건이 연관되어 있을 수도 있다. 예를 들어 사건 A, B, C에 대해

$$\Pr(A|B, C) = \frac{\Pr(B|A, C)\Pr(A|C)}{\Pr(B|C)}$$

가 성립함을 베이즈 정리를 통해 알 수 있다. 다소 복잡해 보일 수 있으나, 식 (2.4)에서 사건 C가 모든 확률 항에 똑같이 조건부로 포함되어 있는 형태이다.

2.2 확률변수와 확률분포

2.2.1. 확률변수

확률변수(random variable)는 쉽게 말하면 하나의 사건을 하나의 숫자로 사상하는 함수라 할

수 있다. 예를 들어, 동전 두 개를 던졌을 때 나오는 앞면의 수 각각을 사건이라고 한다면 확률변수 X는 아래와 같이 정할 수 있다.

$$X = \begin{cases} 0 & (\text{모두 뒷면일 때}) \\ 1 & (\text{앞면이 하나 나올 때}) \\ 2 & (\text{모두 앞면일 때}) \end{cases}$$

그리고 각 경우에 대한 확률값은 아래와 같이 쓸 수 있다.

$$\begin{cases} \Pr(X=0) = \dfrac{1}{4} \\ \Pr(X=1) = \dfrac{1}{2} \\ \Pr(X=2) = \dfrac{1}{4} \end{cases}$$

여기서 $\Pr(X=0)+\Pr(X=1)+\Pr(X=2)=1$임을 확인할 수 있다. 이때 $\Pr(X)$를 **확률분포**(probability distribution)라고 한다. 확률분포는 확률변수가 가질 수 있는 값의 형태에 따라 두 가지로 나눌 수 있다. 확률변수가 이산적인(discrete) 경우는 **이산확률분포**(discrete probability distribution)이라 하고, 확률변수가 연속적인(continuous) 값을 가지는 경우는 **연속확률분포**(continuous probability distribution)라 한다. [그림 2.1]에서 이 둘의 차이를 쉽게 확인할 수 있다.

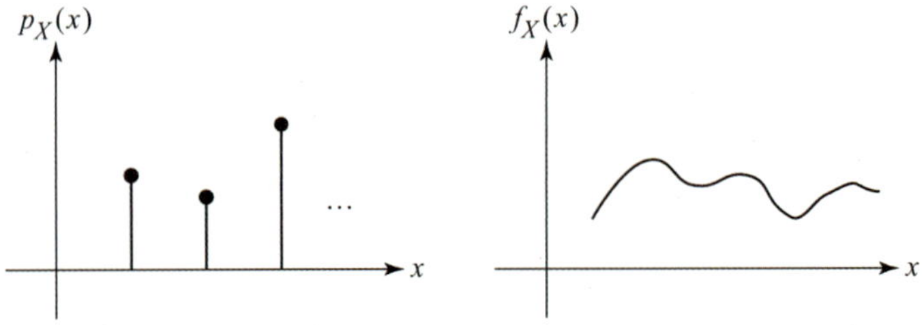

그림 2.1 이산확률분포(왼쪽)와 연속확률분포(오른쪽)

2.2.2. 이산확률분포

이산확률변수의 확률분포를 **확률질량함수**(probability mass function, PMF)라 한다. 이는 이산확률변수 X가 특정한 값 x를 가질 확률의 분포로 정의되며 다음과 같은 기호로 표기한다.

$$p_X(x) = \Pr(X=x) \tag{2.6}$$

확률질량함수는 다음의 두 조건을 만족한다.

$$p_X(x) \geq 0$$

$$\sum_{x=-\infty}^{\infty} p_X(x) = 1$$

이산확률변수에 대한 **누적분포함수(cumulative distribution function, CDF)** $F_X(x)$는 확률변수 X가 특정한 값 x 이하일 확률을 의미한다. 즉,

$$F_X(x) = \Pr(X \leq x) = \sum_{x'=-\infty}^{x} p_X(x')$$

누적분포함수의 극한값은

$$\lim_{x \to -\infty} F_X(x) = 0$$

$$\lim_{x \to \infty} F_X(x) = 1$$

임을 쉽게 알 수 있다. 또한 누적분포함수는 x값이 커짐에 따라 감소하지 않는(non-decreasing), 즉 같거나 증가하는 특성이 있다.

대표적인 이산확률분포를 아래에서 소개한다.

(1) 이산균등분포(discrete uniform distribution)

구간 $[a, b]$ 내에서 균일한 확률을 갖는 분포이다. 즉, PMF는

$$p_X(x) = \frac{1}{b-a+1}, \quad x = a, a+1, \ldots, b-1, b$$

로 주어진다. 예를 들어, 주사위 하나를 던져서 나오는 눈의 수를 확률변수로 정의했을 때 이 확률변수는 1부터 6까지 값에 대해 모두 1/6의 확률을 갖는 이산균등분포이다. [그림 2.2]에 이 분포를 나타내었다.

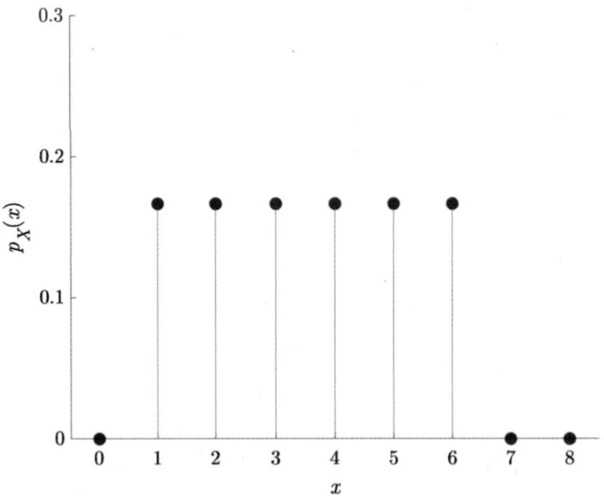

그림 2.2 $a=1,\ b=6$일 때 이산균등분포의 PMF

(2) 베르누이 분포(Bernoulli distribution)

확률변수가 1일 확률이 p, 0일 확률이 $1-p$로 주어지는 분포이다. 즉, PMF는

$$p_X(x)=\begin{cases}p, & x=1\\ 1-p, & x=0\end{cases}$$

로 주어진다. 앞면이 나올 확률이 p인 동전을 던졌을 때 나오는 면에 대한 확률분포를 예로 들 수 있다. 확률변수 X가 파라미터 p를 갖는 베르누이 분포를 따른다는 것을 $X\sim \mathrm{Bernoulli}(p)$라 간단히 표현할 수 있다. [그림 2.3]에 $p=0.3$인 경우에 대해 베르누이 분포의 PMF를 나타내었다.

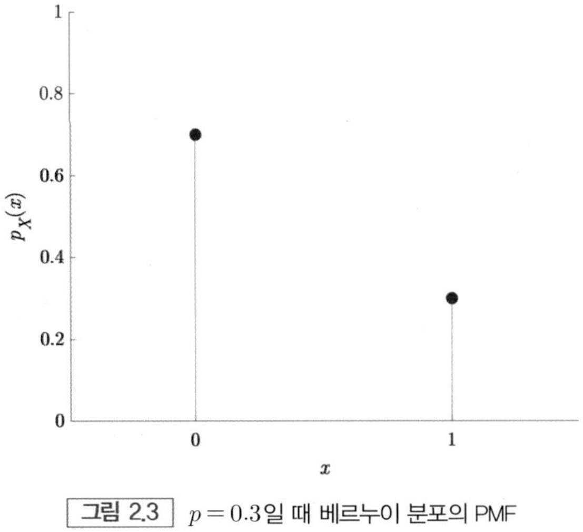

그림 2.3 $p=0.3$일 때 베르누이 분포의 PMF

(3) 이항분포(binomial distribution)

이항분포는 베르누이 분포를 갖는 사건을 여러 번 반복했을 때 얻는 분포이다. 앞면이 나올 확률이 p인 동전을 n번 던졌을 때 앞면이 나오는 횟수를 확률변수 X로 정의하면, 이 확률변수의 PMF는

$$p_X(x) = \binom{n}{x} p^x (1-p)^{n-x}, \quad x = 0, 1, 2, \ldots$$

이 된다. 확률변수 X가 파라미터 n과 p를 갖는 이항분포를 따른다는 것을 $X \sim \text{Binomial}(n, p)$라 간단히 표현할 수 있다. [그림 2.4]에 서로 다른 p에 대해 $n = 20$일 때 이항분포의 PMF를 나타내었다.

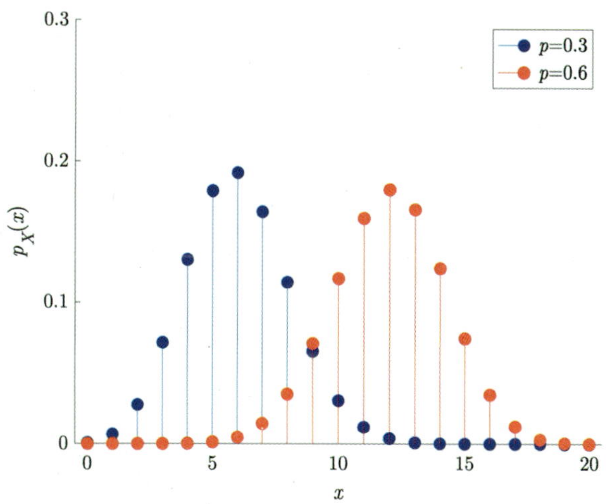

그림 2.4 $n = 20$이고 $p = 0.3$ 또는 $p = 0.6$일 때 이항분포의 PMF

(4) 포아송분포(Poisson distribution)[9)]

파라미터 λ를 갖는 포아송분포의 PMF는 다음과 같이 주어진다.

$$p_X(x) = e^{-\lambda} \frac{\lambda^x}{x!}, \quad x = 0, 1, 2, \ldots \tag{2.7}$$

예를 들어 고객센터에 걸려오는 전화가 시간당 평균 240통이라 하고, 하나의 통화는 다른 통화에 영향을 미치지 않고 서로 독립적이라 하자. 그렇다면 매 분 걸려오는 전화는 평균이

9) 프랑스의 수학자이자 물리학자인 Simeon Denis Poisson (1781-1840)의 이름을 딴 것이다.

240/60=4인 포아송분포를 따른다. 확률변수 X가 파라미터 λ를 갖는 포아송분포를 따르는 것을 $X \sim \text{Poisson}(\lambda)$로 표기할 수 있다. [그림 2.5]에 서로 다른 λ에 대해 PMF를 나타내었다.

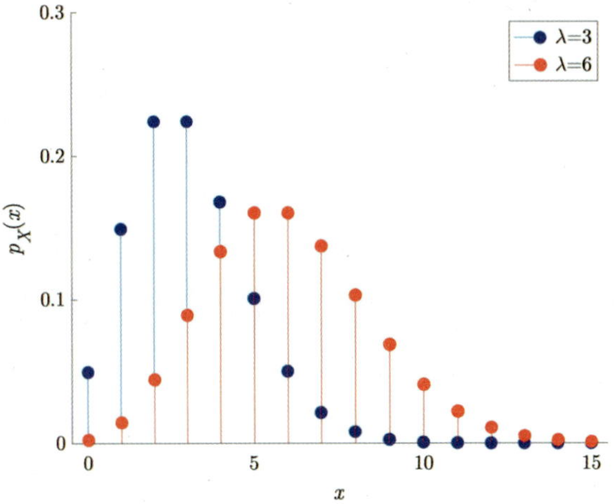

그림 2.5 $\lambda = 3$ 또는 $\lambda = 6$인 포아송 분포의 PMF

(5) 기하분포(geometric distribution)

"성공"(예를 들어 동전의 앞면)할 확률이 p, "실패"(예를 들어 동전의 뒷면)할 확률이 $1-p$인 베르누이 분포를 갖는 사건을 반복할 때 "성공"이 나올 때까지 시도하는 횟수에 대한 분포이다. PMF는

$$p_X(x) = (1-p)^{x-1}p, \quad x = 1,2,3,\ldots$$

으로 주어진다. $x-1$번 실패하고 마지막에 한 번 성공하는 확률을 나타내는 것이다. 확률변수 X가 파라미터 p를 갖는 기하분포를 따르는 것을 $X \sim \text{Geometric}(p)$로 표기할 수 있다. [그림 2.6]에 두 가지 p값에 대한 기하분포의 모양을 나타내었다.

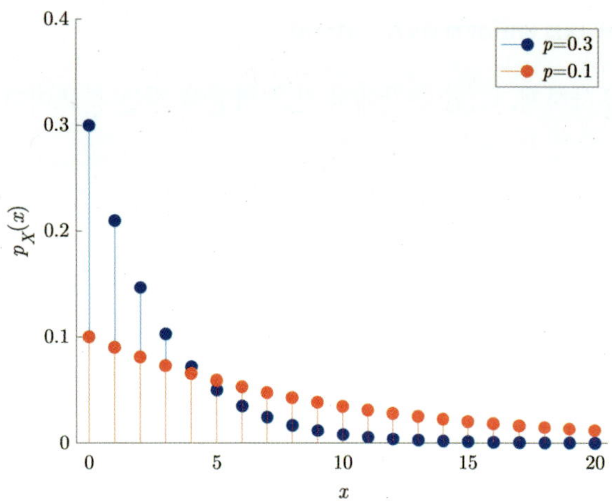

그림 2.6 $p = 0.1$ 또는 $p = 0.3$인 기하분포의 PMF

2.2.3. 연속확률분포

연속확률변수의 분포를 **확률밀도함수(probability density function, PDF)**라 한다. 연속확률변수가 가질 수 있는 값은 무수히 많기 때문에 이산확률분포의 경우인 식 (2.6)처럼 확률변수가 특정값을 가질 확률로써 PDF를 정의할 수는 없다. 대신, CDF를 이용하여 정의한다. PDF $f_X(x)$를 누적해서 더한 것이 CDF $F_X(x)$ 이므로, 즉

$$F_X(x) = \int_{-\infty}^{x} f_X(x')dx'$$

이므로, 이를 이용하면 PDF를 다음과 같이 정의할 수 있다.

$$f_X(x) := \frac{dF_X(x)}{dx}$$

PMF의 경우와 유사하게, PDF는 0보다 크고 전 구간에 대해 합하면 1이 되는 조건을 만족한다. 즉,

$$f_X(x) \geq 0$$

$$\int_{-\infty}^{\infty} f_X(x)dx = 1$$

대표적인 연속확률변수의 분포는 다음과 같다.

(1) 연속균등분포(continuous uniform distribution)

이산균등분포와 유사하게, $[a,b]$ 구간에서 같은 확률을 갖는 분포이다. 즉,

$$f_X(x) = \frac{1}{b-a},\ \ a \le x \le b$$

이다. 확률변수 X가 이러한 연속균등분포를 따르는 것을 $X \sim \mathrm{Uniform}(a,b)$로 표기한다. 연속균등분포의 CDF는 해당 구간에서 선형적으로 증가하는 모습을 보인다. 즉,

$$F_X(x) = \begin{cases} 0 & ,\ x < a \\ \dfrac{x-a}{b-a} & ,\ a \le x \le b \\ 1 & ,\ x > b \end{cases}$$

[그림 2.7]은 연속균등분포의 PDF와 CDF를 예를 들어 보인다.

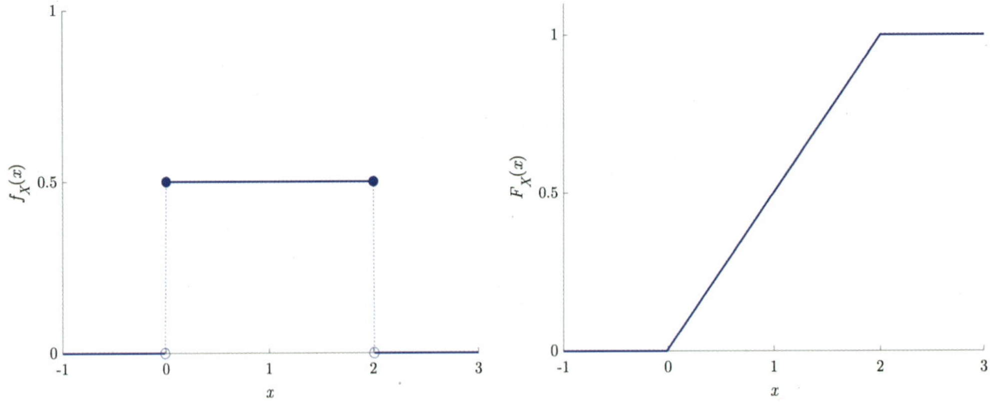

그림 2.7 $a=0,\ b=2$일 때 연속균등분포의 PDF와 CDF

(2) 지수분포(exponential distribution)

지수분포는 0보다 크거나 같은 영역에서 정의되며 값이 커질수록 지수적으로 감소하는 분포이다. 즉, 지수분포의 PDF는

$$f_X(x) = \lambda e^{-\lambda x},\ \ x \ge 0$$

로 주어지며 여기서 λ는 지수분포의 파라미터이다. 확률변수 X가 이러한 지수분포를 따르는 것을 $X \sim \mathrm{Exp}(\lambda)$로 표기한다. 앞서 제시한 포아송분포를 갖는 고객센터의 전화의 예에서, 단

위시간당 평균 λ회의 전화가 걸려올 때 두 전화 사이의 시간 간격은 평균 $1/\lambda$인 지수분포를 따른다. 지수분포의 CDF는

$$F_X(x) = 1 - e^{-\lambda x}, \;\; x \geq 0$$

이다. [그림 2.8]에 지수분포의 PDF와 CDF를 나타내었다.

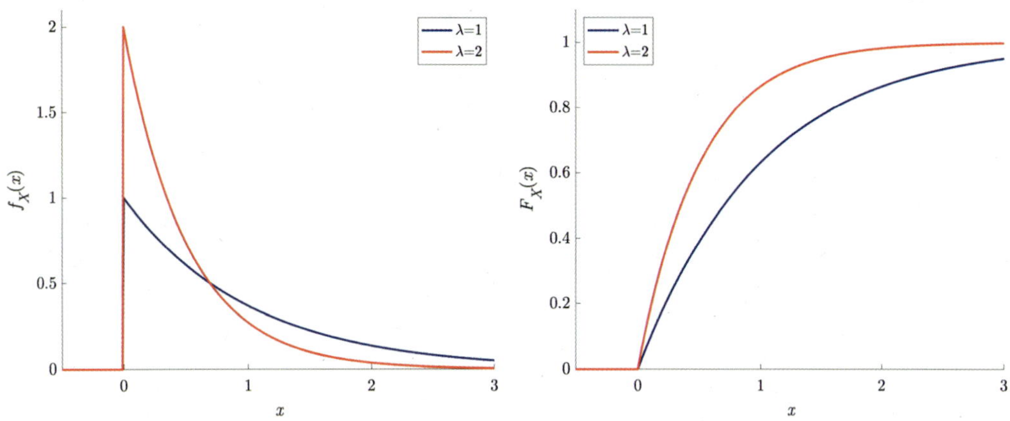

그림 2.8 지수분포의 PDF와 CDF

(3) 정규분포(normal distribution) 또는 가우시안분포(Gaussian distribution)

여러 분포 중 가장 많이 활용되는 정규분포(또는 가우시안분포)는 종 모양의 분포를 가지며 PDF는 다음과 같이 주어진다.

$$f_X(x) = \frac{1}{\sqrt{2\pi}\,\sigma} e^{\frac{(x-\mu)^2}{2\sigma^2}}$$

파라미터 μ는 분포의 중심, 즉 평균을, σ는 분포의 퍼진 정도, 즉 표준편차를 나타낸다. 이 분포를 간단히 $N(\mu, \sigma^2)$라고 표현하며 확률변수 X가 이러한 정규분포를 따르는 것을 $X \sim N(\mu, \sigma^2)$로 표기한다. 정규분포는 다양한 분야에서 활용되는데, 자연현상이나 사회적 현상의 확률적 모델링, 표본평균의 확률적 모델링(3.1절 참조) 등이 그러한 예이다. 정규분포의 CDF는

$$F_X(x) = \frac{1}{\sqrt{2\pi}\,\sigma} \int_{-\infty}^{x} e^{-(t-\mu)^2/2\sigma^2} dt$$

인데, 이 적분은 더 이상 수식으로 계산할 수 없다. $\mu = 0$이고 $\sigma = 1$인 경우를 표준정규분포

(standard normal distribution)라 하며 $N(0,1)$로 표기할 수 있다. [그림 2.9]에 정규분포의 PDF와 CDF를 나타낸다. 2.5절에서 정규분포에 대해 좀 더 자세히 다룰 것이다.

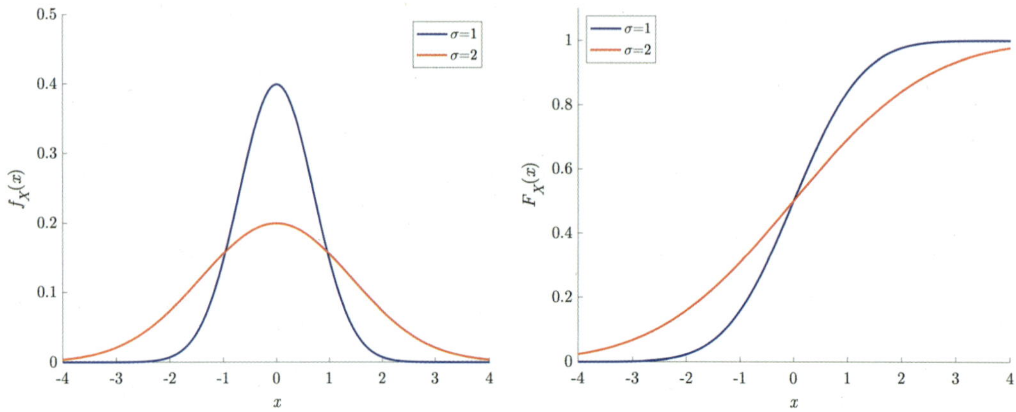

그림 2.9 $\mu=0$일 때 정규분포의 PDF와 CDF

(4) 코쉬분포(Cauchy distribution)[10] 또는 로렌츠분포(Lorentz distribution)

코쉬분포는 정규분포와 유사하게 종 모양을 가지지만 양쪽 끝인 꼬리(tail) 부분이 조금 더 두꺼운 특성을 가진다. PDF는 다음과 같이 주어진다.

$$f_X(x)=\frac{1}{\pi\alpha\left[1+\left(\frac{x-\mu}{\alpha}\right)^2\right]} \tag{2.8}$$

여기서 μ는 정규분포와 마찬가지로 분포의 중심을 나타내며, 스케일 파라미터(scale parameter)라 불리는 α는 분포의 퍼진 정도를 나타낸다. 이 분포는 특이하게도 평균, 분산 등이 정의되지 않는다. 누적분포함수는

$$F_X(x)=\frac{1}{\pi}\tan^{-1}\left(\frac{x-\mu}{\alpha}\right)+\frac{1}{2}$$

로 주어진다. $\mu=0$이고 $\alpha=1$인 경우를 표준코쉬분포라 한다. 하나의 예로, 표준정규분포를 갖는 두 확률변수의 비율은 표준코쉬분포를 따르는 성질이 있다. [그림 2.10]에 코쉬분포의 PDF와 CDF를 나타내었다.

10) 프랑스의 수학자, 물리학자 및 공학자인 Augustin-Louis Cauchy (1789-1857)의 이름을 딴 것이다.

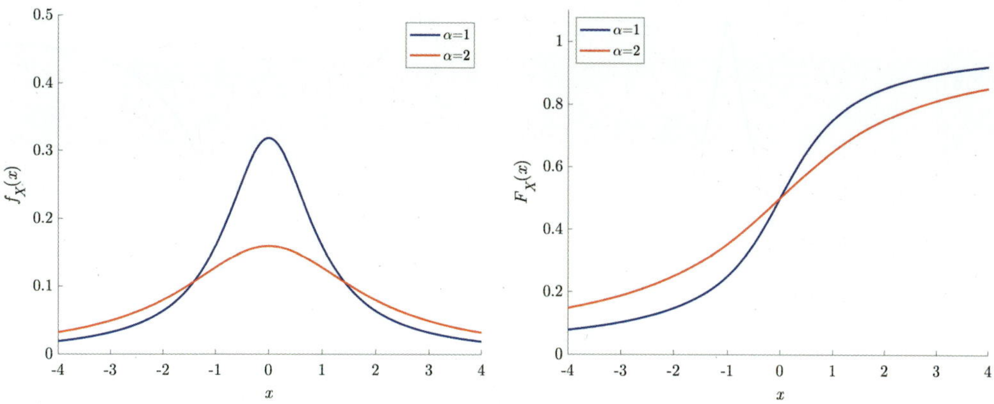

그림 2.10 $\mu = 0$일 때 코쉬분포의 PDF와 CDF

(5) 라플라스분포(Laplace distribution)[11]

라플라스분포는 정규분포나 코쉬분포처럼 가운데를 중심으로 양쪽으로 갈수록 확률이 작아지는 모습이지만, 가운데에서 뾰족한 모습이다. 이 분포의 PDF는 다음과 같이 주어진다.

$$f_X(x) = \frac{1}{2\alpha} e^{-\frac{|x-\mu|}{\alpha}}$$

코쉬분포와 마찬가지로 μ는 분포의 중심을, 스케일 파라미터인 α는 분포의 퍼진 정도를 나타낸다. 이 분포는 μ를 중심으로 양쪽에 지수분포를 붙여놓은 셈이라서 이중 지수분포(double exponential distribution)라고도 부른다. 라플라스분포의 CDF는

$$F_X(x) = \begin{cases} \frac{1}{2} e^{\left(\frac{x-\mu}{\alpha}\right)} & , \ x \le \mu \\ 1 - \frac{1}{2} e^{\left(-\frac{x-\mu}{\alpha}\right)} & , \ x \ge \mu \end{cases}$$

로 주어진다. [그림 2.11]에 라플라스분포의 PDF와 CDF를 나타내었다.

11) 수학, 물리, 천문, 공학 등 다양한 분야에서 활동한 프랑스의 Pierre Laplace (1749-1827)의 이름을 딴 것이다. Pierre Laplace는 나폴레옹이 프랑스 군사학교에 있을 때의 스승이기도 하다.

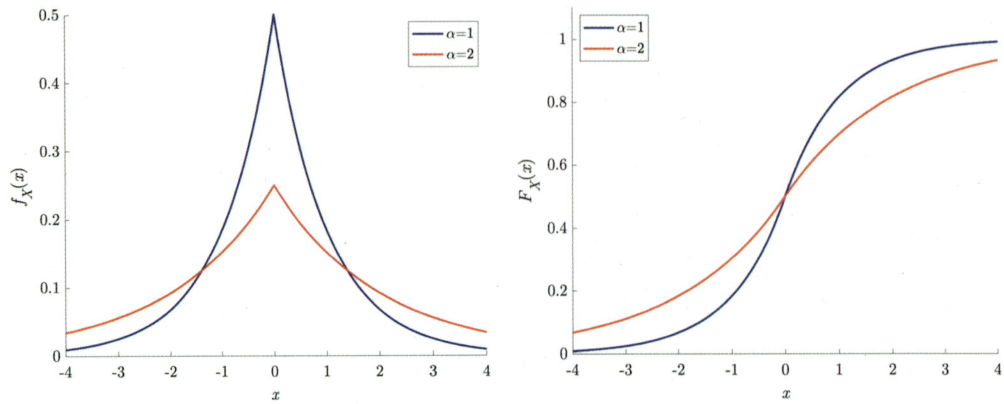

그림 2.11 $\mu = 0$일 때 라플라스분포의 PDF와 CDF

지금까지 살펴본 정규분포, 코쉬분포, 그리고 라플라스분포는 중심의 위치를 나타내는 파라미터와 폭을 나타내는 파라미터로 묘사되는 대칭형 분포이다. [그림 2.12]에 이들 분포의 모양을 비교하여 나타내었다. 중심 부근에서는 라플라스분포가 가장 뾰족하고 코쉬분포가 가장 뭉툭한 것을 볼 수 있다. 꼬리 부분에서는 정규분포가 가장 얇고(thin) 코쉬분포가 가장 뚱뚱한(fat) 것을 볼 수 있다.

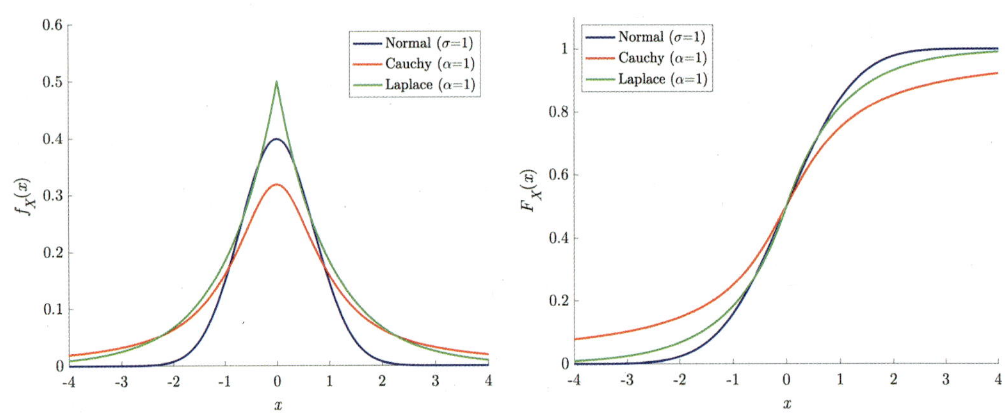

그림 2.12 정규분포, 코쉬분포, 라플라스분포의 비교

(6) 일반화된 정규분포(generalized normal distribution)

일반화된 정규분포는 분포의 퍼진 정도를 바꾸는 스케일 파라미터인 α와 분포 가운데의 종 모양의 뾰족한 정도를 바꾸는 모양 파라미터(shape parameter)인 β를 정규분포에 추가로 도입

한 것이라 할 수 있다. PDF는 다음과 같이 주어진다.

$$f_X(x) = \frac{\beta}{2\alpha\Gamma\left(\frac{1}{\beta}\right)} e^{-\left(\frac{|x-\mu|}{\alpha}\right)^{\beta}} \tag{2.9}$$

여기서 $\Gamma(\cdot)$는 감마함수(gamma function)로써 다음과 같이 정의된다.

$$\Gamma(z) := \int_0^{\infty} t^{z-1} e^{-t} dt$$

일반화된 정규분포에서 $\beta=2$일 때는 정규분포, $\beta=1$일 때는 라플라스분포, $\beta\to\infty$일 때는 $(\mu-\alpha, \mu+\alpha)$ 구간에서의 균등분포에 해당한다. [그림 2.13]은 다양한 β에 대한 PDF를 비교한다.

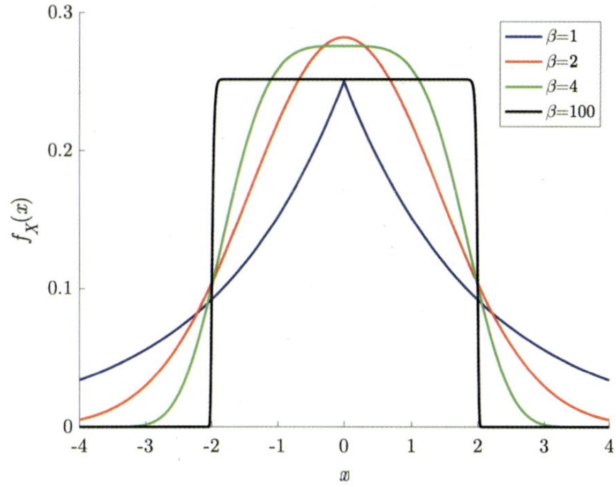

그림 2.13 $\mu=0$, $\alpha=2$일 때 다양한 β에 대한 일반화된 정규분포의 PDF

(7) 베타분포(beta distribution)

베타분포의 PDF는 0부터 1 사이에서 정의되며 두 개의 양수인 파라미터 α와 β를 사용한 x와 $1-x$의 멱함수(power function) 형태이다. 즉,

$$f_X(x) = \frac{1}{B(\alpha,\beta)} x^{\alpha-1}(1-x)^{\beta-1}, \ 0 \le x \le 1$$

이다. 여기서 $B(\alpha,\beta)$는 베타함수(beta function)라 불리며 다음과 같이 정의된다.

$$B(\alpha,\beta) := \int_0^1 t^{\alpha-1}(1-t)^{\beta-1}\,dt$$

이며 감마함수를 사용하면

$$B(\alpha,\beta) = \frac{\Gamma(\alpha+\beta)}{\Gamma(\alpha)\Gamma(\beta)}$$

로 쓸 수도 있다. 확률변수 X가 베타분포를 따른다는 것을 $X \sim \mathrm{Beta}(\alpha,\beta)$로 간단히 표기할 수 있다. 특수한 경우로 $\alpha=\beta=1$이면 0부터 1 사이의 균등분포가 된다. 즉, $\mathrm{Beta}(1,1) = \mathrm{Uniform}(0,1)$이다. 베타분포는 비율의 의미를 갖는 확률변수의 분포를 모델링하는데 쓰일 수 있다. 즉, 쉽게 말하면 "확률의 확률분포"라 할 수 있다. 또한 [0,1] 구간에서 연속균등분포를 따르는 n개의 표본을 뽑아 크기 순서대로 늘어놓았을 때 k번째 작은 표본의 분포는 $\mathrm{Beta}(k, n+1-k)$를 따른다.

베타분포의 CDF는

$$F_X(x) = \frac{B(x;\alpha,\beta)}{B(\alpha,\beta)}$$

로 주어지며, 분자는 다음과 같이 정의되는 불완전 베타함수(incomplete beta function)이다. 이 함수에서 $x=1$인 경우 위에서 정의한 베타함수가 된다.

$$B(x;\alpha,\beta) := \int_0^x t^{\alpha-1}(1-t)^{\beta-1}\,dt$$

[그림 2.14]에 베타분포의 PDF와 CDF를 나타내었다. PDF는 $\alpha=\beta$이면 대칭분포가 되고, α가 β보다 크면 오른쪽으로 봉우리가 치우쳐진 모습이며, β가 α보다 크면 왼쪽으로 봉우리가 치우쳐진 모습이다. 그리고 α와 β가 커질수록 뾰족해지는 모습임을 확인할 수 있다.

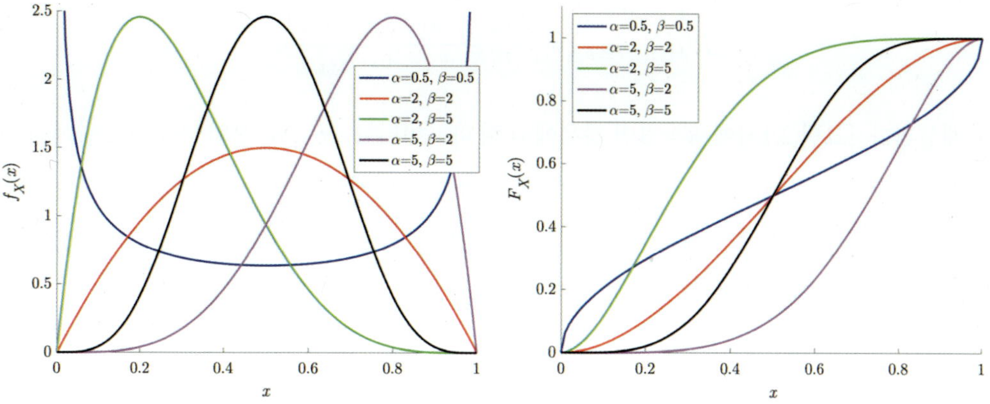

그림 2.14 다양한 α와 β값에 따른 베타분포의 PDF와 CDF

α와 β가 크게 다르지 않고 둘 다 매우 큰 경우, 즉 $\alpha \approx \beta \gg 1$일 때, 베타분포는 평균이 1/2인 정규분포로 근사화할 수 있다. 즉,

$$\mathrm{Beta}(\alpha,\beta) \approx N\left(\frac{1}{2}, \frac{1}{4(2\alpha+1)}\right)$$

이다. 베타분포를 여러 개의 확률변수에 대한 것으로 확장하면 디리클레 분포(Dirichlet distribution)가 된다.

(8) 디리클레 분포(Dirichlet distribution)[12)]

차수가 K인 디리클레 분포는

$$\sum_{k=1}^{K} x_k - 1,\ \ 0 \le x_k \le 1$$

로 국한된 K차원 공간에서 정의된다. 예를 들어 $K=3$인 경우 3차원 공간 상에서 (1,0,0), (0,1,0), (0,0,1)의 세 점을 잇는 삼각형 내부이다. K개의 확률 변수 $X_1, X_2, \dots, X_K$에 대한 PDF는 K개의 양수인 파라미터 $\alpha_1,\dots,\alpha_K$를 가지며 다음의 식으로 주어진다.[13)]

$$f_{X_1\cdots X_K}(x_1,\dots,x_K) = \frac{1}{B(\alpha_1,\dots,\alpha_K)} \prod_{k=1}^{K} x_k^{\alpha_k - 1}$$

여기서 $B(\alpha_1,\dots,\alpha_K)$는 다차원 베타함수이며

12) 독일의 수학자 Peter Gustav Lejeune Dirichlet (1805-1859)의 이름을 딴 것이다.

13) 이처럼 여러 확률변수에 대한 PDF를 결합 PDF라고 한다. 이에 대한 자세한 내용은 2.4절에서 다룬다.

$$B(\alpha_1, \ldots, \alpha_K) = \frac{\Gamma(\alpha_1)\Gamma(\alpha_2)\cdots\Gamma(\alpha_K)}{\Gamma(\alpha_1 + \alpha_2 + \cdots \alpha_K)}$$

로 계산된다. [그림 2.15]에 $K=3$인 경우에 대해 파라미터 α_1, α_2, α_3값의 다양한 조합에 대한 PDF를 비교하였다. $\alpha_1 = \alpha_2 = \alpha_3$인 경우 세 축에 대해 대칭인 분포를 보이며, 파라미터 값이 클수록 삼각형 영역의 중심에서 뾰족한 분포를 보이는 것을 확인할 수 있다. 파라미터값이 다른 경우 분포는 한쪽으로 치우쳐진 모습을 보인다.

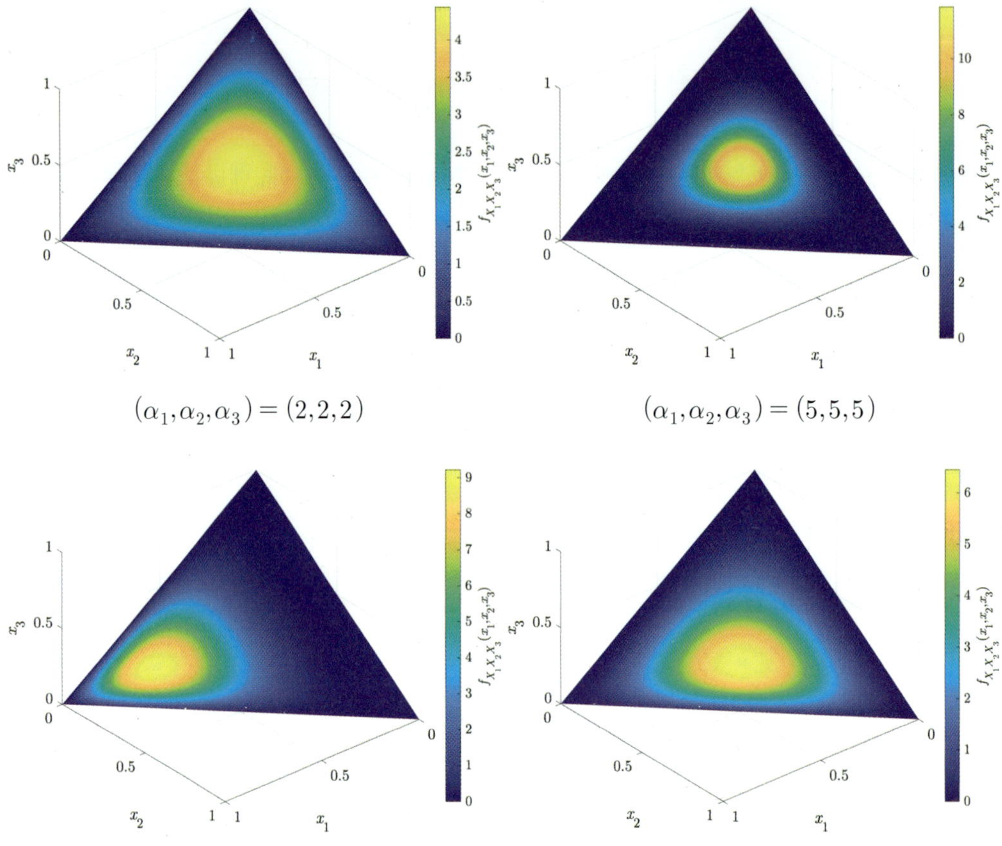

$(\alpha_1, \alpha_2, \alpha_3) = (2,2,2)$ $(\alpha_1, \alpha_2, \alpha_3) = (5,5,5)$

$(\alpha_1, \alpha_2, \alpha_3) = (5,2,2)$ $(\alpha_1, \alpha_2, \alpha_3) = (3,3,2)$

그림 2.15 $K=3$일 때 다양한 파라미터의 조합에 대한 디리클레분포

(9) 검벨분포(Gumbel distribution)[14]

검벨분포는 분포의 위치를 결정하는 파라미터 μ과 퍼진 정도를 결정하는 양수의 파라미터

14) 독일의 수학자인 Emil Julius Gumbel (1891-1966)의 이름을 딴 것이다.

β를 가지며 그 PDF는 다음과 같이 주어진다.

$$f_X(x) = \frac{1}{\beta} e^{-\left(\frac{x-\mu}{\beta} + e^{-(x-\mu)/\beta}\right)}$$

그리고 CDF는 다음의 식으로 주어진다.

$$F_X(x) = e^{-e^{-(x-\mu)/\beta}}$$

확률변수 X가 검벨분포를 따를 때 $X \sim \text{Gumbel}(\mu, \beta)$로 간단히 표기할 수 있다. 특별히 $\mu = 0$이고 $\beta = 1$인 경우를 표준 검벨분포(standard Gumbel distribution)라 하며 그 PDF와 CDF는 다음의 식으로 각각 주어진다.

$$f_X(x) = e^{-(x + e^{-x})} \tag{2.10}$$

$$F_X(x) = e^{-e^{-x}} \tag{2.11}$$

[그림 2.16]에 $\mu = 0$일 때 검벨분포의 PDF와 CDF를 보인다.

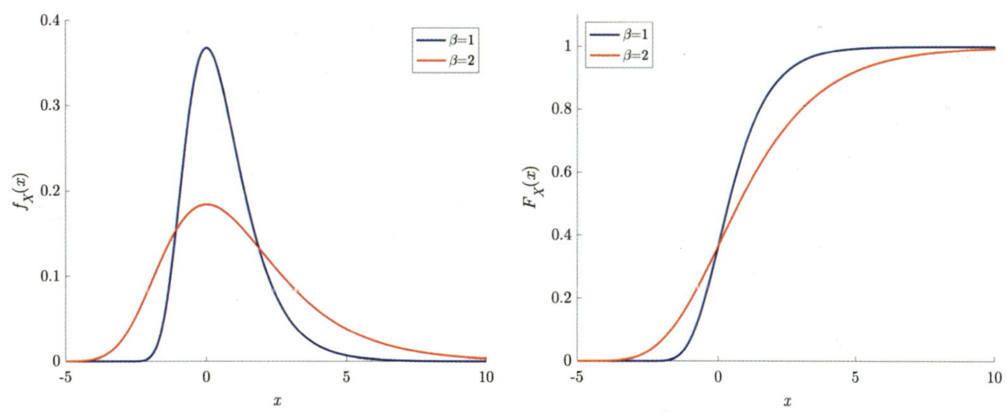

그림 2.16 $\mu = 0$인 검벨분포의 PDF와 CDF

(10) 스튜던트 t 분포(Student's t-distribution)[15]

스튜던트 t 분포(또는 간단히 t 분포)는 다음의 PDF로 기술할 수 있다.

---

15) 영국의 통계학자 William Sealy Gosset (1876-1937)의 필명인 Student로부터 유래하였다.

$$f_X(x) = \frac{\Gamma\left(\frac{\nu+1}{2}\right)}{\sqrt{\nu\pi}\,\Gamma\left(\frac{\nu}{2}\right)}\left(1+\frac{x^2}{\nu}\right)^{-(\nu+1)/2}$$

여기서 $\nu > 0$는 자유도(degree of freedom)라 불리는 파라미터이다. 확률변수 X가 스튜던트 t 분포를 따를 때 $X \sim t(\nu)$로 간단히 표기할 수 있다. $\nu = 1$인 경우는 표준 코쉬분포에 해당하며 $\nu \to \infty$ 인 경우는 표준 정규분포에 해당한다. [그림 2.17]에 PDF와 CDF를 보인다.

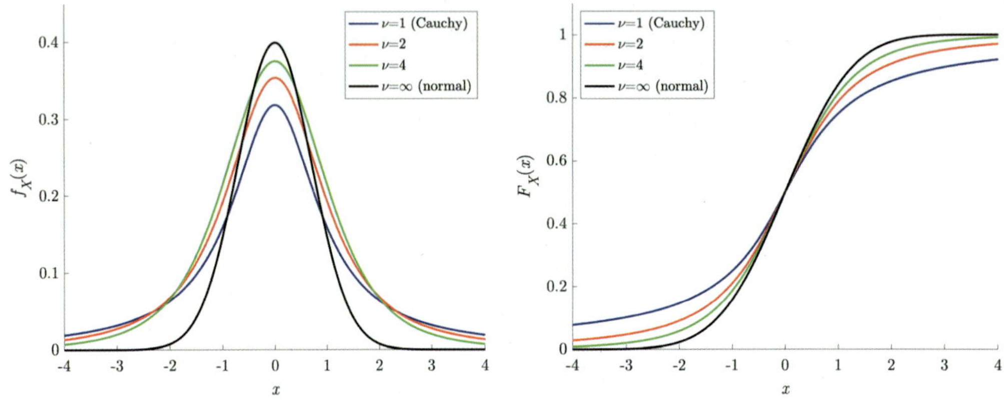

그림 2.17 스튜던트 t 분포의 PDF와 CDF

스튜던트 t 분포는 가설검정(hypothesis testing)에서 중요하게 쓰이는 분포이다. 평균이 μ인 정규분포에서 추출한 n개의 표본이 있을 때, 이들의 평균과 표준편차를 각각 $\bar{x}$와 s라 하자. 그러면 통계량(statistic) $\dfrac{\bar{x}-\mu}{s/\sqrt{n}}$은 자유도가 $\nu = n-1$인 스튜던트 t 분포를 따른다. 이를 이용하여 t 검정을 수행할 수 있다. 이에 대한 자세한 내용은 3.2절에서 다룬다.

(11) 카이제곱분포(chi-square (χ^2) distribution)

표준정규분포를 따르는 확률변수 ν개를 제곱하여 더한 결과의 분포는 자유도가 ν인 카이제곱 분포 $\chi^2(\nu)$를 따른다. 카이제곱분포의 PDF는

$$f_X(x) = \frac{1}{2^{\nu/2}\Gamma\left(\frac{\nu}{2}\right)} x^{\nu/2-1} e^{-x/2}, \quad x \ge 0$$

로 주어진다. 제곱하여 더한 것의 분포이기 때문에 0보다 크거나 같은 영역에서만 정의된다.

CDF의 수식은 생략한다. [그림 2.18]에 카이제곱분포의 PDF와 CDF를 나타내었다.

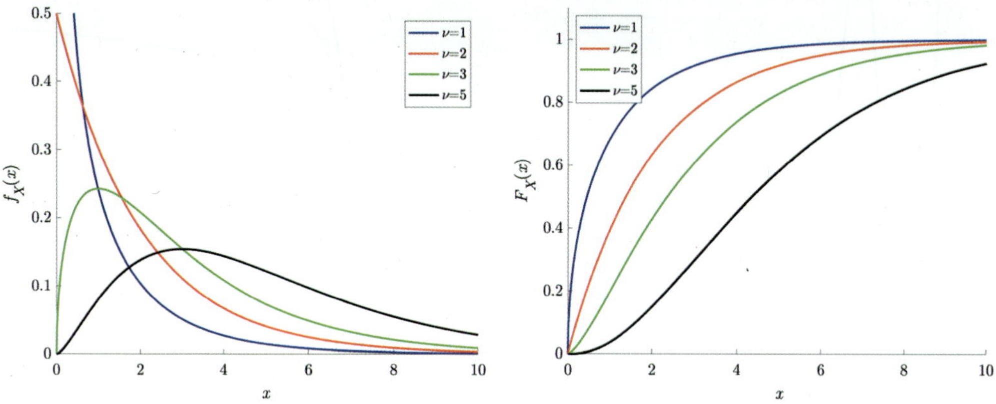

그림 2.18 카이제곱분포의 PDF와 CDF

카이제곱분포 역시 가설검정에서 활용된다. 두 범주로 분류된 데이터에 대해 두 범주가 서로 독립임을 검정할 때, 관측 데이터가 가정한 확률분포를 따르는지 적합도(goodness-of-fit)를 검정할 때 카이제곱 분포를 이용하여 검정을 수행할 수 있다.(3.7절 및 3.10절 참조)

(12) F 분포(F distribution)

카이제곱분포를 따르는 확률변수 Y_1과 Y_2가 있을 때, 새로운 확률변수

$$X = \frac{Y_1/\nu_1}{Y_2/\nu_2} \tag{2.12}$$

는 F 분포를 따른다. 여기서 ν_1과 ν_2는 Y_1과 Y_2의 자유도이다. 이 분포를 $\mathrm{F}(\nu_1, \nu_2)$로 표현하기도 한다. 자유도가 ν_1과 ν_2인 F 분포의 PDF는 다음과 같이 주어진다.

$$f_X(x) = \frac{1}{B\left(\frac{\nu_1}{2}, \frac{\nu_2}{2}\right)}\left(\frac{\nu_1}{\nu_2}\right)^{\nu_1/2} x^{\nu_1/2-1}\left(1+\frac{\nu_1}{\nu_2}x\right)^{-(\nu_1+\nu_2)/2}, \quad x \geq 0$$

0보다 크거나 같은 카이제곱 분포의 비율로 얻어지기 때문에 F 분포 역시 0보다 크거나 같은 영역에서 정의된다. CDF의 수식은 생략한다. [그림 2.19]에 F 분포의 PDF와 CDF를 그래프로 보여준다.

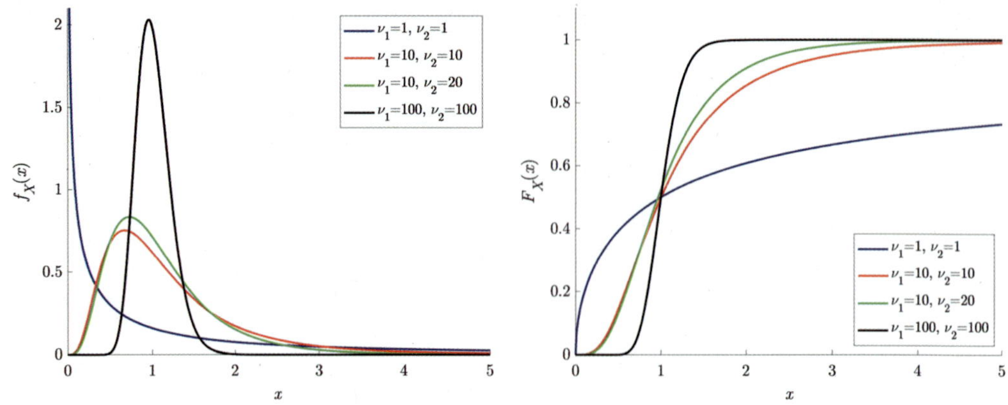

그림 2.19 F 분포의 PDF와 CDF

F 분포도 가설검정에서 중요한 분포이다. 앞서 설명한 t 분포가 하나 또는 두 집단의 통계량을 검정한다면, 이를 둘 이상의 집단에 대해 확장한 분산분석(analysis of variance, ANOVA)을 수행할 때 F 분포를 활용한다.(3.4절 참조)

(13) 감마분포(gamma distribution)와 역감마분포(inverse-gamma distribution)

감마분포는 모양 파라미터 α와 비율 파라미터(rate parameter) β를 가지며 PDF는 다음의 식으로 주어진다.

$$f_X(x) = \frac{\beta^{\alpha}}{\Gamma(\alpha)} x^{\alpha-1} e^{-\beta x}, \quad x > 0$$

이를 $\mathrm{Gamma}(\alpha,\beta)$로 간단히 표기할 수 있다. 특별히, $\alpha = 1$이면 지수분포와 같다. 즉, $\mathrm{Gamma}(1,\lambda) = \mathrm{Exp}(\lambda)$이다. 또한 $\alpha = \frac{\nu}{2}$이고 $\beta = \frac{1}{2}$인 경우는 자유도가 ν인 카이제곱분포와 같다. 즉, $\mathrm{Gamma}\left(\frac{\nu}{2},\frac{1}{2}\right) = \chi^2(\nu)$이다.

감마분포의 CDF는 다음의 식으로 표현된다.

$$F_X(x) = \frac{\gamma_l(\alpha,\beta x)}{\Gamma(\alpha)}$$

여기서 분자는 다음의 식으로 정의되는 하부 불완전 감마함수(lower incomplete gamma function)이다.

$$\gamma_l(p,q) := \int_0^q t^{p-1} e^{-t} dt$$

[그림 2.20]에 감마분포의 PDF와 CDF를 그래프로 나타내었다.

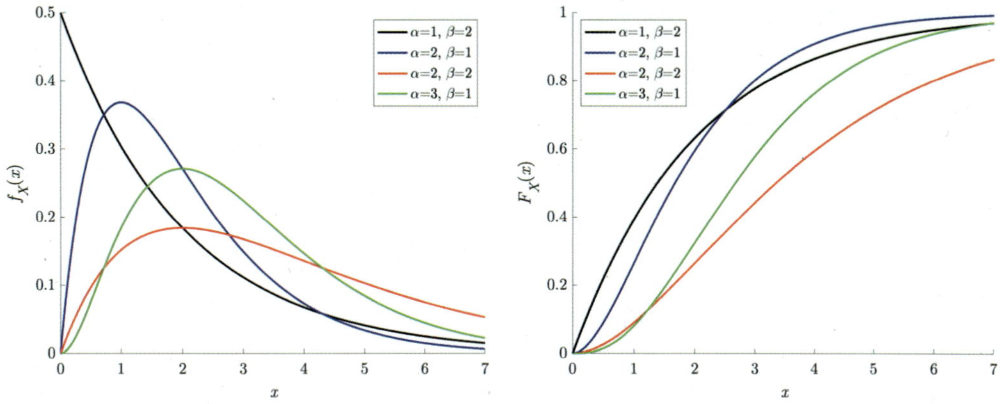

그림 2.20 감마 분포의 PDF와 CDF

감마분포를 따르는 확률변수의 역수는 다음의 PDF로 정의되는 역감마분포(inverse-gamma distribution)을 따른다.

$$f_X(x) = \frac{\beta^{\alpha}}{\Gamma(\alpha)} \left(\frac{1}{x}\right)^{\alpha+1} e^{-\beta/x}, \quad x > 0$$

역감마분포의 CDF는

$$F_X(x) = \frac{\gamma_u\left(\alpha, \frac{\beta}{x}\right)}{\Gamma(\alpha)}$$

로 주어지며 여기서 분자는 다음의 식으로 정의되는 상부 불완전 감마함수(upper incomplete gamma function)이다.

$$\gamma_u(p,q) := \int_q^{\infty} t^{p-1} e^{-t} dt$$

2.3 기댓값

기댓값(expectation)은 확률변수 또는 확률변수의 함수에 대해 확률값을 가중치로 하여 얻는 일종의 평균값이라 할 수 있다. 이산확률변수 X의 함수인 $g(X)$에 대한 기댓값은

$$\mathbb{E}[g(X)] = \sum_{x=-\infty}^{\infty} p_X(x)g(x)$$

이며, X가 연속확률변수인 경우 $g(X)$의 기댓값은

$$\mathbb{E}[g(X)] = \int_{-\infty}^{\infty} f_X(x)g(x)dx$$

이다. 기댓값은 선형연산이다. 즉, 상수 a와 b에 대해

$$\mathbb{E}[a\,g(X)+b] = a\,\mathbb{E}[g(X)]+b$$

가 성립한다. 또한 두 확률변수에 대해서도 선형연산이다. 즉,

$$\mathbb{E}[g(X)+h(Y)] = \mathbb{E}[g(X)]+\mathbb{E}[h(Y)]$$

가 성립한다.

몇 가지 자주 사용되는 기댓값을 살펴보자. 먼저 $g(X)=X$인 경우, 확률변수의 평균(mean)을 얻는다. 즉,

$$\mu_X := \mathbb{E}[X] = \begin{cases} \sum_{x=-\infty}^{\infty} x p_X(x) & (\text{이산확률변수일 때}) \\ \int_{-\infty}^{\infty} x f_X(x)dx & (\text{연속확률변수일 때}) \end{cases} \tag{2.13}$$

예제 2.2

파라미터 λ를 갖는 포아송분포의 평균을 구해보자. 포아송분포의 PMF는 식 (2.7)로 주어지므로

$$\mu_X = \sum_{x=0}^{\infty} x \cdot e^{-\lambda}\frac{\lambda^x}{x!}$$

이다. 이를 계산하기 위해 PMF를 모든 x에 대해 더하면 1이 되어야 한다는 성질을 이용한다. 즉,

$$\sum_{x=0}^{\infty} e^{-\lambda}\frac{\lambda^x}{x!} = e^{-\lambda}\left(\frac{\lambda^0}{0!}+\frac{\lambda^1}{1!}+\frac{\lambda^2}{2!}+\cdots\right)=1$$

이를 이용하면

$$\begin{aligned}\mu_X &= \sum_{x=0}^{\infty} x\cdot e^{-\lambda}\frac{\lambda^x}{x!}\\ &= e^{-\lambda}\left(0\cdot\frac{\lambda^0}{0!}+1\cdot\frac{\lambda^1}{1!}+2\cdot\frac{\lambda^2}{2!}+3\cdot\frac{\lambda^3}{3!}+\cdots\right)\\ &= e^{-\lambda}\left(0+\frac{\lambda^1}{0!}+\frac{\lambda^2}{1!}+\frac{\lambda^3}{2!}+\cdots\right)\\ &= \lambda\cdot\underbrace{e^{-\lambda}\left(\frac{\lambda^0}{0!}+\frac{\lambda^1}{1!}+\frac{\lambda^2}{2!}+\cdots\right)}_{=\sum_{x=0}^{\infty}p_X(x)=1}\\ &= \lambda\end{aligned}$$

을 얻는다.

예제 2.3

표준정규분포에 대해 평균을 계산해보자. 식 (2.13)을 이용하여 계산하면

$$\mu_X = \int_{-\infty}^{\infty} x\times\frac{1}{\sqrt{2\pi}}e^{-x^2}dx = \frac{1}{\sqrt{2\pi}}\left[-\frac{1}{2}e^{-x^2}\right]_{-\infty}^{\infty} = 0$$

예제 2.4

표준코쉬분포의 평균을 구해보자. 식 (2.8)에 나타낸 코쉬분포의 PDF를 이용하고 $\mu=0$ 및 $\alpha=1$이라 놓으면

$$\begin{aligned}\mu_X &= \int_{-\infty}^{\infty} x f_X(x)dx\\ &= \int_{-\infty}^{\infty}\frac{x}{\pi(1+x^2)}dx\\ &= \int_{-\infty}^{0}\frac{x}{\pi(1+x^2)}dx+\int_{0}^{\infty}\frac{x}{\pi(1+x^2)}dx\\ &= \left[\frac{1}{2\pi}\log(1+x^2)\right]_{-\infty}^{0}+\left[\frac{1}{2\pi}\log(1+x^2)\right]_{0}^{\infty}\\ &= -\infty+\infty\end{aligned}$$

가 되어 정의되지 않는다.

다음, 확률변수에서 그 평균을 빼고 제곱한 것의 기댓값을 구하면 분산(variance)을 얻는다. 즉,

$$\sigma_X^2 := \mathbb{E}[(X-\mu_X)^2] = \begin{cases} \sum_{x=-\infty}^{\infty} (x-\mu_X)^2 p_X(x) & (\text{이산확률변수일 때}) \\ \int_{-\infty}^{\infty} (x-\mu_X)^2 f_X(x)dx & (\text{연속확률변수일 때}) \end{cases}$$

또는 $\mathrm{Var}[X]$라고도 표기한다. 분산의 제곱근인 σ_X를 표준편차(standard deviation)라 한다. 분산은 선형연산이 아니다. 확률변수를 a배하면 분산은 a^2배가 되는데, 이는 분산의 정의가 X의 제곱에 대해 계산되는 것을 생각하면 어렵지 않게 이해가 될 것이다. 또한 확률변수에 b를 더하더라도 확률변수가 퍼진 정도는 변하지 않으므로 상수만큼 더한 것은 분산을 바꾸지 못한다. 이를 종합하면

$$\mathrm{Var}[aX+b] = a^2\mathrm{Var}[X]$$

가 된다. 분산의 정의로부터 이 결과를 쉽게 증명할 수 있다. 연속확률변수에 대해서 살펴보면

$$\begin{aligned} \mathrm{Var}[aX+b] &= \int_{-\infty}^{\infty} \{(ax+b)-(a\mu_X+b)\}^2 f_X(x)dx \\ &= a^2\int_{-\infty}^{\infty} (x-\mu_X)^2 f_X(x)\,dx \\ &= a^2\mathrm{Var}[X] \end{aligned}$$

이다. 또한 두 확률변수의 합에 대한 분산은

$$\mathrm{Var}[X+Y] = \mathrm{Var}[X] + \mathrm{Var}[Y] + 2\mathrm{Cov}[X, Y]$$

으로써, 각각의 분산의 합과 같지 않으며 $\mathrm{Cov}[X, Y]$라는 항이 추가된다. 이는 공분산(covariance)라 부르며 2.4절에서 설명한다.

분산의 정의에서 $(X-\mu_X)^2$을 전개하여 풀면

$$\begin{aligned} \mathrm{Var}[X] &= \mathbb{E}[(X-\mu_X)^2] \\ &= \mathbb{E}[X^2+\mu_X^2-2\mu_X X] \\ &= \mathbb{E}[X^2]+\mathbb{E}[\mu_X^2]-2\mathbb{E}[\mu_X X] \\ &= \mathbb{E}[X^2]+\mu_X^2-2\mu_X\mathbb{E}[X] \\ &= \mathbb{E}[X^2]+\mu_X^2-2\mu_X\cdot\mu_X \\ &= \mathbb{E}[X^2]-\mu_X^2 \end{aligned} \tag{2.14}$$

와 같이 쓸 수 있다. 이 과정에서 μ_X와 μ_X^2는 이미 계산된 상수이기 때문에 $\mathbb{E}[\mu_X^2] = \mu_X^2$ 및 $\mathbb{E}[\mu_X X] = \mu_X \mathbb{E}[X]$가 됨을 이용하였다. 즉, 분산은 확률변수 제곱의 기댓값에서 평균의 제곱을 뺀 것으로 계산할 수도 있다는 것이며, 이는 분산을 계산할 때 자주 이용되는 성질이다.

예제 2.5

$[a,b]$구간에서 정의된 연속균등분포, 즉 $\text{Uniform}(a,b)$의 평균과 분산을 구해보자. 먼저 PDF는

$$f_X(x) = \frac{1}{b-a,} \quad a \le x \le b$$

이다. 평균은

$$\begin{aligned} \mu_X &= \int_{\infty}^{\infty} x f_X(x)\,dx \\ &= \int_a^b x \times \frac{1}{b-a}\,dx \\ &= \frac{1}{b-a}\left[\frac{1}{2}x^2\right]_a^b \\ &= \frac{a+b}{2} \end{aligned}$$

로 계산할 수 있으며 분산은

$$\begin{aligned} \sigma_X^2 &= \int_{-\infty}^{\infty} (x-\mu_X)^2 f_X(x)\,dx \\ &= \int_a^b \left(x - \frac{a+b}{2}\right)^2 \times \frac{1}{b-a}\,dx \\ &= \frac{1}{b-a}\left[\frac{1}{3}\left(x - \frac{a+b}{2}\right)^3\right]_a^b \\ &= \frac{(b-a)^2}{12} \end{aligned}$$

와 같이 계산된다.

예제 2.6

이항분포 $\text{Binomial}(n,p)$의 평균과 분산을 구해보자.

이항분포의 PMF를 이용하면 평균은

$$\mu_X = \sum_{x=0}^{n} x p_X(x) = \sum_{x=0}^{n} x \binom{n}{x} p^x (1-p)^{n-x}$$

로 계산한다. 시그마 기호에서 $x=0$일 때는 더해지는 값이 0이 되므로 시그마 기호의 시작 인덱스를

	분포명	PDF $f_X(x)$	구간	평균	분산
8	디리클레분포	$\frac{1}{B(\alpha_1,...,\alpha_K)}\prod_{k=1}^{K}x_k^{\alpha_k-1}$	$\sum_{k=1}^{K}x_k=1$ $0\le x_k\le 1$	각 차원별로 $\frac{\alpha_k}{\sum_{k=1}^{K}\alpha_k}$	공분산 : $\sigma_{jk}=\frac{\widetilde{\alpha_j}(\delta_{jk}-\widetilde{\alpha_k})}{\sum_{i=1}^{K}\alpha_i+1}$ (단 $\widetilde{\alpha_j}=\alpha_j/\sum_{k=1}^{K}\alpha_k$)
9	검벨분포	$\frac{1}{\beta}e^{-\left(\frac{x-\mu}{\beta}+e^{-(x-\mu)/\beta}\right)}$	전구간	$\mu+\beta\gamma$ $(\gamma\approx 0.5772)$	$\frac{\pi^2\beta^2}{6}$
10	스튜던트 t 분포	$\frac{\Gamma\left(\frac{\nu+1}{2}\right)\left(1+\frac{x^2}{\nu}\right)^{-(\nu+1)/2}}{\sqrt{\nu\pi}\,\Gamma\left(\frac{\nu}{2}\right)}$	전구간	$\nu>1$ 일 때 0, 그 외에는 정의되지 않음	$1<\nu\le 2$ 일 때 무한대, $\nu>2$ 일 때 $\frac{\nu}{\nu-2}$, 그 외에는 정의되지 않음
11	카이제곱분포	$\frac{x^{\nu/2-1}e^{-x/2}}{2^{\nu/2}\Gamma(\nu/2)}$	$x\ge 0$	ν	2ν
12	F 분포	$\frac{(\nu_1/\nu_2)^{\nu_1/2}}{B(\nu_1/2,\nu_2/2)}$ $\times x^{\nu_1/2-1}\left(1+\frac{\nu_1}{\nu_2}x\right)^{-(\nu_1+\nu_2)/2}$	$x\ge 0$	$\nu_2>2$ 일 때 $\frac{\nu_2}{\nu_2-2}$, 그 외에는 정의되지 않음	$\nu_2>4$ 일 때 $\frac{2\nu_2^2(\nu_1+\nu_2-2)}{\nu_1(\nu_2-2)^2(\nu_2-4)}$, 그 외에는 정의되지 않음
13	감마 분포	$\frac{\beta^\alpha}{\Gamma(\alpha)}x^{\alpha-1}e^{-\beta x}$	$x>0$	$\frac{\alpha}{\beta}$	$\frac{\alpha}{\beta^2}$
14	역감마 분포	$\frac{\beta^\alpha}{\Gamma(\alpha)}\left(\frac{1}{x}\right)^{\alpha-1}e^{-\beta/x}$	$x>0$	$\frac{\beta}{\alpha-1}$	$\frac{\beta^2}{(\alpha-1)^2(\alpha-2)}$

확률변수에서 그 평균을 빼고 표준편차로 나눈 것을 세제곱하여 기댓값을 취하면 **비대칭도**(skewness), 네제곱하여 기댓값을 취하면 **첨도**(kurtosis)라 한다. 즉, 비대칭도는

$$\mathrm{Skew}[X]:=\mathbb{E}\left[\left(\frac{X-\mu_X}{\sigma_X}\right)^3\right]$$

로 정의되며 풀어서 정리하면

$$\mathrm{Skew}[X] = \frac{\mathbb{E}[X^3] - 3\mu_X\sigma_X^2 - \mu_X^3}{\sigma_X^3}$$

이 된다. [그림 2.21]은 비대칭도에 따른 분포의 모양을 비교하여 보여준다. 정규분포와 같이 양쪽이 대칭인 경우 비대칭도는 0이다. 반면 0이 아닌 경우 분포가 오른쪽 혹은 왼쪽으로 기울어져 있음을 의미한다. 비대칭도가 음수인 경우는 확률분포가 왼쪽, 즉 음의 방향으로 긴 꼬리를 가지는 경우이며, 반대로 오른쪽, 즉 양의 방향으로 긴 꼬리를 가지는 경우는 비대칭도가 양수가 된다. 꼬리가 긴 방향과 분포의 봉우리가 나타나는 방향이 서로 반대가 되기 때문에 비대칭도의 부호에 따른 모양을 이해하는데 혼동이 올 수 있음에 주의해야 한다.

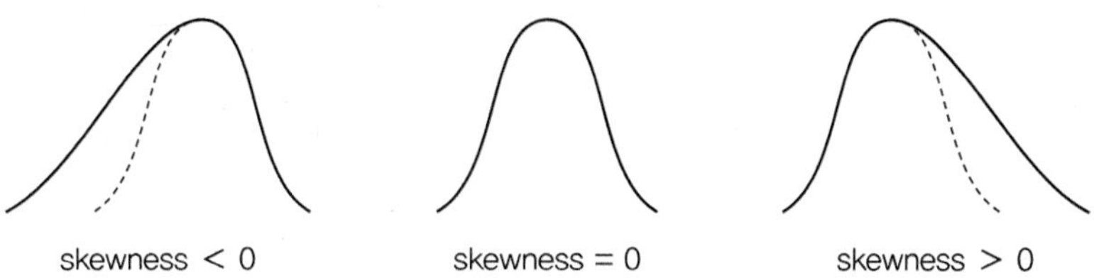

그림 2.21 비대칭도 값에 따른 분포의 모양

첨도의 정의는

$$\mathrm{Kurt}[X] := \mathbb{E}\left[\left(\frac{X - \mu_X}{\sigma_X}\right)^4\right]$$

이다. 첨도는 분포의 가운데 봉우리가 얼마나 뾰족한지 또는 꼬리 부분이 얼마나 두꺼운지를 나타내는 척도가 된다. 첨도가 3인 경우는 정규분포에 해당하며 이를 중첨(mesokurtic)이라고 표현하기도 한다. 첨도가 3보다 큰 경우는 양쪽 꼬리 부분이 정규분포보다 더 두꺼운 상황이며, 분포 아래 넓이는 1로 유지되어야 하므로 봉우리는 대신에 뾰족하다. 이를 급첨(leptokurtic)이라고도 하며 또는 super-Gaussian이라고도 한다. 라플라스분포나 스튜던트 t 분포가 이에 해당한다. 또한 식 (2.9)에 나타난 일반화된 정규분포에서 $\beta < 2$인 경우도 이에 해당한다. 반대로, 첨도가 3보다 작은 경우는 양쪽 꼬리 부분이 정규분포보다 더 얇고 봉우리는 더 뭉툭한 분포이다. 이를 저첨(platykurtic) 또는 sub-Gaussian이라고도 한다. 식 (2.9)에 나타난 일반화된 정규분포에서 $\beta > 2$인 경우가 이에 해당한다. [그림 2.22]에 이들을 비교하여 나타내었다.

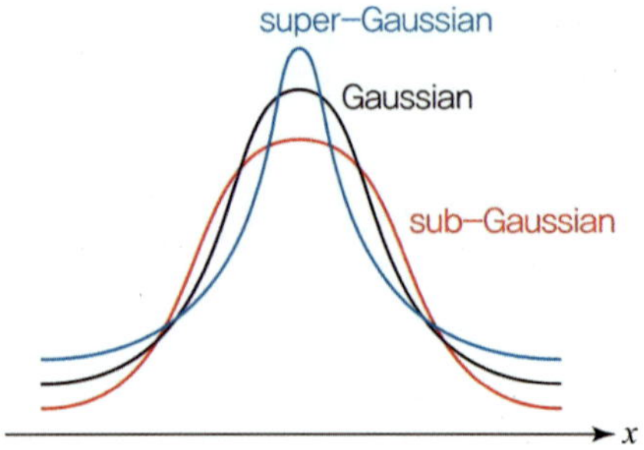

그림 2.22 첨도값에 따른 분포의 모양 비교

2.4 결합확률분포

이제 둘 이상의 확률변수를 동시에 나타내는 경우를 생각해보자. 먼저 결합분포는 확률변수 X와 Y가 동시에 갖는 값에 대한 분포이다. 결합 누적분포함수(joint CDF)는

$$F_{XY}(x,y) := \Pr(X \leq x,\ Y \leq y)$$

와 같이 정의된다. 이산확률변수에 대해 **결합 확률질량함수(joint PMF)**는

$$p_{XY}(x,y) := \Pr(X = x,\ Y = y)$$

로 정의되며, 연속확률변수에 대해 **결합 확률분포함수(joint PDF)**는

$$f_{XY}(x,y) := \frac{d^2 F_{XY}(x,y)}{dx\,dy}$$

로 정의할 수 있다. 두 확률변수 X와 Y가 서로 독립이면 앞서 식 (2.1)과 유사하게

$$p_{XY}(x,y) = p_X(x)\,p_Y(y)$$

또는

$$f_{XY}(x,y) = f_X(x)\,f_Y(y)$$

로 쓸 수 있다. 이상의 함수들은 둘 이상의 확률변수에 대한 것으로도 같은 방식으로 확장할 수 있다.

다음, 두 확률변수간의 조건부 확률분포(conditional probability distribution)에 대해 살펴본

다. 앞서 설명한 것과 같이 조건부확률은 하나의 사건이 발생했을 때 다른 사건의 확률을 의미한다. 이와 유사하게, 이산확률변수인 경우 $X=x$라는 결과가 주어졌을 때 $Y=y$일 확률을 **조건부 확률질량함수(conditional PMF)**라 정의한다. 즉,

$$p_{Y|X}(y|x) := \Pr(Y=y|X=x) = \frac{\Pr(X=x, Y=y)}{\Pr(X=x)} = \frac{p_{XY}(x,y)}{p_X(x)}$$

또한, 연속확률변수의 경우 X가 주어졌을 때 Y의 **조건부 확률밀도함수(joint PDF)** 역시 유사하게

$$f_{Y|X}(y|x) := \frac{f_{XY}(x,y)}{f_X(x)}$$

로 정의할 수 있다. 이를 변형하면 $f_{XY}(x,y) = f_{Y|X}(y|x)f_X(x)$를 얻는다. 또한 Y에 대한 X의 조건부 PDF는

$$f_{X|Y}(x|y) = \frac{f_{XY}(x,y)}{f_Y(y)}$$

이며, 이로부터 $f_{XY}(x,y) = f_{X|Y}(x|y)f_Y(y)$를 얻는다. 따라서

$$f_{Y|X}(y|x)f_X(x) = f_{X|Y}(x|y)f_Y(y)$$

를 얻을 수 있다. 유사하게 이산확률변수에 대해서도

$$p_{Y|X}(y|x)p_X(x) = p_{X|Y}(x|y)p_Y(y)$$

로 쓸 수 있다.

주변분포(marginal distribution)라는 것은 주어진 확률변수 집합에서 다른 확률변수들은 고려하지 않았을 때 특정한 일부 확률변수에 대한 확률분포를 말한다. 이산확률변수 X와 Y의 결합 PDF인 $p_{XY}(x,y)$가 주어졌을 때, X에 대한 **주변 확률질량함수(marginal PMF)**, 즉 X만의 PMF $p_X(x)$는 가능한 Y의 모든 경우를 다 합해서 얻어진다. 즉,

$$p_X(x) = \sum_{y=-\infty}^{\infty} p_{XY}(x,y)$$

마찬가지로 Y의 주변분포는

$$p_Y(y) = \sum_{x=-\infty}^{\infty} p_{XY}(x,y)$$

로 구할 수 있다. 연속확률변수에 대해서도 이와 유사하게 적용할 수 있다. 즉, **주변 확률밀도함수(marginal PDF)** $f_X(x)$와 $f_Y(y)$는

$$f_X(x) = \int_{-\infty}^{\infty} f_{XY}(x,y)\,dy$$

$$f_Y(y) = \int_{-\infty}^{\infty} f_{XY}(x,y)\,dx$$

로 얻는다. 또한 **주변 누적분포함수(marginal CDF)**도 정의할 수 있다. PMF나 PDF에서 하나의 확률변수의 모든 가능한 값을 다 더하거나 적분하는 것은 CDF에서는 확률변수 값을 무한대로 보내는 것과 같다. 따라서,

$$F_X(x) = \lim_{y \to \infty} F_{XY}(x,y)$$

$$F_Y(y) = \lim_{x \to \infty} F_{XY}(x,y)$$

이다. [그림 2.23]에 결합 PDF와 주변 PDF의 한 예를 보인다.

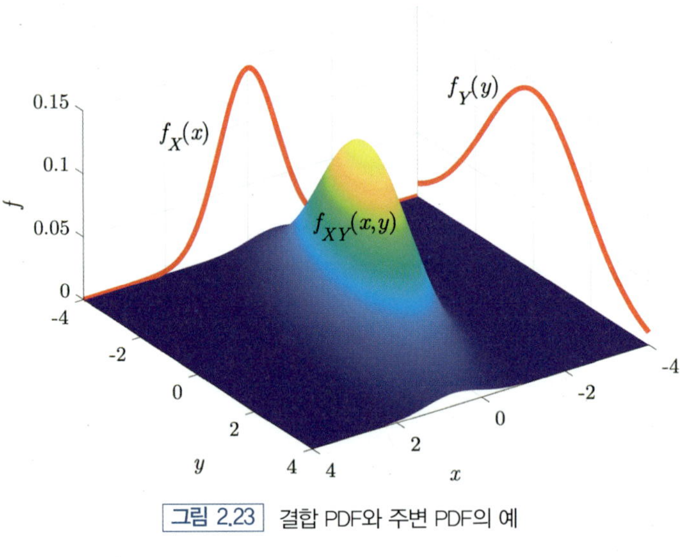

그림 2.23 결합 PDF와 주변 PDF의 예

두 확률변수 사이에 어떠한 상관관계가 있는지 살펴보는 척도로써 **공분산(covariance)**이 있다. 공분산은 $\mathrm{Cov}[X, Y]$ 또는 σ_{XY}로 표시하며 다음과 같이 정의된다.

$$
\begin{aligned}
\sigma_{XY} = \mathrm{Cov}[X, Y] &:= \mathbb{E}_{X,Y}[(X-\mu_X)(Y-\mu_y)] \\
&= \begin{cases} \displaystyle\sum_{x=-\infty}^{\infty}\sum_{y=-\infty}^{\infty}(x-\mu_X)(y-\mu_Y)p_{XY}(x,y) & (\text{이산확률변수일 때}) \\ \displaystyle\int_{-\infty}^{\infty}\int_{-\infty}^{\infty}(x-\mu_X)(y-\mu_Y)f_{XY}(x,y)\,dxdy & (\text{연속확률변수일 때}) \end{cases}
\end{aligned}
$$

여기서 기댓값 기호 $\mathbb{E}$의 아래첨자로 X, Y를 쓴 것은 기댓값을 구하는 그 대상이 두 확률변수임을 명확히 하고자 한 것이다. 이 정의를 살펴보면, X와 평균의 차이 즉 X의 편차와 Y의 편차를 곱한 것의 기댓값이다. 편차는 음수와 양수값을 모두 가질 수 있으며 만약 X가 증가할 때 Y가 증가하는 경향이 있으면 두 편차를 곱한 것은 양수일 가능성이 높기 때문에 공분산 값은 양의 값을 가질 것이다. 반대로 X와 Y의 증감이 서로 반대일 가능성이 높다면 두 편차를 곱하여 음수가 나올 가능성이 크기 때문에 공분산 값은 음의 값을 가질 것이다. 두 확률변수의 증감이 서로 무관하다면 곱한 결과가 양수 또는 음수가 고루 나와서 0에 가까운 값을 가질 것이다.

기댓값 연산의 선형성(linearity)을 이용하여 위 식을 변형하면

$$
\begin{aligned}
\mathbb{E}_{X,Y}[(X-\mu_X)(Y-\mu_Y)] &= \mathbb{E}_{X,Y}[XY-\mu_X Y-\mu_Y X+\mu_X\mu_Y] \\
&= \mathbb{E}_{X,Y}[XY]-\mu_X\mathbb{E}_Y[Y]-\mu_Y\mathbb{E}_X[X]+\mu_X\mu_Y \\
&= \mathbb{E}_{X,Y}[XY]-\mu_X\mu_Y-\mu_Y\mu_X+\mu_X\mu_Y \\
&= \mathbb{E}_{X,Y}[XY]-\mu_X\mu_Y \\
&= r_{XY}-\mu_X\mu_Y
\end{aligned}
$$

의 관계를 얻을 수 있다. 여기서 $r_{XY} := \mathbb{E}_{X,Y}[XY]$를 **상관(correlation)**이라 한다. $r_{XY}=0$인 경우, 두 확률변수 X와 Y가 직교(orthogonal)한다고 한다. 만약 X와 Y가 독립이면 $r_{XY}=\mu_X\mu_Y$이 되어 공분산이 0이 된다. 이 경우 두 확률변수 X와 Y가 **비상관관계(uncorrelated)**를 갖는다고 한다. 공분산이 0이라고 해서 항상 독립인 것은 아니다. 독립이 아니더라도 공분산이 0이 되는 반례를 쉽게 찾을 수 있다.(예제 2.7 참조)

공분산을 두 확률변수의 표준편차로 나눈 것을 **상관계수(correlation coefficient)**라 한다. 즉, 상관계수 ρ_{XY}는

$$\rho_{XY} := \frac{\sigma_{XY}}{\sigma_X\sigma_Y} \tag{2.15}$$

로 정의된다. 이처럼 정규화를 하면 상관계수의 범위는 -1부터 1까지로 제한이 되어 상대적인 비교가 가능해지는 이점이 있다.

$$-1 \le \rho_{XY} \le 1$$

예제 2.7

두 이산확률변수 X와 Y가 있을 때 (X, Y)가 (0,0), (1,1), (2,0)에 대해서 각각 1/3의 균등한 확률을 갖는다고 하자. 결합 PMF를 그림으로 표현하면 다음과 같다.

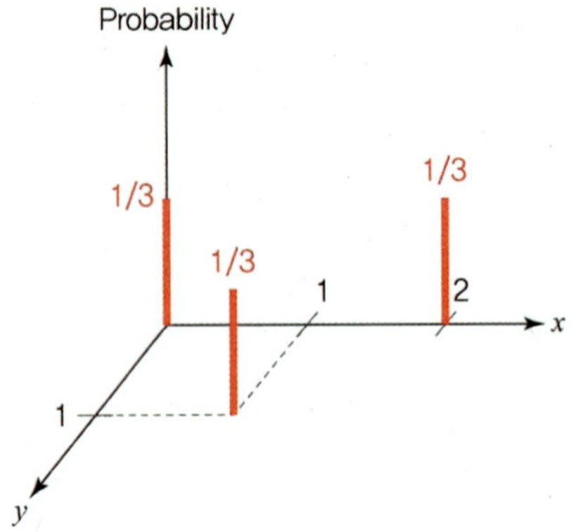

주변 PMF를 구하면

$$p_X(x) = \frac{1}{3}, \quad x = 0,1,2$$

$$p_Y(y) = \begin{cases} 2/3, & y = 0 \\ 1/3, & y = 1 \end{cases}$$

이다. 그러면

$$\mathbb{E}[X] = 0 \times \frac{1}{3} + 1 \times \frac{1}{3} + 2 \times \frac{1}{3} = 1$$

$$\mathbb{E}[Y] = 0 \times \frac{2}{3} + 1 \times \frac{1}{3} = \frac{1}{3}$$

이고

$$\mathbb{E}[XY] = 0 \times 0 \times \frac{1}{3} + 1 \times 1 \times \frac{1}{3} + 2 \times 0 \times \frac{1}{3} = \frac{1}{3}$$

이므로 $\mathbb{E}[XY] = \mathbb{E}[X]\mathbb{E}[Y] = \frac{1}{3}$이다. 따라서 공분산은

$$\sigma_{XY} = \mathbb{E}[XY] - \mathbb{E}[X]\mathbb{E}[Y] = 0$$

이므로 두 확률변수는 비상관관계에 있다. 그러나

$$\Pr(X=1, Y=1) = \frac{1}{3} \neq \Pr(X=1)\Pr(Y=1) = \frac{1}{3} \times \frac{1}{3} = \frac{1}{9}$$

이므로 두 확률변수는 독립이 아니다. 즉, 이는 공분산이 0이지만 확률변수가 서로 독립이 아닌 하나의 예이다.

예제 2.8

두 확률변수 X와 Y의 결합 PDF가 다음과 같이 주어지는 분포를 생각해보자.

$$f_{XY}(x,y) = \begin{cases} 0.5\,, & 0 \le x \le 2,\ 0 \le y \le 1 \\ 0\ \ , & \text{그 외} \end{cases}$$

이는 아래 그림과 같이 직사각형 영역에서 균등한 분포이다.

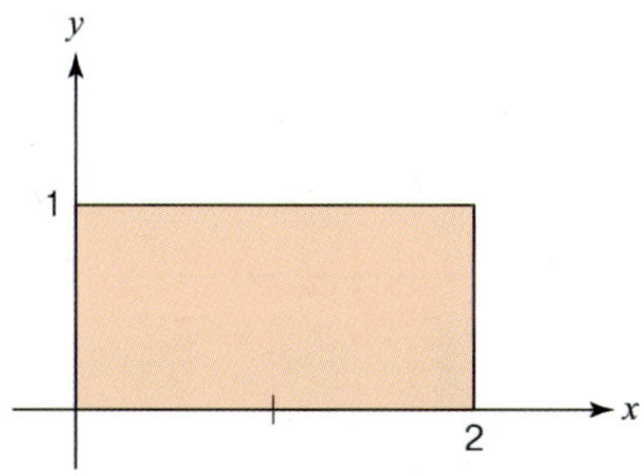

주변분포를 구해보면

$$f_X(x) = \int_{-\infty}^{\infty} f_{XY}(x,y)\,dy = \int_0^1 \frac{1}{2}dy = \frac{1}{2},\ \ 0 \le x \le 2$$

$$f_Y(y) = \int_{-\infty}^{\infty} f_{XY}(x,y)\,dx = \int_0^2 \frac{1}{2}\,dx = 1,\ \ 0 \le y \le 1$$

그림으로 표현하면 다음과 같다.

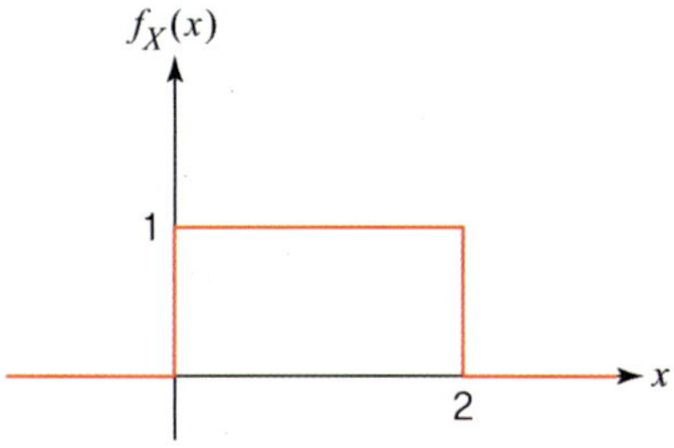

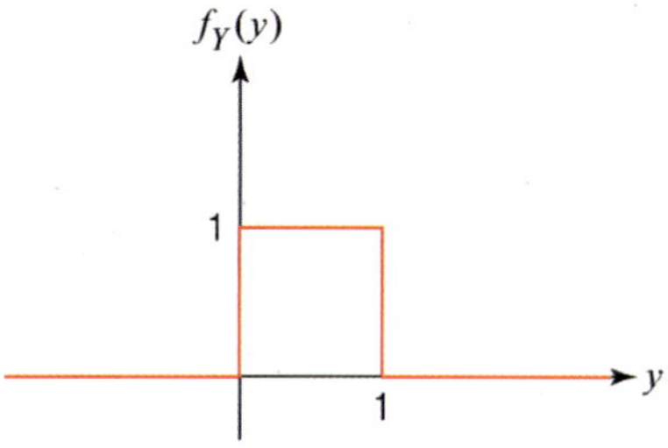

두 확률변수가 독립인지 확인하기 위해 주변 PDF의 곱을 구해보면

$$f_X(x)f_Y(y) = \frac{1}{2} \times 1 = \frac{1}{2},\ \ 0 \le x \le 2,\ 0 \le y \le 1$$

가 되며 이는 $f_{XY}(x,y)$와 같기 때문에 독립임을 알 수 있다.

두 확률변수의 평균은

$$\mu_X = \int_{-\infty}^{\infty} x f_X(x)\,dx = \int_0^2 \frac{x}{2}\,dx = 1$$

$$\mu_Y = \int_{-\infty}^{\infty} y f_Y(y)\, dy = \int_0^1 \frac{y}{2}\, dy = \frac{1}{2}$$

이며, 이를 이용하여 공분산을 구해보면

$$\begin{aligned}\sigma_{XY} &= \int_{-\infty}^{\infty}\int_{-\infty}^{\infty}(x-\mu_X)(y-\mu_Y)f_{XY}(x,y)dxdy \\ &= \int_0^1\int_0^2 (x-1)\left(y-\frac{1}{2}\right)\frac{1}{2}\,dxdy \\ &= 0\end{aligned}$$

이다. 공분산이 0이므로 상관계수 역시 0이다. 즉, 이 경우는 공분산이 0이고 두 확률변수가 독립인 예이다.

2.5 정규분포

정규분포 또는 가우시안분포는 여러 확률분포 중에서도 매우 자주 등장하고 유용하게 쓰이는 분포이다. 본 절에서는 1차원 및 다차원 정규분포의 기본적인 개념과 성질을 알아본다.

2.2.3절에서 소개한 것과 같이 확률변수 X가 평균이 $\mathbb{E}[X]=\mu$이고 분산이 $\mathbb{V}\text{ar}[X]=\sigma^2$인 정규분포를 따를 때 이를 $X \sim N(\mu, \sigma^2)$로 표기하며, PDF는 다음과 같이 주어진다.

$$f_X(x) = \frac{1}{\sqrt{2\pi}\,\sigma} e^{-\frac{(x-\mu)^2}{2\sigma^2}} \tag{2.16}$$

확률변수 Z가 표준정규분포를 따를 때, 즉 $Z \sim N(0,1)$일 때 PDF는

$$f_Z(z) = \frac{1}{\sqrt{2\pi}} e^{-\frac{z^2}{2}}$$

이다. X의 CDF는 식 (2.16)의 PDF를 적분하여 얻어야 하는데, 적분결과를 나타낼 수 있는 간단한 표현식이 존재하지 않기 때문에 함수 Φ를

$$\Phi(z) := \frac{1}{\sqrt{2\pi}} \int_{-\infty}^{z} e^{-t^2/2}\, dt$$

로 정의하여 CDF를

$$F_X(x) = \Phi\left(\frac{x-\mu}{\sigma}\right)$$

로 표현할 수 있다.

정규분포는 몇 가지 흥미로운 특징을 갖는다.

- 평균과 중간값(median)과 최빈값(mode)이 모두 같다.
- 비대칭도는 0이며 첨도는 3이다.
- 같은 평균과 분산을 갖는 여러 분포들 중에서 가장 엔트로피가 크다.
- 두 확률변수가 각각 정규분포를 따를 때, 이들을 더하거나 뺀 것도 정규분포를 따른다. 즉, $X_1 \sim N(\mu_1, \sigma_1^2)$이고 $X_2 \sim N(\mu_2, \sigma_2^2)$이면 $X_1 \pm X_2 \sim N(\mu_1 \pm \mu_2, \sigma_1^2 + \sigma_2^2)$이다. 더하거나 뺀 후의 평균은 각각의 평균을 더하거나 뺀 것과 같으며, 분산은 항상 더한 만큼 증가한다.

여러 확률변수를 모아놓은 것을 다변량 확률변수(multivariate random variable) 또는 확률벡터(random vector)라 한다. n개의 확률변수로 이루어진 확률벡터 $\boldsymbol{X} = [X_1\ X_2\ \cdots\ X_n]^\top$가 다변량 정규분포(multivariate normal distribution)를 따를 때 이 확률벡터의 PDF는 다음과 같이 주어진다.

$$f_{\boldsymbol{X}}(\mathbf{x}) = \frac{1}{(2\pi)^{n/2}|\boldsymbol{\Sigma}|^{1/2}} \exp\left\{-\frac{1}{2}(\mathbf{x}-\boldsymbol{\mu})^\top \boldsymbol{\Sigma}^{-1}(\mathbf{x}-\boldsymbol{\mu})\right\} \tag{2.17}$$

이를 $\boldsymbol{X} \sim N(\boldsymbol{\mu}, \boldsymbol{\Sigma})$로 표기한다. 여기서 평균벡터 $\boldsymbol{\mu}$는

$$\boldsymbol{\mu} = \mathbb{E}[\boldsymbol{X}] = \begin{bmatrix} \mathbb{E}[X_1] \\ \mathbb{E}[X_2] \\ \vdots \\ \mathbb{E}[X_n] \end{bmatrix} = \begin{bmatrix} \mu_1 \\ \mu_2 \\ \vdots \\ \mu_n \end{bmatrix}$$

이며, $\boldsymbol{\Sigma}$는 (i,j)번째 성분이 다음과 같이 두 확률변수 X_i와 X_j의 공분산으로 주어지는 $n \times n$ 행렬이다.

$$\Sigma_{ij} = \mathrm{Cov}[X_i, X_j] = \mathbb{E}[(X_i - \mu_i)(X_j - \mu_j)]$$

따라서 Σ를 **공분산행렬(covariance matrix)**이라고 부른다. 이 행렬은 대칭임을 쉽게 알 수 있다. 또한 대각성분은

$$\Sigma_{ii} = \mathbb{E}[(X_i - \mu_i)^2] = \mathrm{Var}[X_i] = \sigma_i^2$$

이므로 모두 양수이다. 그리고, 공분산행렬은 양의 준정부호를 갖는다.

$\boldsymbol{X}$를 구성하는 각 확률변수의 주변분포 역시 각각 정규분포를 따른다. 즉, $X_i \sim N(\mu_i, \sigma_i^2)$이다.

특별히 $n=2$인 경우의 정규분포를 이변량 정규분포(bivariate normal distribution)라고 한다. 2차원 확률벡터 $\begin{bmatrix} X \\ Y \end{bmatrix}$가 이변량 정규분포를 따른다고 하자. 즉,

$$\begin{bmatrix} X \\ Y \end{bmatrix} \sim N(\boldsymbol{\mu}, \boldsymbol{\Sigma})$$

이고 여기서

$$\boldsymbol{\mu} = \begin{bmatrix} \mu_X \\ \mu_Y \end{bmatrix}$$

는 각 확률변수의 평균을 모아놓은 벡터이며

$$\boldsymbol{\Sigma} = \begin{bmatrix} \sigma_X^2 & \sigma_{XY} \\ \sigma_{XY} & \sigma_Y^2 \end{bmatrix} = \begin{bmatrix} \sigma_X^2 & \rho\sigma_X\sigma_Y \\ \rho\sigma_X\sigma_Y & \sigma_Y^2 \end{bmatrix}$$

는 2×2 공분산행렬이다. 여기서 ρ는 X와 Y의 상관계수이다. 이변량 정규분포의 PDF는 다음과 같이 풀어서 쓸 수 있다.

$$f_{XY}(x,y) = \frac{1}{2\pi\sigma_X\sigma_Y\sqrt{1-\rho^2}} \exp\left[-\frac{1}{2(1-\rho^2)}\left\{\left(\frac{x-\mu_X}{\sigma_X}\right)^2 - 2\rho\left(\frac{x-\mu_X}{\sigma_X}\right)\left(\frac{y-\mu_Y}{\sigma_Y}\right) + \left(\frac{y-\mu_Y}{\sigma_Y}\right)^2\right\}\right]$$

만약 두 확률변수가 비상관관계, 즉 $\rho = 0$이면 이 식은

$$\begin{aligned} f_{XY}(x,y) &= \left[\frac{1}{\sqrt{2\pi}\,\sigma_X}\exp\left\{-\frac{(x-\mu_X)^2}{2\sigma_X^2}\right\}\right] \cdot \left[\frac{1}{\sqrt{2\pi}\,\sigma_Y} exp\left\{-\frac{(y-\mu_Y)^2}{2\sigma_Y^2}\right\}\right] \\ &= f_X(x) \cdot f_Y(y) \end{aligned}$$

로 정리할 수 있다. 즉, 결합 PDF가 각 PDF의 곱으로 표현되어 두 확률변수가 독립임을 보인 것이다. 다시 말하면, 정규분포의 경우 비상관관계와 독립은 필요충분조건이다.(앞 절에서 언급한 것과 같이 일반적인 분포에 대해서는 이러한 필요충분조건이 성립하지 않는다.)

[그림 2.24]는 σ_X와 σ_Y의 대소관계 및 ρ값에 따른 이변량 정규분포의 형태를 예시로 나타

낸다. 같은 PDF값을 가지는 (x,y)값을 연결하여 등고선처럼 표시한 것이다. 먼저 각 변수의 분산이 같은 경우, 즉 $\sigma_X = \sigma_Y$인 경우는 ρ값과 무관하게 각 축별로 퍼진 정도가 같은 것을 볼 수 있다. 그렇지 않은 경우, 분산값이 큰 축에 대해 퍼진 정도가 더 크다. $\rho = 0$이면 원 또는 회전되지 않은 타원의 모양을 보이지만, $\rho \neq 0$이면 회전된 타원의 모양을 보인다. ρ값이 커질수록 타원이 더 찌그러지는 모습을 볼 수 있으며, ρ값의 부호에 따라 회전의 방향이 결정된다.

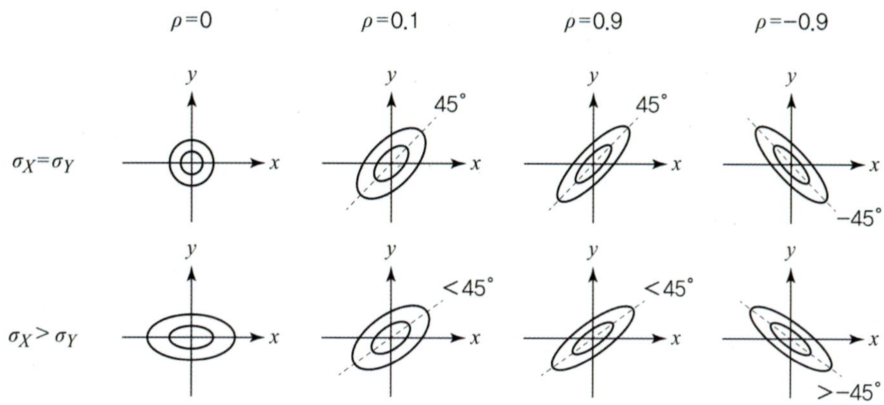

그림 2.24 이변량 정규분포의 다양한 형태

추가로, Y가 주어졌을 때 X의 조건부 분포 역시 정규분포를 따른다. 즉,

$$X|Y \sim N(\mu_{X|Y}, \sigma_{X|Y})$$

여기서

$$\mu_{X|Y} = \mu_X + \frac{\sigma_X}{\sigma_Y}\rho(Y - \mu_Y)$$

$$\sigma_{X|Y} = \sigma_X^2(1-\rho^2)$$

로 구해진다.

확률벡터 $\boldsymbol{X} = [X_1\ X_2\ \cdots\ X_n]^\top$가 다변량 정규분포를 따를 때, 즉 $\boldsymbol{X} \sim N(\boldsymbol{\mu}, \Sigma)$일 때, $\boldsymbol{X}$의 선형변환으로 얻는 새로운 확률벡터 $\boldsymbol{Y} = \mathrm{A}\boldsymbol{X} + \mathrm{b}$ 역시 다변량 정규분포를 따른다. 즉,

$$\boldsymbol{Y} \sim N(\mathrm{A}\boldsymbol{\mu} + \mathrm{b}, \mathrm{A}\Sigma\mathrm{A}^\top)$$

이다.

예제 2.9

세 확률변수로 구성된 확률벡터 $\boldsymbol{X}=\begin{bmatrix}X_1\\X_2\\X_3\end{bmatrix}$는 평균이 $\boldsymbol{\mu}=\begin{bmatrix}2\\1\\-2\end{bmatrix}$이고 공분산행렬이 $\Sigma=\begin{bmatrix}2&0&-1\\0&4&0\\-1&0&6\end{bmatrix}$

인 다변량 정규분포를 따른다고 하자.

각 확률변수 사이의 상관관계는 공분산행렬로부터 쉽게 알 수 있다. $\sigma_{12}=\sigma_{21}=0$이므로 X_1과 X_2는 비상관관계이고 서로 독립이다. 마찬가지로 $\sigma_{23}=\sigma_{32}=0$이므로 X_2와 X_3도 비상관관계이고 서로 독립이다. $\sigma_{13}=\sigma_{31}=-1$인데, $\sigma_1=\sqrt{2}$이고 $\sigma_3=\sqrt{6}$이므로 X_1과 X_3의 상관계수는

$$\rho_{13}=\frac{\sigma_{13}}{\sigma_1\sigma_3}=\frac{-1}{\sqrt{2}\times\sqrt{6}}=-0.289$$

로 얻을 수 있다.

이번에는 새로운 확률변수 $Y_1=2X_1-X_2$과 $Y_2=X_1+2X_2-3X_3$의 관계를 알아보자. 새로운 확률벡터는

$$\boldsymbol{Y}=\begin{bmatrix}Y_1\\Y_2\end{bmatrix}=\underbrace{\begin{bmatrix}2&-1&0\\1&2&-3\end{bmatrix}}_{:=\mathrm{A}}\begin{bmatrix}X_1\\X_2\\X_3\end{bmatrix}$$

로 쓸 수 있다. 따라서 확률벡터 $\boldsymbol{Y}$는 이변량 정규분포이며 그 평균과 공분산행렬은 각각

$$\boldsymbol{\mu}_{\boldsymbol{Y}}=\mathrm{A}\boldsymbol{\mu}=\begin{bmatrix}2&-1&0\\1&2&-3\end{bmatrix}\begin{bmatrix}2\\1\\-2\end{bmatrix}=\begin{bmatrix}3\\10\end{bmatrix}$$

과

$$\Sigma_{\boldsymbol{Y}}=\mathrm{A}\Sigma\mathrm{A}^{\top}=\begin{bmatrix}2&-1&0\\1&2&-3\end{bmatrix}\begin{bmatrix}2&0&-1\\0&4&0\\-1&0&6\end{bmatrix}\begin{bmatrix}2&1\\-1&2\\0&-3\end{bmatrix}=\begin{bmatrix}12&2\\2&78\end{bmatrix}$$

로 얻어진다. 두 확률변수 Y_1과 Y_2의 상관계수는

$$\rho_{Y_1Y_2}=\frac{2}{\sqrt{12}\sqrt{78}}=0.065$$

로 구할 수 있다.

2.6 분포간의 차이

두 스칼라 값의 차이를 구하거나 벡터 간의 거리를 측정하는 것과 마찬가지로 두 분포 사이의 차이를 수치화할 필요가 자주 발생한다. 예를 들어 특정 확률분포를 근사화하는 신경회로망 모델을 학습하는 경우, 목표하는 분포와 현재 모델이 나타내는 분포 간의 차이를 수치화할 수 있어야 경사도(gradient) 기반의 모델 학습이 가능할 것이다.

먼저 **쿨백-라이블러 발산**(Kullback-Leibler divergence, KLD)[16]을 소개한다. 다른 이름으로는 **상대 엔트로피**(relative entropy)라고도 한다. 두 확률분포 p와 q가 있을 때, q로부터 p의 KLD는 $D_{KL}(p\|q)$로 표기하며 다음과 같이 정의한다.

$$\begin{aligned} D_{KL}(p\|q) &:= \mathbb{E}_p[\log p(x) - \log q(x)] \\ &= \begin{cases} \sum_x p(x)\log\frac{p(x)}{q(x)} & (\text{이산확률분포일 때}) \\ \int p(x)\log\frac{p(x)}{q(x)}dx & (\text{연속확률분포일 때}) \end{cases} \end{aligned} \tag{2.18}$$

KLD는 p와 q가 같을 때는 최소값인 0을 가지며, 그 외에는 양수값을 갖는다. 한 가지 주의할 것은 일반적인 거리의 척도와는 다르게 p와 q의 순서가 바뀌면 결과가 달라진다는 것이다. 즉,

$$D_{KL}(p\|q) \neq D_{KL}(q\|p)$$

이기 때문에 대칭이 아니다. 이를 해결하는 방법으로 **젠슨-섀넌 발산**(Jensen-Shannon divergence, JSD)[17]가 있다. 이는 두 분포의 평균 분포로부터 각 분포의 KLD를 구하여 평균낸 것이다. 즉, 평균분포를 $m = (p+q)/2$라 하면 JSD는

$$D_{JS}(p\|q) := \frac{1}{2}\{D_{KL}(p\|m) + D_{KL}(q\|m)\}$$

로 정의된다. 이 경우는

$$D_{JS}(p\|q) = D_{JS}(q\|p)$$

16) 미국의 수학자이자 암호해독가인 Solomon Kullback (1994-1907)과 Richard Leibler (1914-2003)가 1951년 도입하여 이들의 이름을 딴 것이다.

17) 덴마크의 수학자 Johan Jensen (1859-1925)와 미국의 수학자이자 공학자인 Claude Shannon (1916-2001)의 이름을 딴 것이다. Claude Shannon은 정보이론(information theory)의 아버지라 불린다.

가 성립함을 알 수 있다.

확률분포 간의 차이를 나타내는데 자주 쓰이는 또 다른 것은 **Earth mover's distance (EMD)**이다. 이는 1-바서슈타인 거리(1-Wasserstein distance)라고도 부른다. 확률분포가 흙이 쌓인 산이라고 비유하면, 하나의 산을 다른 산의 모습으로 바꾸기 위해 최소한으로 흙을 옮기는 양을 측정하는 것과 같다. 두 PDF p와 q의 CDF가 각각 P와 Q라고 할 때, EMD는 다음의 식으로 구한다.

$$\mathrm{EMD}(P,Q) := \int_0^1 |P^{-1}(u) - Q^{-1}(u)|\,du = \int_{-\infty}^{\infty} |P(x) - Q(x)|\,dx$$

이는 [그림 2.25]에 나타낸 것과 같이 두 CDF 사이의 넓이를 구하는 것과 같다.

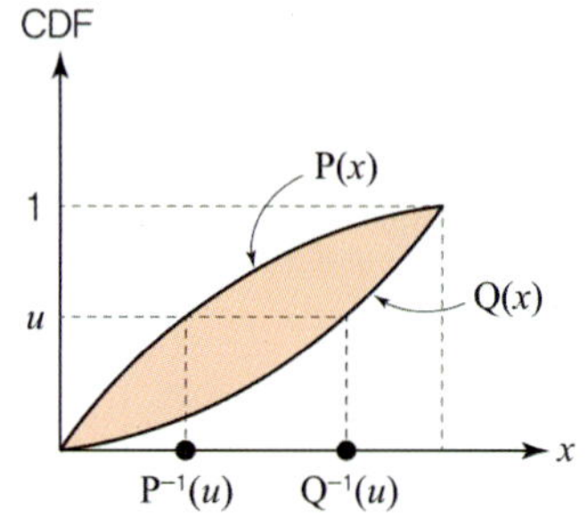

그림 2.25 EMD의 계산 방식

EMD와 KLD가 어떻게 다른 결과를 내는지 예를 들어 알아보자. [그림 2.26]에 보인 세 이산 확률분포는 모두 {0.7, 0.1, 0.1, 0.1}을 확률값으로 가지며 이 값들을 갖는 위치만 다르다. 먼저 KLD 관점에서 살펴보자. ①번 분포와 ②번 분포를 비교하면 $x=1$에서 0.7과 0.1 사이의 차이와 $x=2$에서 0.1과 0.7 사이의 차이가 발생하며, $x=3$ 및 $x=4$에서는 같다. ①번 분포와 ③번 분포를 비교하면 $x=1$에서 0.7과 0.1 사이의 차이와 $x=4$에서 0.1과 0.7 사이의 차이가 발생하며 $x=2$ 및 $x=3$에서는 차이가 없다. 즉, 두 경우 모두

$$\mathrm{KLD}(①,②) = \mathrm{KLD}(①,③) = 0.1 \times \log\frac{0.1}{0.7} + 0.7 \times \log\frac{0.7}{0.1}$$

가 되어 KLD 결과는 동일하다. 이번에는 EMD 관점에서 살펴보자. ①번 분포를 ②번 분포로 만들기 위해서는 $x=1$의 0.7의 확률에서 0.6만큼을 바로 옆인 $x=2$로 옮기는 것이 필요하다. ①번 분포를 ③번 분포로 만들기 위해서는 $x=1$의 0.7의 확률에서 0.6만큼을 가장 먼 위치인 $x=4$까지 옮기는 것이 필요하기 때문에, ①번 분포를 ②번 분포로 만드는 것보다 더 많은 일이

필요하다. 따라서

$$\mathrm{EMD}(①, ②) < \mathrm{EMD}(①, ③) \tag{2.19}$$

이다. CDF 관점에서도 살펴보자. [그림 2.27]의 왼쪽과 오른쪽은 각각 ①번 분포와 ②번 분포의 CDF 차이 및 ①번 분포와 ③번 분포의 CDF 차이를 보여준다. 후자의 경우가 더 큰 차이를 보여 식 (2.19)가 성립함을 알 수 있다. 이 예시에서 보는 것과 같이 KLD와 EMD는 보는 관점이 다르기 때문에 다른 결과를 보일 수 있다.

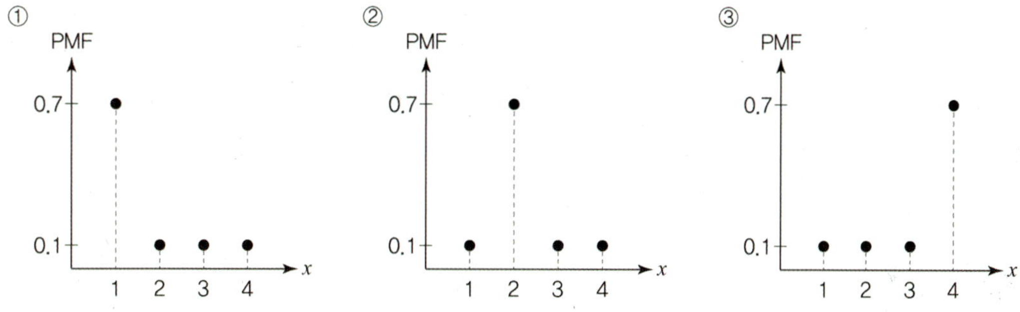

그림 2.26 EMD와 KLD의 비교를 위한 세 이산분포

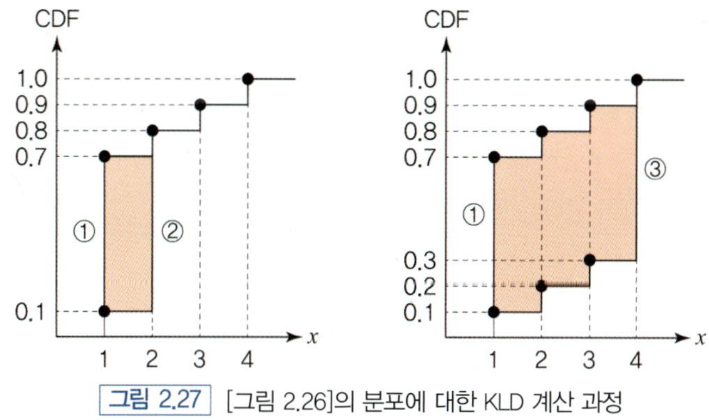

그림 2.27 [그림 2.26]의 분포에 대한 KLD 계산 과정

2.7 엔트로피

엔트로피(entropy)는 다양한 분야에서 무질서도, 불확실성 등의 의미로 쓰이는 개념이다. 그 출발은 열역학 제2법칙이라 할 수 있으며, 자연과학, 사회학, 공학 등에서 널리 활용된다. 여기서는 공학, 특히 정보이론(information theory)에서 말하는 엔트로피에 대해서 살펴보고자 한다.

확률변수 X에 대해 엔트로피는 다음의 식으로 정의된다.

$$H(X) := \mathbb{E}_X[-\log \Pr(X)]$$
$$= \begin{cases} -\sum_x p_X(x)\log p_X(x) & (\text{이산 확률변수일 때}) \\ -\int f_X(x)\log f_X(x)dx & (\text{연속 확률변수일 때}) \end{cases}$$

여기서 사용된 로그 함수의 밑수는 응용에 따라 달라질 수 있다. 정보이론에서는 밑수를 2로 사용한다. 서로 다른 확률로 나타나는 기호들(예를 들어 알파벳)로 구성된 문서가 있을 때 이 문서를 0과 1의 비트(bit)로 표현하는 경우를 생각해보자. 비트로 변환 후 전체 문서의 길이가 최소한이 되길 원하며 또한 다시 기호로 변환했을 때 원래 문서를 완벽하게 복원할 수 있기를 원한다. 이를 위해 각 기호에 몇 개의 비트를 할당하면 좋을지에 대한 문제는 전통적인 데이터 압축 분야의 문제이다. 섀넌의 소스코딩 정리(source coding theorem)에 따르면 각 기호별로 할당해야 하는 최소한의 비트 수의 평균은 바로 엔트로피로 주어진다.

예제 2.10

베르누이 분포를 갖는 확률변수 X를 생각해보자. 로그의 밑수를 2로 했을 때 엔트로피는

$$H(X) = -p\log_2 p - (1-p)\log_2(1-p)$$

임을 쉽게 얻는다. 이를 그래프로 표현하면 다음과 같다. $p=0$ 또는 $p=1$일 때 엔트로피가 최소값 0임을 볼 수 있다. 즉, $X=1$ 또는 $X=0$ 하나의 경우만 관측되는 경우 불확실성이 없다는 뜻이다. 엔트로피의 최대값은 $p=0.5$일 때 얻어지는데, 이 경우 $X=0$과 $X=1$ 중 어느 것이 관측될지 알 수 없어 불확실성이 최대가 된다는 뜻이다.

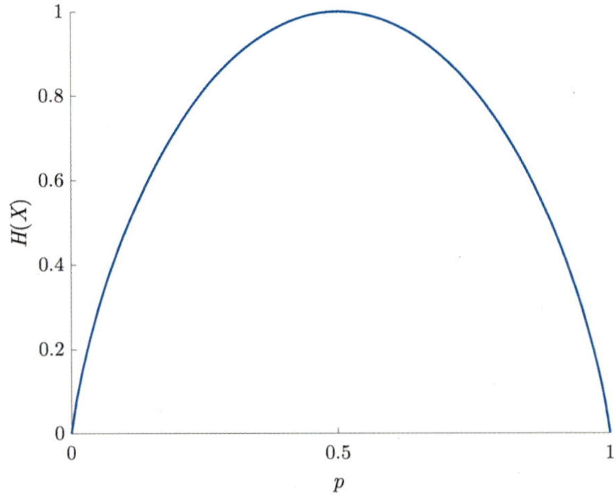

예제 2.11

다음의 PMF를 갖는 확률변수 X를 생각해보자.

$$p_X(x)=\frac{1}{4},\ \ x=0,1,2,3$$

엔트로피를 계산하면

$$H(X)=-\sum_{x=0}^{3}\frac{1}{4}\log_2\frac{1}{4}=2$$

이다. 이번엔 다음의 PMF를 갖는 확률변수 Y를 생각해보자.

$$p_Y(y)=\begin{cases}1/2\ , & y=0\\ 1/4\ , & y=1\\ 5/32\ , & y=2\\ 3/32\ , & y=3\end{cases}$$

엔트로피를 계산하면

$$H(Y)=-\left(\frac{1}{2}\log_2\frac{1}{2}+\frac{1}{4}\log_2\frac{1}{4}+\frac{5}{32}\log_2\frac{5}{32}+\frac{3}{32}\log_2\frac{3}{32}\right)=1.74$$

X는 균등분포를 가지기 때문에 0, 1, 2, 3 중 어떤 확률변수값이 발생할지 전혀 알 수 없는 반면, Y는 $Y=0$에 확률이 쏠린 분포를 가지기 때문에 0의 확률변수값을 얻을 가능성이 꽤 높다고 할 수 있다.

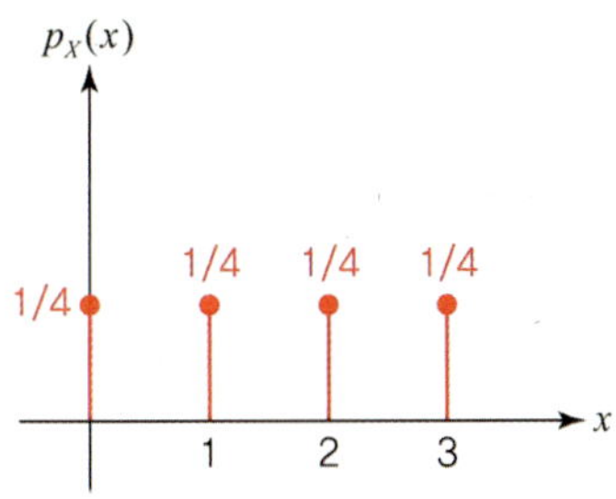

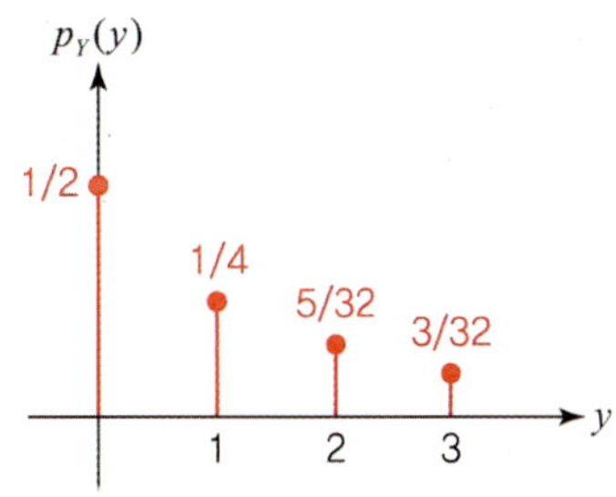

따라서 X가 더 불확실성이 높다고 할 수 있으며 이것은 엔트로피의 크기를 비교하였을 때 $H(X)>H(Y)$인 것과 일치한다.

확률변수값 0, 1, 2, 3에 각각 이진수의 비트를 할당하는 것을 생각해보자. 가장 간단히 생각할 수 있는 것은 00, 01, 10, 11와 같이 각각 2자리 비트열을 각 경우에 할당하는 것이다. X의 엔트로피가 2이므로 이러한 할당 방법은 이론적 최소값을 달성한 것이다. 반면, X의 경우 엔트로피가 1.74이므로 2자리의 비트열을 할당하는 것보다 더 효율적인 방법을 구할수도 있음을 의미한다. 실제로 각 확률변수값에 0, 10, 110, 111과 같이 서로 다른 자리수의 이진수를 할당하면[18], 평균적으로 $1\times\frac{1}{2}+2\times\frac{1}{4}+3\times\frac{5}{32}+3\times\frac{3}{32}=1.75$비트를 할당한 것이며 이는 엔트로피값에 거의 근접함을 볼 수 있다.

예제 2.12

자연로그를 사용하여 1차원 정규분포의 엔트로피를 구해보자.

$$\begin{aligned} H(X) &= -\mathbb{E}[\log N(\mu,\sigma^2)] \\ &= -\mathbb{E}\left[\log\left\{\frac{1}{\sqrt{2\pi}\,\sigma}e^{-(X-\mu)^2/2\sigma^2}\right\}\right] \\ &= -\mathbb{E}\left[\log\left\{\frac{1}{\sqrt{2\pi}\,\sigma}\right\}+\log\left\{e^{-(X-\mu)^2/2\sigma^2}\right\}\right] \\ &= \log(\sqrt{2\pi}\,\sigma)+\frac{1}{2\sigma^2}\mathbb{E}\left[(X-\mu)^2\right] \\ &= \log(\sqrt{2\pi}\,\sigma)+\frac{1}{2} \end{aligned}$$

마지막 등호를 얻을 때 $\mathbb{E}\left[(X-\mu)^2\right]=\sigma^2$를 활용하였다. 즉, 정규분포의 엔트로피는 분포의 표준편차의 함수이다. 표준편차(또는 분산)이 크면 그만큼 확률변수의 값이 불확실한 것이므로 엔트로피도 크고, 표준편차가 작으면 확률변수가 평균값과 유사한 값이 나올 확률이 높기 때문에 불확실성이 낮아 엔트로피도 낮다는 의미이다.

둘 이상의 확률변수가 관련된 불확실성을 **결합 엔트로피**(joint entropy)로 정의할 수 있다. 두 확률변수 X와 Y에 대해 이들의 결합 엔트로피는

$$\begin{aligned} H(X,Y) &:= \mathbb{E}_{X,Y}[-\log \Pr(X,Y)] \\ &= \begin{cases} -\sum_x\sum_y p_{XY}(x,y)\log p_{XY}(x,y) & (\text{이산 확률변수일 때}) \\ -\int\int f_{XY}(x,y)\log f_{XY}(x,y)\,dydx & (\text{연속 확률변수일 때}) \end{cases} \end{aligned}$$

로 정의한다. 결합 엔트로피와 개별 엔트로피 사이에는 다음과 같은 대소관계가 성립한다.

$$\max[H(X),H(Y)] \le H(X,Y) \le H(X)+H(Y)$$

왼쪽의 부등식을 살펴보자. 등호가 성립하는 것은 하나의 확률변수가 결정되었을 때 다른 하나의 확률변수 역시 100% 결정되어 추가적인 불확실성이 없는 특수한 상황이다. 그런 경우를 제외하면 일반적으로 하나의 확률변수가 결정된다 하더라도 다른 확률변수가 100% 결정되지 않고 불확실성이 남아 있기 때문에 결합 엔트로피가 개별 엔트로피보다 더 큰 것이다. 이번에는 오른쪽의 부등식을 살펴보자. 하나의 확률변수가 결정되는 것이 다른 확률변수에 대한 정보를 전혀 제공하지 않는 경우, 즉 두 확률변수가 독립인 경우에는 결합 엔트로피가 개별 엔트로피의 합과 같게 되어 오른쪽의 부등식에서 등호가 성립한다. 독립이 아닌 경우 하나의 확률변수

18) 이 결과는 허프만코딩(Huffman coding)이라는 기법으로 얻은 것이다.

가 다른 확률변수에 대한 정보를 제공할 수 있기 때문에 결합 엔트로피는 개별 엔트로피의 합보다 작게 된다.

이산 확률변수 Y가 $Y=y$로 주어졌을 때 다른 이산 확률변수 X의 엔트로피를 계산하면

$$H(X|Y=y)=-\sum_x p_{X|Y}(X=x|Y=y)\log p_{X|Y}(X=x|Y=y)$$

이다. 이를 모든 y에 대해 기댓값을 구하면 Y가 조건으로 주어졌을 때 X의 **조건부 엔트로피(conditional entropy)**를 얻는다. 즉,

$$\begin{aligned}H(X|Y)&=\sum_y p_Y(y)H(X|Y=y)\\&=-\sum_y p_Y(y)\sum_x p_{X|Y}(x|y)\log p_{X|Y}(x|y)\\&=-\sum_y\sum_x p_Y(y)p_{X|Y}(x|y)\log p_{X|Y}(x|y)\\&=-\sum_y\sum_x p_{XY}(x,y)\log\left(\frac{p_{XY}(x,y)}{p_Y(y)}\right)\end{aligned}$$

로 계산할 수 있다. 이 식을 조금 더 변형하면

$$\begin{aligned}H(X|Y)&=-\sum_y\sum_x p_{XY}(x,y)\log\left(\frac{p_{XY}(x,y)}{p_Y(y)}\right)\\&=-\sum_y\sum_x p_{XY}(x,y)\{\log p_{XY}(x,y)-\log p_Y(y)\}\\&=-\sum_y\sum_x p_{XY}(x,y)\log p_{XY}(x,y)-\left\{-\sum_y\left(\sum_x p_{XY}(x,y)\right)\log p_Y(y)\right\}\\&=-\sum_y\sum_x p_{XY}(x,y)\log p_{XY}(x,y)-\left\{-\sum_y p_Y(y)\log p_Y(y)\right\}\\&=H(X,Y)-H(Y)\end{aligned}\tag{2.20}$$

이다. 즉, 조건부 엔트로피는 결합 엔트로피에서 Y의 엔트로피를 뺀 것과 같다. 또한 두 확률변수의 위치를 뒤바꾸면

$$H(Y|X)=H(X,Y)-H(X)\tag{2.21}$$

이 두 수식으로부터 다음의 수식을 얻을 수 있다.

$$H(X|Y)=H(Y|X)-H(Y)+H(X)\tag{2.22}$$

만약 X와 Y가 독립이면 앞서 설명한 것과 같이 결합 엔트로피는 각각의 엔트로피의 합과 같다. 따라서

$$H(X|Y) = H(X)$$

$$H(Y|X) = H(Y)$$

즉, 두 확률변수가 독립인 경우 한 확률변수가 결정되었다고 하더라도 다른 확률변수의 불확실성을 줄일 수 없다는 것을 의미한다.

연속 확률변수에 대해서도 유사하게 조건부 엔트로피를 정의할 수 있다.

$$H(X|Y) := -\int\int f_{XY}(x,y)\log\left(\frac{f_{XY}(x,y)}{f_Y(y)}\right)dydx$$

이 조건부 엔트로피에 대해서도 식 (2.20), (2.21), (2.22)가 마찬가지로 성립한다.

두 확률변수 사이의 의존 정도를 표현하는 것이 **상호정보량(mutual information)**이며 다음과 같이 정의된다.

$$I(X;Y) = I(Y;X) := \begin{cases} \sum_x \sum_y p_{XY}(x,y)\log\left(\frac{p_{XY}(x,y)}{p_X(x)p_Y(y)}\right) & (\text{이산 확률변수일 때}) \\ \int\int f_{XY}(x,y)\log\left(\frac{f_{XY}(x,y)}{f_X(x)f_Y(y)}\right)dydx & (\text{연속 확률변수일 때}) \end{cases}$$

두 확률변수가 독립이면 로그함수 안의 값이 1이 되므로 상호정보량은 0이 된다. 또 다른 표현으로는 결합 확률분포와 개별 확률분포의 곱 사이의 KLD이기도 하다. 이는 윗 식과 식 (2.18)을 비교해보면 쉽게 알 수 있다.

$$I(X;Y) = D_{KL}(p_{XY}(x,y) \| p_X(x)p_Y(y))$$

지금까지 살펴본 개념들의 관계를 종합하면, 결합 엔트로피는 각각의 엔트로피의 합에서 상호정보량을 뺀 것과 같다. 즉,

$$H(X,Y) = H(X) + H(Y) - I(X;Y)$$

이를 벤다이어그램으로 나타내면 [그림 2.28]과 같다. 식 (2.20), (2.21), (2.22) 모두 벤다이어그램을 통해 쉽게 이해할 수 있을 것이다. 또한 추가로

$$H(X|Y) = H(X) - I(X;Y)$$

$$H(Y|X) = H(Y) - I(X;Y)$$

의 관계를 확인할 수 있다.

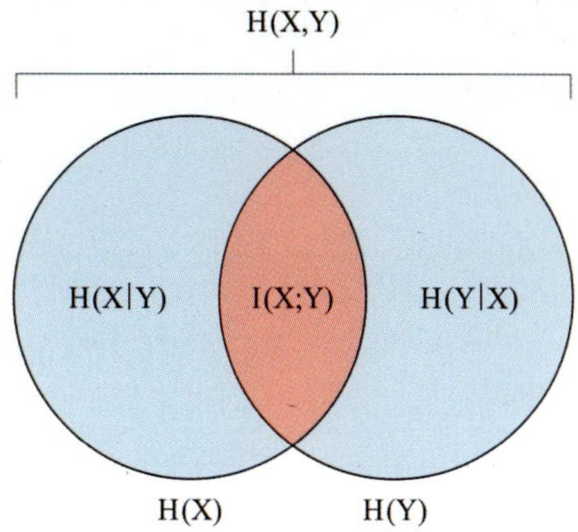

그림 2.28 엔트로피, 조건부 엔트로피, 결합 엔트로피 및 상호정보량의 관계

예제 2.13

(X, Y) 좌표쌍이 (1,0), (1,0), (-1,0), (0,-1)일 때 확률이 각각 0.4, 0.3, 0.2, 0.1인 확률분포를 생각해보자.

결합 PMF는

$$p_{XY}(x,y) = \begin{cases} 0.4\,, & x=1, y=0 \\ 0.3\,, & x=0, y=1 \\ 0.2\,, & x=-1, y=0 \\ 0.1\,, & x=0, y=-1 \end{cases}$$

로 쓸 수 있다. 이로부터 결합엔트로피를 구하면

$$H(X, Y) = -(0.4\times\log_2 0.4 + 0.3\times\log_2 0.3 + 0.2\times\log_2 0.2 + 0.1\times\log_2 0.1) = 1.846$$

이다.

주변 PMF는 각각

$$p_X(x) = \begin{cases} 0.2\,, & x=-1 \\ 0.4\,, & x=0 \\ 0.4\,, & x=1 \end{cases}$$

와

$$p_Y(y) = \begin{cases} 0.1\,, & y=-1 \\ 0.6\,, & y=0 \\ 0.3\,, & y=1 \end{cases}$$

로 구할 수 있다. 따라서 각 확률변수의 엔트로피는

$$H(X) = -(0.2 \times \log_2 0.2 + 0.4 \times \log_2 0.4 + 0.4 \times \log_2 0.4) = 1.522$$

$$H(Y) = -(0.1 \times \log_2 0.1 + 0.6 \times \log_2 0.6 + 0.3 \times \log_2 0.3) = 1.295$$

로 계산된다.

상호정보량은

$$\begin{aligned} I(X;Y) &= 0.1 \times \log\left(\frac{0.1}{0.4 \times 0.1}\right) + 0.2 \times \log\left(\frac{0.2}{0.2 \times 0.6}\right) \\ &\quad + 0.3 \times \log\left(\frac{0.3}{0.4 \times 0.3}\right) + 0.4 \times \log\left(\frac{0.4}{0.4 \times 0.6}\right) \\ &= 0.971 \end{aligned}$$

로 구해진다.

조건부 엔트로피를 구해보면

$$H(X|Y) = -\left(0.1 \times \log_2 \frac{0.1}{0.1} + 0.2 \times \log_2 \frac{0.2}{0.6} + 0.3 \times \log \frac{0.3}{0.3} + 0.4 \times \log_2 \frac{0.4}{0.6}\right) = 0.551$$

$$H(Y|X) = -\left(0.1 \times \log_2 \frac{0.1}{0.4} + 0.2 \times \log_2 \frac{0.2}{0.2} + 0.3 \times \log \frac{0.3}{0.4} + 0.4 \times \log_2 \frac{0.4}{0.4}\right) = 0.324$$

이다.

[그림 2.28]의 관계를 지금까지 계산한 수치로 확인할 수 있다.

$$H(X) - I(X;Y) = 1.522 - 0.971 = 0.551 = H(X|Y)$$

$$H(Y) - I(X;Y) = 1.295 - 0.971 = 0.324 = H(Y|X)$$

$$H(X) + H(Y) - I(X;Y) = 1.522 + 1.295 - 0.551 = 1.846 = H(X,Y)$$

예제 2.14

확률벡터 $\boldsymbol{X}=\begin{bmatrix} X_1 \\ X_2 \end{bmatrix}$에 대해 평균이 영벡터인 2차원 정규분포 $N(0, \Sigma)$를 생각해보자. 이 분포의 PDF는 2차원 벡터 $\boldsymbol{x}=\begin{bmatrix} x_1 \\ x_2 \end{bmatrix}$에 대해

$$f_{\boldsymbol{X}}(\boldsymbol{x}) = \frac{1}{2\pi\sqrt{|\Sigma|}} \exp\left(-\frac{1}{2}\boldsymbol{x}^\top \Sigma^{-1}\boldsymbol{x}\right)$$

로 쓸 수 있다. 여기서 공분산행렬 Σ는

$$\Sigma = \begin{bmatrix} \sigma_1^2 & \rho\sigma_1\sigma_2 \\ \rho\sigma_1\sigma_2 & \sigma_2^2 \end{bmatrix}$$

이다. 이 행렬의 행렬식을 계산하면

$$|\Sigma| = \sigma_1^2\sigma_2^2(1-\rho^2)$$

이다.

두 확률변수 X_1과 X_2의 결합 엔트로피를 구해보자. 자연로그를 사용하면

$$\begin{aligned}
H(X_1, X_2) &= -\int_{-\infty}^{\infty} f_{\boldsymbol{X}}(\boldsymbol{x}) \log f_{\boldsymbol{X}}(\boldsymbol{x}) d\boldsymbol{x} \\
&= -\int_{-\infty}^{\infty} f_{\boldsymbol{X}}(\boldsymbol{x}) \left[-\log\left(2\pi\sqrt{|\Sigma|}\right) - \frac{1}{2}\boldsymbol{x}^\top \Sigma^{-1}\boldsymbol{x}\right] d\boldsymbol{x} \\
&= \log\left(2\pi\sqrt{|\Sigma|}\right) \underbrace{\int_{-\infty}^{\infty} f_{\boldsymbol{X}}(\boldsymbol{x}) d\boldsymbol{x}}_{=1} + \frac{1}{2} \underbrace{\int_{-\infty}^{\infty} f_{\boldsymbol{X}}(\boldsymbol{x}) \{\boldsymbol{x}^\top \Sigma^{-1}\boldsymbol{x}\} d\boldsymbol{x}}_{=\mathbb{E}[\boldsymbol{X}^\top \Sigma^{-1}\boldsymbol{X}]=2} \\
&= \log\left(2\pi\sqrt{|\Sigma|}\right) + 1 \\
&= \log\left(2\pi\sigma_1\sigma_2\sqrt{1-\rho^2}\right) + 1
\end{aligned}$$

를 얻을 수 있다. 여기서

$$\begin{aligned}
\mathbb{E}[\boldsymbol{X}^\top \Sigma^{-1}\boldsymbol{X}] &= \mathbb{E}\left[\begin{bmatrix} X_1 & X_2 \end{bmatrix} \begin{bmatrix} \sigma_1^2 & \rho\sigma_1\sigma_2 \\ \rho\sigma_1\sigma_2 & \sigma_2^2 \end{bmatrix}^{-1} \begin{bmatrix} X_1 \\ X_2 \end{bmatrix}\right] \\
&= \mathbb{E}\left[\frac{\sigma_2^2 X_1^2 + \sigma_1^2 X_2^2 - 2\rho\sigma_1\sigma_2 X_1 X_2}{\sigma_1^2\sigma_2^2 - \rho^2\sigma_1^2\sigma_2^2}\right] \\
&= \frac{\sigma_2^2\mathbb{E}[X_1^2] + \sigma_1^2\mathbb{E}[X_2^2] - 2\rho\sigma_1\sigma_2\mathbb{E}[X_1 X_2]}{\sigma_1^2\sigma_2^2 - \rho^2\sigma_1^2\sigma_2^2} \\
&= \frac{\sigma_2^2\sigma_1^2 + \sigma_1^2\sigma_2^2 - 2(\rho\sigma_1\sigma_2)^2}{\sigma_1^2\sigma_2^2 - \rho^2\sigma_1^2\sigma_2^2} \\
&= 2
\end{aligned}$$

를 이용하였다. 즉, σ_1과 σ_2가 고정되어 있다면 두 확률변수가 비상관관계를 가져 $\rho=0$일 때 결합엔트

로피는 최대가 되며, 반대로 두 확률변수가 높은 상관관계를 가져 ρ가 커질수록 결합엔트로피는 최소가 된다.

이번에는 조건부 엔트로피를 구해보자. 조건부 엔트로피는 식 (2.20)으로부터

$$H(X_1|X_2) = H(X_1, X_2) - H(X_2)$$

이고 앞선 예제 1.12에서 얻은 1차원 정규분포의 엔트로피는

$$H(X_2) = \log\sqrt{2\pi}\,\sigma_2 + \frac{1}{2}$$

이므로

$$\begin{aligned} H(X_1|X_2) &= H(X_1, X_2) - H(X_2) \\ &= \log\left(2\pi\sigma_1\sigma_2\sqrt{1-\rho^2}\right) + 1 - \left\{\log\sqrt{2\pi}\,\sigma_2 + \frac{1}{2}\right\} \\ &= \log\left(\sqrt{2\pi}\,\sigma_1\sqrt{1-\rho^2}\right) + \frac{1}{2} \end{aligned}$$

이다. 마찬가지로,

$$H(X_2|X_1) = \log\left(\sqrt{2\pi}\,\sigma_2\sqrt{1-\rho^2}\right) + \frac{1}{2}$$

로 얻는다. 상관계수가 1인 경우, 주어진 X_1으로부터 X_2에 대한 정보를 최대로 얻을 수 있기 때문에 X_2에 대한 불확실성이 낮아지는 것이며 따라서 조건부 엔트로피는 최소가 된다.

상호정보량은

$$\begin{aligned} I(X_1;X_2) &= H(X_1) - H(X_1|X_2) \\ &= \log\sqrt{2\pi}\,\sigma_1 + \frac{1}{2} - \left\{\log\sqrt{2\pi}\,\sigma_1\sqrt{1-\rho^2} + \frac{1}{2}\right\} \\ &= -\frac{1}{2}\log(1-\rho^2) \end{aligned}$$

로 얻을 수 있다. 상관계수가 0인 경우 상호정보량은 최소값인 0을 갖게 되며, 상관계수가 1인 경우 상호정보량은 무한대가 됨을 알 수 있다.

교차엔트로피(cross-entropy)는 확률분포 q에 대한 엔트로피를 계산할 때 기댓값을 구하는 기준을 다른 확률분포 p로 하는 것이다. 즉,

$$H_p(q) := \mathbb{E}_p[-\log q] = \begin{cases} -\sum_x p(x)\log q(x) & (\text{이산 확률분포일 때}) \\ -\int p(x)\log q(x)dx & (\text{연속 확률분포일 때}) \end{cases}$$

이 식을 다시 쓰면

$$\begin{aligned} \mathbb{E}_p[-\log q] &= \mathbb{E}_p\left[-\log\left(q \times \frac{p}{p}\right)\right] \\ &= \mathbb{E}_p\left[-\log p + \log\frac{p}{q}\right] \\ &= \mathbb{E}_p[-\log p] + \mathbb{E}_p\left[\log\frac{p}{q}\right] \\ &= H(p) + D_{KL}(p\|q) \end{aligned} \tag{2.23}$$

즉, 교차엔트로피는 p의 엔트로피와 p와 q 사이의 KLD의 합으로 이루어진다. 따라서 p와 q가 같을 때 KLD가 0이 되고 교차엔트로피가 최소가 된다.

분류를 위한 신경회로망 모델을 학습할 때 교차엔트로피의 최소화를 목표로 하는 경우가 많다. 이 때 교차엔트로피는 데이터의 분포 p_{data}와 모델의 분포 p_{model} 사이에 대해 구하는 것이다. 총 C개의 클래스가 있는 분류 문제를 생각해보자. 하나의 입력 데이터에 대해 c번째 클래스의 출력을 y_c라 하자. 정답이 특정 클래스로 정해져 있으므로 $p_{data}(y_c)$는 c가 정답 클래스이면 1, 그렇지 않으면 0의 값을 갖는다. p_{model}은 모델의 출력인 클래스별 확률분포이다. p_{data}와 p_{model} 사이의 교차엔트로피는

$$H_{p_{data}}(p_{model}) = \mathbb{E}_{p_{data}}[-\log p_{model}] = -\sum_{c=1}^{C} p_{data}(y_c)\log p_{model}(y_c)$$

로 쓸 수 있다. 대부분의 분류 문제에서는 p_{data}는 하나의 클래스에 대해서만 1, 나머지 클래스에 대해서는 0의 확률을 가지기 때문에 엔트로피 $H(p_{data})$는 0이다. 따라서 교차엔트로피는 식 (2.23)에 의해 p_{data}와 p_{model} 사이의 KLD와 같아진다.

$$H_{p_{data}}(p_{model}) = H(p_{data}) + D_{KL}(p_{data}\|p_{model}) = D_{KL}(p_{data}\|p_{model})$$

예제 2.15

4개의 클래스가 있는 분류 문제를 생각해보자. 하나의 입력 데이터에 대해 정답이 첫 번째 클래스라 하자. 훈련된 신경회로망 모델이 4개의 클래스에 대해 각각 [0.4, 0.3, 0.2, 0.1]의 확률을 출력하였다. 정답의 확률분포는 [1, 0, 0, 0]이므로 교차엔트로피는

$$-(1\times\log_2 0.4+0\times\log_2 0.3+0\times\log_2 0.2+0\times\log_2 0.1)=-\log_2 0.4=1.322$$

로 계산할 수 있다. 조금 더 모델을 훈련시킨 후 다시 입력 데이터에 대한 확률을 확인하니 [0.6, 0.2, 0.1, 0.1]을 얻었다. 이는 앞서 얻은 [0.4, 0.3, 0.2, 0.1]보다 정답인 첫 번째 클래스의 확률이 높아졌기 때문에 학습의 목표에 보다 가까워진 결과이다. 이 경우 교차엔트로피는

$$-(1\times\log_2 0.6+0\times\log_2 0.2+0\times\log_2 0.1+0\times\log_2 0.1)=-\log_2 0.6=0.737$$

로 얻어진다. 교차엔트로피가 감소한 것을 확인할 수 있다.

이 예제에서 로그의 밑을 2로 한 것은 앞선 예제들과 통일성을 위한 것이다. 많은 경우 교차엔트로피를 계산할 때 자연로그를 사용하기도 한다. 이 예제에서 자연로그를 사용하였다면 위에서 얻은 값을 모두 $\log_2 e$로 나눈 결과를 얻을 것이다. 즉, 밑을 다르게 하는 것은 상수배의 효과에 지나지 않기 때문에 주어진 문제 내에서 통일된 밑을 쓰는 한 어떤 값을 밑으로 쓰든 크게 문제되지 않는다.

2.8 표본통계

통계적으로 탐구하고자 하는 어떤 대상이 있을 때, 대상이 되는 모집단(population) 전체에 대해 확률분포 및 특성을 얻는 것이 궁극적인 목표이다. 그러나 모집단 전체를 보는 것은 불가능하기 때문에 실제로는 표본(sample) 데이터를 뽑아서 분석한다. 예를 들어, 우리나라 사람들이 한 달에 평균 얼마의 비용을 문화생활비로 지출하는지 알고 싶다고 하자. 이 경우 전국민 전체가 모집단에 해당한다. 전국민에 대한 데이터를 얻는 것은 현실적으로 불가능하므로 적절한 수의 표본, 예를 들어 무작위 전화번호로 전화를 걸어 설문조사에 응답한 1000명의 문화생활비 데이터를 통해 모집단인 전국민의 문화생활비를 추정하는 대안을 선택할 수 있다. 이 경우 표본인 1000명으로부터 얻은 월별 문화생활비 데이터가 전국민의 월별 문화생활비를 얼마나 정확하게 추정할 것인가가 관건일 것이다. 이를 알기 위해서는 표본을 통해 얻어진 데이터를 가지고 통계를 낸 결과가 모집단의 통계와 어떤 관계가 있는지 알아야 한다.

모집단을 표현하는 확률변수를 X라 하고 독립적인 표본추출 과정을 통해 얻는 결과를 확률

변수 X_i $(i = 1, ..., n)$라고 하자. 모집단의 평균을 μ, 분산을 σ^2이라 하자. 추출할 때마다 결과가 바뀔 수 있기 때문에 X_i를 확률변수로 놓는 것이다. 모집단 X에 대한 평균을 추정하는 방법으로써 X_i의 평균을 사용할 수 있을 것이다. 이를 **표본평균(sample mean)**이라 한다.

$$\overline{X_n} := \frac{1}{n}\sum_{i=1}^{n} X_i$$

표본평균이 X의 평균과 항상 같을 수는 없다. 왜냐하면 유한한 개수의 표본을 취하기 때문에 추출할 때마다 표본평균의 값이 바뀔 수 있기 때문이다. 하지만 그 기댓값은 같아짐을 다음의 식과 같이 확인할 수 있다.

$$\mathbb{E}[\overline{X_n}] = \mathbb{E}\left[\frac{1}{n}\sum_{i=1}^{n} X_i\right] = \frac{1}{n}\sum_{i=1}^{n}\mathbb{E}[X_i] = \frac{1}{n} \cdot n\mathbb{E}[X] = \mathbb{E}[X] = \mu \tag{2.24}$$

표본추출을 할 때마다 얼마나 큰 편차가 생길지에 대해서는 분산을 계산하여 알 수 있다.

$$\mathrm{Var}[\overline{X_n}] = \frac{1}{n^2}\sum_{i=1}^{n}\mathrm{Var}[X_i] = \frac{1}{n^2} \cdot n\mathrm{Var}[X] = \frac{\sigma^2}{n}$$

즉, X의 분산에 비례하고 데이터 수에 반비례하는 만큼이다. 이때 X의 분산은 모집단의 특성으로써 고정된 값이기 때문에 $\mathrm{Var}[\overline{X_n}]$는 n의 함수이다. 그러므로 데이터를 늘릴수록 표본평균의 분산, 즉 n개의 표본을 얻는 것을 반복할 때마다 얻는 표본평균 사이의 차이가 작아진다는 것을 나타낸다. 따라서 표본평균을 구하는 관점에서는 데이터가 많으면 많을수록 더 정확해짐을 의미한다.

데이터를 많이 얻으면 얻을수록 표본평균이 모집단의 평균과 가까워짐을 보장하는 것이 바로 큰 수의 법칙(law of large numbers)이다. 먼저, **약한 큰 수의 법칙(weak law of large numbers)**은 임의의 양수 ϵ에 대해서 다음이 성립함을 말한다.

$$\lim_{n\to\infty}\Pr\left(\left|\overline{X_n} - \mu_X\right| < \epsilon\right) = 1$$

이를 말로 표현하면, "표본평균은 모집단의 평균으로 확률로써(in probability) 수렴한다"라고 할 수 있다. **강한 큰 수의 법칙(strong law of large numbers)**은 다음이 성립함을 말한다.

$$\Pr\left(\lim_{n\to\infty}\overline{X_n} = \mu_X\right) = 1$$

말로 표현하면, “표본평균은 1의 확률로(with probability 1)(또는 거의 확실히(almost surely)) 모집단의 평균으로 수렴한다”라고 할 수 있다.

다음, **표본분산**(sample variance)에 대해서 알아보자. 분산의 정의로부터 표본분산을 다음과 같이 쓸 수 있을 것이다.

$$V_n := \frac{1}{n}\sum_{i=1}^{n}\left(X_i - \overline{X_n}\right)^2$$

그러나 이 정의는 모집단의 분산을 추정하기에는 완벽하지 않다. 이를 설명하기 위해서 불편추정량이라는 개념을 도입해야 한다. 모집단의 어떤 파라미터 r에 대해 표본을 통해 얻은 추정치를 $\hat{r}$이라고 하자. 추정치의 기댓값이 모집단의 파라미터의 값과 같을 때, 이 추정치를 **불편추정량**(unbiased estimator)라고 한다. 예를 들어, $\overline{X_n}$은 모집단의 평균인 μ의 불편추정량이다. 왜냐하면 식 (2.24)에서 보인 것과 같이 $\overline{X_n}$의 기댓값은 μ이기 때문이다. 이번에는 V_n의 기댓값을 구해보자. 이를 위해 다음을 먼저 계산한다.

$$\begin{aligned}\sum_{i=1}^{n}(X_i-\mu)^2 &= \sum_{i=1}^{n}\left\{(X_i-\overline{X_n})+(\overline{X_n}-\mu)\right\}^2\\ &= \sum_{i=1}^{n}(X_i-\overline{X_n})^2 + 2\sum_{i=1}^{n}(X_i-\overline{X_n})(\overline{X_n}-\mu) + \sum_{i=1}^{n}(\overline{X_n}-\mu)^2\\ &= \sum_{i=1}^{n}(X_i-\overline{X_n})^2 + n(\overline{X_n}-\mu)^2\end{aligned}$$

이로부터

$$\sum_{i=1}^{n}(X_i-\overline{X_n})^2 = \sum_{i=1}^{n}(X_i-\mu)^2 - n(\overline{X_n}-\mu)^2$$

임을 알 수 있다. 양 변을 n으로 나누고 기댓값을 취하면

$$\begin{aligned}\mathbb{E}\left[\frac{1}{n}\sum_{i=1}^{n}(X_i-\overline{X_n})^2\right] &= \mathbb{E}\left[\frac{1}{n}\sum_{i=1}^{n}(X_i-\mu)^2\right] - \mathbb{E}\left[(\overline{X_n}-\mu)^2\right]\\ &= \frac{1}{n}\sum_{i=1}^{n}\mathrm{Var}[X] - \mathrm{Var}[\overline{X_n}]\\ &= \frac{1}{n}\cdot n\sigma^2 - \frac{\sigma^2}{n}\\ &= \frac{n-1}{n}\sigma^2\end{aligned}$$

를 얻는다. 즉, V_n의 기댓값은 모집단의 분산과 같지 않다는 의미이다.

$$\mathbb{E}[V_n] = \frac{n-1}{n}\mathrm{Var}[X] \neq \mathrm{Var}[X]$$

이를 해소하기 위해서는 모집단의 분산에 대한 불편추정량을 다음과 같이 얻어야 한다. 대부분의 경우 이것을 표본분산으로 사용한다.

$$V_n' := \frac{1}{n-1}\sum_{i=1}^{n}\left(X_i - \overline{X_n}\right)^2$$

이와 유사하게 X와 Y 사이의 표본공분산(sample covariance)은 아래와 같이 계산한다.

$$S_n' := \frac{1}{n-1}\sum_{i=1}^{n}\left(X_i - \overline{X_n}\right)\left(Y_i - \overline{Y_n}\right)$$

식 (2.15)에 보인 것과 같이 공분산을 두 표준편차의 곱으로 나누면 상관계수를 얻는다. 샘플에 대해서도 마찬가지이다. 표본공분산을 두 표본표준편차의 곱으로 나눈 것을 특별히 **피어슨 상관계수(Pearson correlation coefficient, PCC)**[19]라 한다. 즉,

$$\rho_{PCC} := \frac{\sum_{i=1}^{n}(X_i - \overline{X_n})(Y_i - \overline{Y_n})}{\sqrt{\sum_{i=1}^{n}(X_i - \overline{X_n})^2}\sqrt{\sum_{i=1}^{n}(Y_i - \overline{Y_n})^2}} \tag{2.25}$$

이 식에서 분자와 분모 모두 $n-1$로 나누는 항이 공통이기 때문에 약분해서 사라진 것이다. 상관계수와 마찬가지로 PCC는 최소 -1부터 최대 1 까지의 값을 가진다. PCC는 선형적 관계에 초점을 맞춘다. 그런 의미에서 피어슨 선형 상관계수(Pearson linear correlation coefficient, PLCC)라고도 부른다. 예를 들어, 표본이 [그림 2.29]와 같이 주어진 두 확률변수는 X가 증가할 때 Y도 증가하지만 그 증가량이 선형적이지 않기 때문에 PCC의 결과는 1보다 작게 된다.

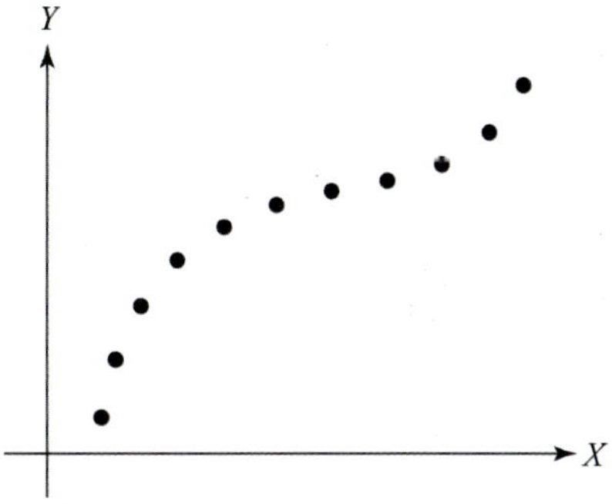

그림 2.29 PCC가 1이 되지 않는 예

19) 영국의 수학자, 생물통계학자이자 우생학자인 Karl Pearson (1857-1936)의 이름을 딴 것이다.

선형성을 따지지 않고 상관관계를 측정하는 방법으로써 **스피어만 순위상관계수(Spearman rank correlation coefficient, SRCC)**[20]가 있다. 이는 원래의 데이터를 순서대로 정렬한 후 그 순위를 가지고 PCC를 계산하는 것이다. [그림 2.29]의 경우 PCC는 1보다 작지만 SRCC는 1로 계산된다.

$$\rho_{SRCC} := \frac{\sum_{i=1}^{n}(R_i^X - \overline{R_n^X})(R_i^Y - \overline{R_n^Y})}{\sqrt{\sum_{i=1}^{n}(R_i^X - \overline{R_n^X})^2}\sqrt{\sum_{i=1}^{n}(R_i^Y - \overline{R_n^Y})^2}}$$

여기서 R_i^X와 R_i^Y는 각각 X_i와 Y_i를 크기 순서로 정렬하여 얻은 순위, $\overline{R_i^X}$와 $\overline{R_i^Y}$는 각각 R_i^X와 R_i^Y의 평균이다. PCC와 마찬가지로 -1부터 1 사이의 값을 갖는다.

SRCC와 유사하게 순위를 이용하여 상관관계를 측정하는 다른 방법으로 켄달 순위상관계수(Kendall rank correlation coefficient)가 있다. 많은 경우 **켄달의 타우계수(Kendall's tau coefficient)**라 불리기도 한다. 이 방법은 모든 데이터 쌍 (X_i, Y_i)와 (X_j, Y_j)에 대해 값을 비교한다. $X_i < X_j$이고 $Y_i < Y_j$가 성립하거나 아니면 $X_i > X_j$이고 $Y_i > Y_j$가 성립하는 경우, 이러한 데이터 쌍을 일치하는(concordant) 데이터 쌍으로 분류하고, 그렇지 않은 경우는 불일치하는(discordant) 데이터 쌍으로 분류한다. 그러면 타우계수는

$$\tau := \frac{(\text{일치하는 쌍의 개수}) - (\text{불일치하는 쌍의 개수})}{(\text{총 데이터 쌍의 개수})}$$

로 정의된다. 모든 쌍이 일치하는 경우 타우계수는 1의 값을 가지며, 모든 쌍이 불일치하는 경우 타우계수는 -1의 값을 갖는다.

예제 2.16

다음의 표와 같이 10개의 데이터 쌍이 주어졌다고 하자.

번호	1	2	3	4	5	6	7	8	9	10	평균
X_i	0.10	0.20	0.30	0.40	0.50	0.60	0.70	0.80	0.90	1.00	0.55
Y_i	0.56	0.34	0.46	0.80	0.43	0.71	0.55	0.32	0.91	0.82	0.59

이를 2차원 평면에 표시하면 아래 그림과 같다. 이 표본에 대해 세 가지 상관계수를 각각 구해보자.

20) 영국의 심리학자인 Charles Spearman (1863-1945)의 이름을 딴 것이다.

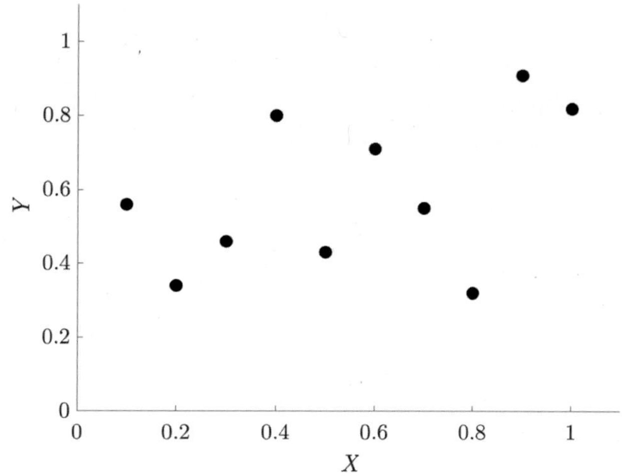

먼저 PCC를 구해보자.

$$\sum_{i=1}^{10}(X_i-\overline{X_n})(Y_i-\overline{Y_n})=(0.1-0.55)(0.56-0.59)+(0.2-0.55)(0.34-0.59)+\cdots=0.258$$
$$\sum_{i=1}^{10}(X_i-\overline{X_n})^2=(0.1-0.55)^2+(0.2-0.55)^2+\cdots=0.825$$
$$\sum_{i=1}^{10}(Y_i-\overline{Y_n})^2=(0.56-0.59)^2+(0.34-0.59)^2+\cdots=0.394$$

따라서 PCC는

$$\rho_{PCC}=\frac{0.258}{\sqrt{0.825\times0.394}}=0.452$$

로 얻는다.

다음, SRCC를 구해보자. 이를 위해 X_i와 Y_i 각각 순위를 매기면

번호	1	2	3	4	5	6	7	8	9	10	평균
R_i^X	1	2	3	4	5	6	7	8	9	10	5.5
R_i^Y	6	2	4	8	3	7	5	1	10	9	5.5

$$\sum_{i=1}^{10}(R_i^X-\overline{R_n^X})(R_i^Y-\overline{R_n^Y})=(1-5.5)(6-5.5)+(2-5.5)(2-5.5)+\cdots=31.5$$
$$\sum_{i=1}^{10}(R_i^X-\overline{R_n^X})^2=(1-5.5)^2+(2-5.5)^2+\cdots=82.5$$
$$\sum_{i=1}^{10}(R_i^Y-\overline{R_n^Y})^2=(6-5.5)^2+(2-5.5)^2+\cdots=82.5$$

따라서

$$\rho_{SRCC} = \frac{31.5}{\sqrt{82.5 \times 82.5}} = 0.382$$

켄달의 타우계수를 구하기 위해서는 총 45쌍의 비교가 필요하다. 첫 번째 데이터인 $X_1 = 0.10,\ Y_1 = 0.56$과 나머지 9개 데이터 사이의 쌍에 대해 예를 들어보면 다음의 표와 같다.

번호	2	3	4	5	6	7	8	9	10
X_i	0.20	0.30	0.40	0.50	0.60	0.70	0.80	0.90	1.00
X_1 vs. X_i	〈	〈	〈	〈	〈	〈	〈	〈	〈
Y_i	0.34	0.46	0.80	0.43	0.71	0.55	0.32	0.91	0.82
Y_1 vs. Y_i	〉	〉	〈	〉	〈	〉	〉	〈	〈
일치여부	불일치	불일치	일치	불일치	일치	불일치	불일치	일치	일치

표에서 확인할 수 있듯이 9개의 쌍 중에 4쌍이 일치하고 5쌍은 불일치한다. 이를 다른 데이터에 대해서도 반복하여 조사하면 총 45쌍 중 28쌍이 일치하고 17쌍이 불일치한다. 따라서 타우계수는

$$\tau = \frac{28 - 17}{45} = 0.244$$

로 얻는다.

PCC가 선형성을 고려하는 반면, SRCC와 타우계수는 그렇지 않다. 이러한 차이에 기인하여 SRCC와 타우계수가 갖는 한 가지 장점은 이상치(outlier)에 둔감하다는 것이다. 예를 들어, 마지막 데이터에서 $Y_{10} = 10$으로 얻었다고 하자. 다른 데이터가 0과 1 사이에 있는 것에 반해 이 데이터의 값은 지나치게 크므로 전체적인 관점에서 이상치라 할 수 있다. 측정의 오류일 수도 있고, 측정 오류가 있는 것은 아니지만 표본 추출시 우연히 다른 데이터들과 많이 다른 값이 얻어진 경우일 수도 있다. 이 경우 PCC, SRCC 그리고 타우계수는 각각 0.539, 0.394, 0.289로 얻는다. 원래 데이터에 대한 결과인 0.452, 0.382, 0.244와 비교하였을 때 PCC의 변화가 가장 큰 것을 볼 수 있다.

예제 2.17 **주성분분석(예제 1.39에서 계속)**

앞서 예제 1.39에서 보인 주성분분석 예제를 좀 더 살펴보자. 해당 예제에서는 5000개의 2차원 데이터에 대해 표본 공분산행렬을

$$\Sigma = \begin{bmatrix} 4.072 & 1.010 \\ 1.010 & 0.998 \end{bmatrix}$$

으로 얻었다. 따라서 데이터의 첫 번째 차원에 대한 표본분산은 4.072, 두 번째 차원에 대한 표본분산은 0.998이며, 표본공분산은 1.010이다. 식 (2.25)를 이용하면 PCC는

$$\rho_{PCC} = \frac{1.010}{\sqrt{4.072 \times 0.998}} = 0.501$$

이다. 실제 데이터의 산포도를 보면 꽤 높은 상관관계를 보임을 알 수 있다. 표본 공분산행렬의 고유벡터는 앞선 예제에서

$$\mathrm{v}_1 = \begin{bmatrix} 0.287 \\ -0.958 \end{bmatrix}, \ \mathrm{v}_2 = \begin{bmatrix} 0.958 \\ 0.287 \end{bmatrix}$$

로 얻었다. 이 두 벡터를 묶어 $\mathrm{Q} = [\mathrm{v}_1 \, \mathrm{v}_2]$로 놓는다.

본 예제에서는 각 데이터를 두 고유벡터에 각각 사영하여 새로운 데이터를 얻어보자. 즉, 하나의 데이터 $\mathbf{x}_i = \begin{bmatrix} x_{i1} \\ x_{i2} \end{bmatrix}$가 있을 때 표본평균을 빼서 표본 전체의 평균이 0인 데이터 $\mathbf{x}'_i = \begin{bmatrix} x_{i1}' \\ x_{i2}' \end{bmatrix} = \begin{bmatrix} x_{i1} - \mu_1 \\ x_{i2} - \mu_2 \end{bmatrix}$를 얻은 후, 이를 두 고유벡터에 사영하여 새로운 데이터 $\mathbf{y}_i$로 변환한다.

$$\mathbf{y}_i = \begin{bmatrix} y_{i1} \\ y_{i2} \end{bmatrix} = \mathrm{Q}^\top \mathbf{x}'_i = \begin{bmatrix} \mathrm{v}_1^\top \mathbf{x}'_i \\ \mathrm{v}_2^\top \mathbf{x}'_i \end{bmatrix}$$

5000개의 데이터에 모두 이 과정을 거쳐 얻은 데이터를 그림으로 나타내면 아래와 같다. 원래의 데이터를 회전시켜 가로축과 세로축이 주축이 되도록 한 효과를 얻었다. 또한 이 새로운 데이터는 두 성분간 상관관계가 사라지고 비상관관계가 되었음을 볼 수 있다. 실제로 계산해보면 PCC가 0임을 확인할 수 있다. 결국 주성분분석은 주어진 데이터에 대해 상관관계를 제거하는 과정, 즉 비상관화(decorrelation) 과정이라 볼 수 있다.

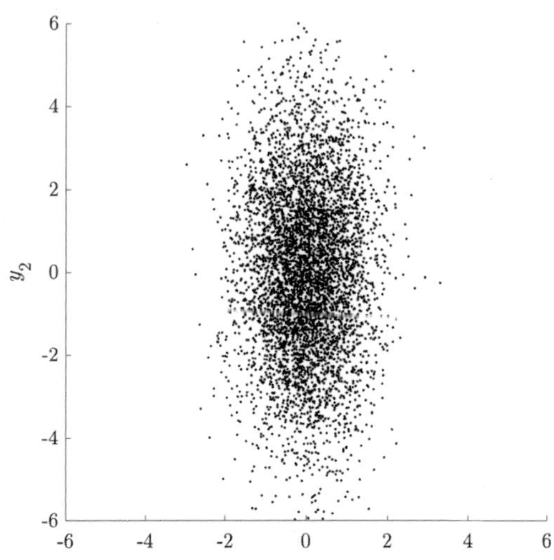

CHAPTER 03

가설검정(Hypothesis Testing)

실험 과정에서 결과가 하나의 값이 아닌 여러 값으로 나타나고 이를 종합하여 결론을 내리는 경우가 종종 있다. 예를 들어, 신경회로망 모델 하나를 학습하고 특정 데이터셋에 대해 성능을 측정하여 하나의 값을 얻는 대신, 다양한 무작위값으로 초기화한 모델들을 각각 학습하여 성능을 측정함으로써 여러 값을 얻을 수 있다. 또 다른 예로, 데이터셋을 k개의 그룹으로 나누고 이를 이용하여 k겹 교차검증(k-fold cross-validation)을 수행하는 경우, k-1개 그룹의 데이터로 모델을 학습하고 나머지 1개 그룹의 데이터로 성능을 측정하는 과정을 반복하여 k개의 성능 값을 얻는다. 컴퓨터로 알고리즘을 수행하는 데 걸리는 시간을 측정할 때, 수행 때마다 그 결과가 달라질 수 있음을 감안하여 알고리즘을 여러 번 수행하여 그 시간들을 기록하는 예를 들 수도 있다. 이처럼 여러 개의 값으로 결과를 얻는 경우 이를 어떻게 종합할 것인가에 대한 문제가 생긴다.

분류문제를 해결하기 위한 두 가지 기계학습 기법을 비교한다고 하자. 4가지 데이터셋에 대해 분류 정확도를 측정하여 다음의 표와 같은 결과를 얻었다. 평균값을 보면 두 번째 기법이 더 높은 것으로 나타난다. 그러나 데이터셋 별로 살펴보면 두 데이터셋에서는 기법 1이, 다른 두 데이터셋에서는 기법 2가 우세하다. 과연 기법 2가 확실히 더 높은 성능을 보인다고 말할 수 있을까?

표 3.1 두 가지 기계학습 기법의 분류 정확도 비교 예시

	기법 1	기법 2
데이터셋 1	70%	80%
데이터셋 2	80%	72%
데이터셋 3	75%	70%
데이터셋 4	75%	81%
평균	75.0%	76.0%

평균을 내는 것처럼 여러 실험 결과를 요약하는 지표는 어쩔 수 없이 구체적인 사항들을 드러내지 못한다. 따라서 그런 지표만을 가지고 결론을 내리는 경우 과장된 결론 또는 심지어 오류에 빠질 가능성이 있다. 이를 보완하기 위해 자주 쓰이는 한 가지 방법은 평균과 함께 표준편차(또는 분산)를 병기하는 것이다. 위의 예시에서 기법 1의 표준편차는 3.5%p, 기법 2의 표준편차는 4.8%p로써, 두 기법의 평균의 차이인 1%p보다 훨씬 크다. 따라서 이 경우 평균의 차이가 그리 큰 의미가 없다고 생각할 수 있을 것이다. 하지만 이러한 방법도 한계는 있다. 표준편차가 어느 정도 작아야 평균의 차이가 의미있다고 할 수 있을까? 이에 대해 명확한 답을 얻는 것은 사실 쉽지 않다.

구체적인 실험 결과를 토대로 보다 엄밀한 과정을 통하여 결론을 뒷받침하고자 하는 것이 바로 **가설검정(hypothesis testing)**의 목표이다. 간단히 말해 가설검정은 실험을 통해 얻은 표본으로부터 내리는 결론이 우연히 얻을 수도 있는 것인지 아니면 충분히 근거가 있는 결론인지 판단하는 과정을 말한다. 본 장에서는 가설검정의 기본 개념과 주요 기법들을 소개한다.

3.1 가설검정의 원리

3.1.1. 표본분포

2.8절에서 이미 표본의 개념과 표본으로부터 계산하는 평균, 분산 등에 대해 알아보았다. 여기서는 가설검정의 관점에서 표본의 개념과 그 분포에 대해 정리해본다.

우리나라 20대 남성의 평균 키를 조사한다고 하자. 전수조사는 사실상 불가능하기 때문에 100명의 20대 남성을 무작위로 선택하여 키를 측정하였다. 여기서 '우리나라 20대 남성'을 **모집단(population)**이라 하고, '선택된 100명의 20대 남성'을 **표본(sample)**이라 한다. 즉, 조사하고자 하지만 전수조사할 수 없는 대상을 모집단, 그리고 모집단의 일부를 표본이라 한다. 표본으로부터 계산되는 값, 즉 이 예시에서는 100명의 20대 남성의 평균 키를 **표본통계량(sample statistic)** 또는 줄여서 **통계량(statistic)**이라 한다. 통계량으로 추정하고자 하는 모집단의 파라미터, 즉 우리나라 20대 남성의 평균 키는 정해져 있으나 전수조사가 불가능하기 때문에 알 수는 없다. 통계량, 즉 100명의 20대 남성의 키는 알 수 있지만 표본을 어떻게 선택하느냐에 따라 그때

그때 달라진다. 따라서 통계량은 확률분포를 갖는 확률변수로 바라보아야 하며, 그 분포를 **표본분포(sampling distribution)**라 한다.

가장 많이 다루는 통계량은 평균일 것이다. 모집단으로부터 n개의 표본을 뽑아 평균을 구한다고 하자. n개의 표본을 뽑는 과정을 반복하게 되면 평균값 역시 그때그때 달라질 것이다. 다음의 정리는 평균의 표본분포의 대략적인 모습에 대해 알려준다. 이에 대한 증명은 이미 2.8절에서 보인바 있다.

정리

모집단의 평균이 μ이고 분산이 σ^2라 하자. 그러면 n개의 표본을 뽑아서 얻는 평균의 표본분포는 평균이 μ이고 분산이 $\frac{\sigma^2}{n}$이다.

이 정리에서 모집단의 분포는 상관없음에 주의하자. 더 나아가, n이 충분히 크면 평균의 표본분포는 정규분포에 가까워진다. 이를 **중심극한정리(central limit theorem)**이라 하며 가설검정에서 중요한 정리이다.

정리 중심극한정리(central limit theorem)

n이 무한대로 커지면 표본평균의 분포는 평균이 μ이고 분산이 $\frac{\sigma^2}{n}$인 정규분포를 따른다. 즉,

$$n \to \infty \Rightarrow \overline{X} \sim N\left(\mu, \frac{\sigma^2}{n}\right)$$

이 정리 역시 모집단의 분포와는 상관없이 성립한다. 만약 모집단이 정규분포라면 어떤 n에 대해서도 표본평균이 항상 정규분포를 따른다. 모집단이 정규분포가 아니라면 충분히 큰 n에 대해서 표본평균을 정규분포로 근사화할 수 있다. 많은 경우 n이 30 이상이면 충분히 크다고 간주한다.

예제 3.1

모집단이 -1부터 1 사이에서 연속균등분포를 갖는다고 하자. 이 분포의 평균은 $\mu = 0$이고 분산은 $\sigma^2 = 1/3$이다. 이로부터 n개의 표본을 얻어 그 평균을 얻어 실제로 중심극한정리에 부합하는지 실험으로 알아보자. 아래 그림은 n개의 표본을 얻는 과정을 10,000번 반복하여 표본평균의 분포를 나타낸 것이다. 대략 정규분포와 같은 종 모양을 하고 있는 것을 볼 수 있다. 이들 분포는 0을 그 중심으로 하고 있다. 또한 n이 커질수록 분포의 폭이 점점 좁아지는 모습을 보인다.

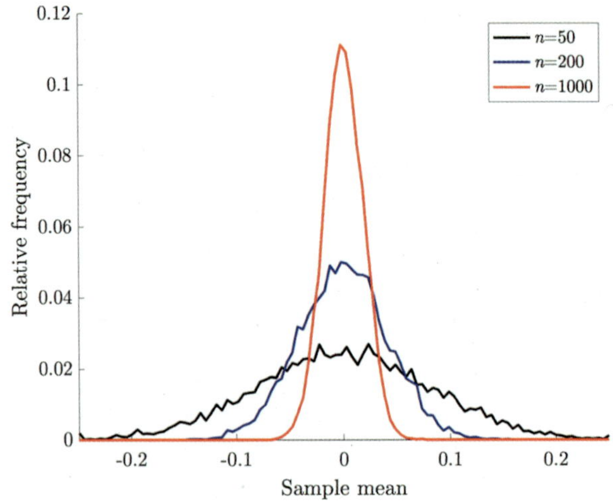

중심극한정리에 따르면 표본평균의 분포는 평균이 모집단의 평균과 같다. 그리고 표본평균의 분산은 모집단의 분산을 n으로 나눈 것과 같다. 아래 그림은 표본평균의 이론적인 평균과 분산(파란 실선)을 실제 얻은 샘플의 평균 및 분산(빨간 원)과 비교한 것이다. 이론과 실제가 상당히 잘 일치하는 것을 볼 수 있다.

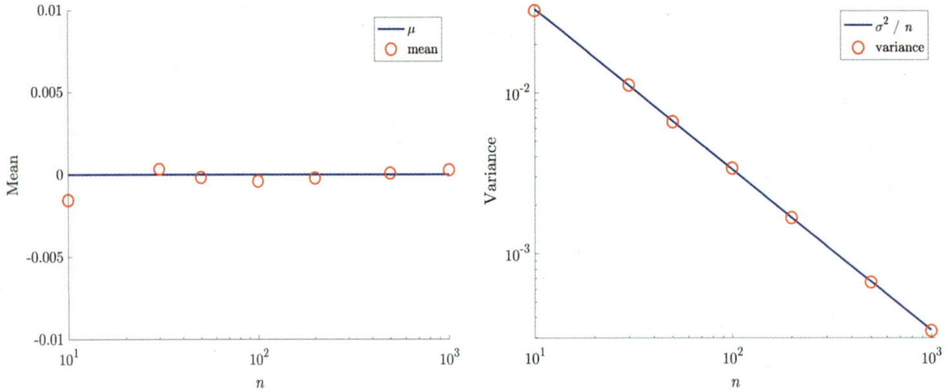

3.1.2. 가설검정 절차

가설검정의 절차는 다음과 같이 정리할 수 있다.

1) 가설을 세운다.

2) 검정통계량(test statistic)을 정하여 계산한다.

3) 유의수준 α를 정한다.

4) 유의확률(p-value)을 계산한다. 또는 기각영역(rejection region)을 계산한다.

5) 검정의 결론을 내린다.

위의 과정을 설명하기 위해 예를 들어 보자. 공장에서 100g 단위 포장의 화장품을 생산한다. 실제로 생산된 화장품이 100g인지 검사하기 위해 10개의 표본을 얻어 질량을 측정하였다. 그 값은 아래 표와 같다.

표 3.2 화장품 질량 검사를 위한 표본의 예시

표본	1	2	3	4	5	6	7	8	9	10	평균
질량(g)	102	95	104	97	101	90	102	96	94	98	97.9

가설검정의 첫 단계는 가설을 세우는 것이다. 서로 배타적인 **귀무가설**(null hypothesis)과 **대립가설**(alternative hypothesis)을 세우는데, 이들을 통상적으로 H_0와 H_1이라 표기한다. H_0은 특별한 일이 생기지 않는 한 유지되는 현재 상태를 나타내는 것이라 할 수 있다. 화장품 예에서는 생산에 문제가 없다면 내용물이 100g일 것이기 때문에 평균 질량이 100g이라는 것을 H_0로 삼는다. 가설검정을 수행하는 이유는 H_0이 성립하지 않고 "생산 과정에 문제가 있어서 설정 포장 단위인 100g과 차이가 나는 제품이 생산되고 있는가?"라고 의심하기 때문이다. 따라서 평균 질량이 100g이 아니다는 것을 H_1로 삼는다. 즉, 두 가설은 다음과 같이 정리할 수 있다.

$$\begin{cases} H_0: \mu = 100 \\ H_1: \mu \neq 100 \end{cases} \tag{3.1}$$

표본을 검사하여 충분한 증거가 있다면 H_0을 기각(reject)함으로써 H_1을 받아들이며, 이 경우 생산되는 화장품의 질량이 평균적으로 100g이 아니라는 결론을 내릴 수 있다. 단, H_0이 기각되지 않는다고 해서 H_0이 참이라는 뜻은 아니며 H_0을 기각할 만한 충분한 증거가 없다는 것 이상은 아니다. H_1은 다음과 같이 정할 수도 있다.

$$H_1: \mu < 100 \tag{3.2}$$

화장품 예에서 표본의 평균이 100보다 작기 때문에 "혹시 생산 과정에 문제가 있어서 100g 보다 적은 포장이 생산되고 있을까?"라고 의심한다면 이렇게 H_1을 설정할 수 있다. 식 (3.1)과 같이 H_1을 설정하는 것을 **양측검정**(two-tailed test)이라 하고, 식 (3.2)와 같이 설정하는 것을 **단측검정**(one-tailed test)이라 한다.

다음으로 검정하고자 하는 통계량, 즉 **검정통계량**(test statistic)을 정하여 계산한다. 화장품의 예에서는 평균 질량이 검정통계량에 해당하며 그 값은 $\overline{X} = 97.9$이다.

H_0가 맞다는 가정하에서 검정통계량의 값 또는 그보다 더 극단적인 값이 얻어질 확률을 **유의확률**(significance probability)이라고 하며, 보통 **p-값**(p-value, probability value)이라 부른다. 화장품 예에서 식 (3.1)로 가설을 세웠다면 유의확률에 대한 구간은 $\overline{X} < 97.9$ 또는 $\overline{X} > 102.1$이다. 얻어진 검정통계량만 생각하면 $\overline{X} < 97.9$이지만 양측검정이므로 구간을 양쪽 극단으로 정하는 것이다. 귀무가설이 $\mu = 100$이므로 $\overline{X} > 100 + (100 - 97.9) = 102.1$로 다른 한 쪽의 구간을 설정한다. 유의확률을 계산하기 위해서는 $\overline{X}$의 확률 분포를 알아야 하는데, 이를 위해 표본분포를 이용한다. 모집단의 분산이 10이라는 것을 안다고 할 때, H_0가 맞다는 가정하에서의 표본평균의 분포는 중심극한정리로부터 평균이 100이고 분산이 $\sigma^2/n = 10/10 = 1$인 정규분포 $N(100, 1)$이다. 따라서 유의확률은 이 정규분포에서 $\overline{X} < 97.9$ 또는 $\overline{X} > 102.1$의 구간에 대한 확률이다. [그림 3.1]에서 색칠한 부분의 넓이에 해당하며, 그 값은 0.036으로 얻어진다.

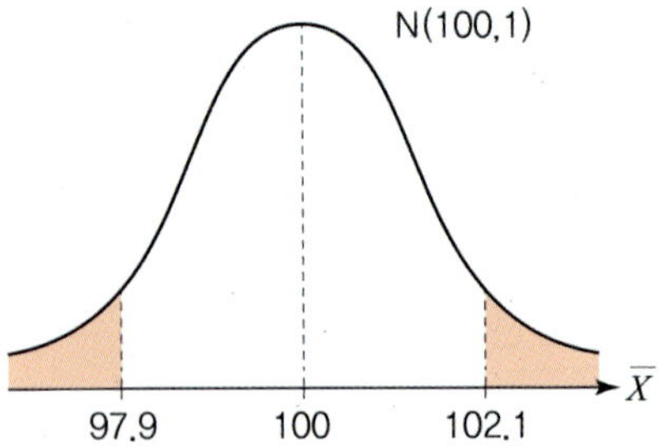

그림 3.1 유의확률의 계산

계산한 유의확률이 충분히 작은 경우 H_0를 기각할 수 있다. 이 확률이 충분히 작은지 비교하는 기준이 되는 확률을 **유의수준**(significance level)이라 하며 보통 α로 표기한다. 이 값은 보통 0.05를 많이 사용하며, H_0를 기각할만한 더 강한 증거가 있다면 0.01, 0.001 등과 같이 작은 값으로 설정하기도 한다. 화장품의 예에서 얻은 유의확률 0.036은 $\alpha = 0.05$보다 작으므로 H_0를 기각할 수 있다. 따라서 생산되는 화장품의 평균 질량이 100g과 유의미한 차이를 보인다고 결론내릴 수 있다.

유의수준의 다른 의미로는 H_0가 참인데 이를 기각하는 오류의 최대 허용 확률이라 할 수 있다. 이를 1종오류(type 1 error)라 부른다. 참고로 2종오류(type 2 error)는 H_0가 거짓인데 이를 기각하지 않고 받아들이는 오류를 의미한다. 유의확률이 유의수준보다 작다는 것은 실제로 H_0가 참인 상황에서 실험으로부터 얻어진 검정통계량에 근거하여 H_0를 기각했을 때 이것이 오류일 확률이라고 볼 수 있다. 따라서 유의확률이 작다는 것은 H_0를 기각하는 것이 오류일 확률이 작다는 의미이므로 기각하는 것이 적절하다고 할 수 있다.

유의확률을 계산하여 유의수준과 비교하는 방식 대신 유의수준에 해당하는 구간을 찾고 검정통계량이 그 구간 내부에 포함되는지를 검사하는 방식을 선택할 수도 있다. 유의수준에 해당하는 영역을 **기각영역(rejection region, critical region)**이라 한다. 화장품의 예의 경우 $\alpha = 0.05$로 설정하였다면, 정규분포 $N(100, 1)$에서 누적확률이 $\alpha/2 = 0.025$이 되는 값인 98.04를 찾고, 누적확률이 $1-\alpha/2 = 0.975$인 값 101.96을 찾는다. 그러면 기각영역은 [그림 3.2]와 같이 $\overline{X} < 98.04$ 또는 $\overline{X} > 101.96$으로 정해진다. 검정통계량이 이 구간 내부에 포함되므로 H_0를 기각한다.

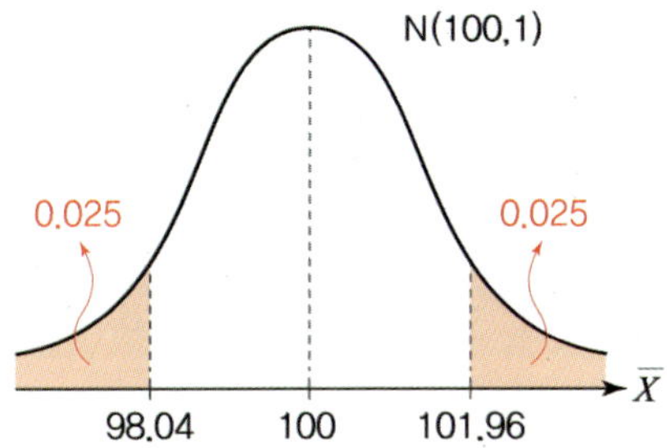

그림 3.2 양측검정의 기각영역

만약 식 (3.2)와 같이 단측검정을 수행하는 경우, 기각영역은 누적확률이 $\alpha = 0.05$가 되는 구간인 $\overline{X} < 98.36$이 기각영역으로 얻어진다(그림 3.3). 이처럼 양측검정과 단측검정의 기각영역이 다르게 나타나므로 결론이 다르게 나타날 수 있다. 예를 들어 검정통계량이 98.1이었다면 양측검정에서는 H_0이 기각되지 않지만 단측검정에서는 기각될 수 있다. 따라서 H_1을 어떻게 설정할지, 그리고 어떻게 결론을 해석할지 유의해야 한다.

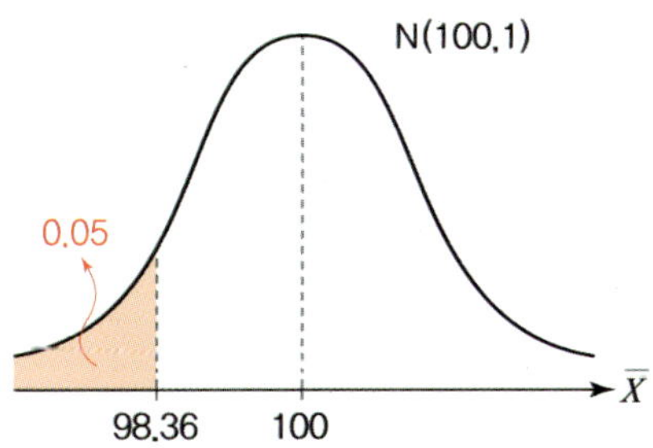

그림 3.3 단측검정의 기각영역

화장품 예에서는 평균이 100이고 분산이 1인 정규분포를 사용하고 검정통계량으로는 실험으로부터 얻은 평균 $\overline{X}=97.9$를 사용하였다. 다른 방법으로는 검정통계량에 정규화를 적용하여 표준정규분포를 사용하는 것도 가능하다. 즉, 검정통계량을

$$Z=\frac{\overline{X}-\mu}{\sigma/\sqrt{n}}=\frac{97.9-100}{\sqrt{10}/\sqrt{10}}=-2.1$$

로 계산하고, 표준정규분포에서 $\Pr(Z<-2.1)=0.018$를 얻기 때문에 유의확률은 $0.018\times 2=0.036$으로 얻어진다. 이는 앞에서 얻은 결과와 같다. 실제로는 이 방법을 더 많이 사용한다.

이상에서 설명한 가설검정의 기본적 개념과 절차를 바탕으로, 이하에서는 여러 가지 대상에 대한 상세한 가설 검정 기법에 대해 소개한다.

3.2 하나의 모집단의 평균에 대한 가설검정

앞서 살펴본 예와 같이 하나의 모집단의 평균에 대한 가설검정은 양측검정의 경우

$$\begin{cases} \mathrm{H}_0: \mu=\mu_0 \\ \mathrm{H}_1: \mu\neq\mu_0 \end{cases}$$

로, 단측검정의 경우

$$\begin{cases} \mathrm{H}_0: \mu=\mu_0 \\ \mathrm{H}_1: \mu>\mu_0 \end{cases}$$

또는

$$\begin{cases} \mathrm{H}_0: \mu=\mu_0 \\ \mathrm{H}_1: \mu<\mu_0 \end{cases}$$

로 가설을 세운다. 즉, 모집단의 평균 μ가 표본의 평균 μ_0와 같은지, 아니면 같지 않거나 크거나 작은지를 확인하는 것이다.

앞 절에서 살펴본 예에서는 모집단의 분산을 알고 있는 것으로 가정하고, 표본평균을 정규화한 것이 표준정규분포를 따르는 것을 이용하여 가설검정을 수행하였다. 이처럼 모집단의 분산 σ^2를 알 때 평균에 대한 가설검정에서는 검정통계량을

$$Z = \frac{\overline{X} - \mu}{\sigma / \sqrt{n}}$$

으로 계산하고 표준정규분포로부터 유의확률을 얻거나, 유의수준으로부터 기각영역을 얻고 검정통계량의 포함 여부를 통해 검정을 수행한다.

그러나 모집단의 분산은 대부분의 경우 얻기 어려운 정보이다. 모집단의 분산 대신에 표본으로부터 얻는 표본분산

$$s^2 = \frac{1}{n-1} \sum_{i=1}^{n} (X_i - \overline{X})^2 \tag{3.3}$$

을 사용한 통계량

$$t = \frac{\overline{X} - \mu}{s / \sqrt{n}}$$

은 자유도가 $n-1$인 스튜던트 t 분포, 기호로는 $t(n-1)$을 따른다는 것이 알려져 있다. 따라서 위 식과 같이 검정통계량을 계산하고, 자유도가 $n-1$인 스튜던트 t 분포로부터 유의확률을 얻거나 기각영역을 계산하여 검정통계량과 비교하여 가설검정을 수행할 수 있다. 이를 **단일표본 t 검정(one-sample t-test)**이라 부른다.

앞선 화장품 예에서 모집단의 분산을 모른다고 하자. 표본의 표준편차를 계산하면 4.358이다. 따라서 검정통계량은

$$t = \frac{97.9 - 100}{4.358 / \sqrt{10}} = -1.524$$

이다. [그림 3.4]의 좌측에 나타낸 것과 같이, 자유도가 9인 t 분포에서 $\Pr(t < -1.524) = 0.081$이므로 유의확률은 $0.081 \times 2 = 0.162$이다. 이는 유의수준 $\alpha = 0.05$보다 크므로 H_0를 기각할 수 없다. 또는, [그림 3.4]의 우측에 나타낸 것과 같이, 자유도가 9인 t 분포에서 $\Pr(t < -1.833) = \alpha/2 = 0.025$이므로, 기각영역은 $t < -1.833$ 또는 $t > 1.833$이다. 검정통계량은 이 영역을 넘어가기 때문에 H_0를 기각할 수 없다.

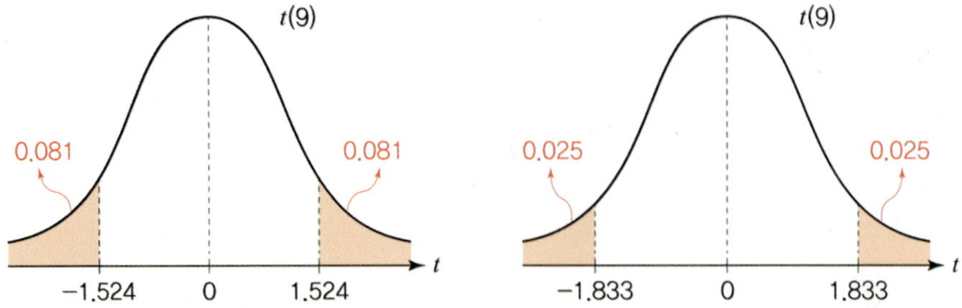

그림 3.4 자유도가 9인 스튜던트 t 분포에서 유의확률을 구하는 과정(좌) 및 기각영역을 구하는 과정(우)

예제 3.2

어떤 나라의 20대 남성의 평균 키가 174.4cm로 알려져 있다고 하자. 그 나라의 특정 지역의 20대 남성의 키가 전국 평균과 같은지, 아니면 통계적으로 유의미하게 차이나는지 알아보고자 한다. 이를 위해 그 지역 20대 남성 16명의 키를 아래 표와 같이 조사하였다.

표본	1	2	3	4	5	6	7	8
키(cm)	167.2	180.5	176.0	169.8	172.3	163.9	182.1	171.4
표본	9	10	11	12	13	14	15	16
키(cm)	178.4	174.5	165.7	173.9	168.0	170.1	169.7	166.8

표본평균은 171.894, 표본분산은 28.431이다.

가설은 아래와 같이 세울 수 있다.

$$\begin{cases} H_0: \mu = 174.4 \\ H_1: \mu \neq 174.4 \end{cases}$$

검정통계량은

$$t = \frac{171.894 - 174.4}{\sqrt{28.431} / \sqrt{16}} = -1.880$$

로 계산된다. 자유도가 $16-1=15$인 스튜던트 t 분포에서 $\Pr(t < -1.880) = 0.040$이므로 유의확률은 $0.040 \times 2 = 0.080$이며, 이는 유의수준 $\alpha = 0.05$보다 크므로 H_0를 기각할 수 없다. 즉, 표본의 평균이 전국의 평균보다 2.51cm 작지만, 이것이 통계적으로 유의미한 차이는 아니라는 것이다.

3.3 두 모집단의 평균에 대한 가설검정

두 모집단의 평균 μ_X과 μ_Y를 비교하는 것은 모집단으로부터 얻는 표본집단이 서로 독립인지 아닌지에 따라 두 가지 경우로 나뉜다. 먼저 독립인 경우부터 살펴보자.

3.3.1. 독립표본인 경우

두 모집단의 평균의 차이가 δ인지에 대해 다음의 셋 중 하나의 가설을 사용하여 가설검정을 진행한다.

$$\begin{cases} \mathrm{H}_0: \mu_X - \mu_Y = \delta \\ \mathrm{H}_1: \mu_X - \mu_Y \neq \delta \end{cases} \quad \begin{cases} \mathrm{H}_0: \mu_X - \mu_Y = \delta \\ \mathrm{H}_1: \mu_X - \mu_Y > \delta \end{cases} \quad \begin{cases} \mathrm{H}_0: \mu_X - \mu_Y = \delta \\ \mathrm{H}_1: \mu_X - \mu_Y < \delta \end{cases} \tag{3.4}$$

모집단의 분산을 알고 있다면 정규분포를 표본분포로 활용할 수 있다. 중심극한정리에 의해 각 모집단의 표본평균은 정규분포를 따른다. 즉, 각 모집단의 평균과 분산이 μ_X, σ_X^2와 μ_Y, σ_Y^2이고 표본의 크기가 각각 n_X와 n_Y일 때,

$$\overline{X} \sim N\left(\mu_X, \frac{\sigma_X^2}{n_X}\right), \ \overline{Y} \sim N\left(\mu_Y, \frac{\sigma_Y^2}{n_Y}\right)$$

이다. $\overline{X} - \overline{Y}$의 분포는 아래의 보조정리로부터

$$\overline{X} - \overline{Y} \sim N\left(\mu_X - \mu_Y, \frac{\sigma_X^2}{n_X} + \frac{\sigma_Y^2}{n_Y}\right)$$

와 같은 정규분포를 따른다.

보조정리

두 확률변수가 각각 정규분포를 따를 때, 확률변수의 합(또는 차) 역시 정규분포를 따르되, 그 평균은 각 확률변수의 평균의 합(또는 차)이고 분산은 각 확률변수의 분산의 합으로 주어진다. 즉, $A \sim N(\mu_A, \sigma_A^2)$이고 $B \sim N(\mu_B, \sigma_B^2)$이면 $A \pm B \sim N(\mu_A \pm \mu_B, \sigma_A^2 + \sigma_B^2)$이다.

따라서, 검정통계량을

$$Z = \frac{(\overline{X} - \overline{Y}) - \delta}{\sqrt{\sigma_X^2/n_X + \sigma_Y^2/n_Y}}$$

로 하고 표준정규분포로부터 유의확률을 얻을 수 있다.

그러나 대부분의 경우는 모집단의 분산을 알지 못한다. 이 경우 단일표본 t 검정과 같이 모집단의 분산을 표본분산으로 대체하고 스튜던트 t 분포를 활용할 수 있다. 두 모집단의 분산이 같다는 가정하에서는 두 집단의 분산을 종합한 **합동분산(pooled variance)**을 이용한다. 합동분산은 다음과 같이 정의된다.

$$s_p^2 = \frac{\sum_{i=1}^{n_X}(X_i - \overline{X})^2 + \sum_{i=1}^{n_Y}(Y_i - \overline{Y})^2}{n_X + n_Y - 2} \tag{3.5}$$

여기서 분모는 각 표본분산 계산시 분모에서 이용하는 $n_X - 1$과 $n_Y - 1$을 합한 것이다. 이제 검정통계량은

$$t = \frac{(\overline{X} - \overline{Y}) - \delta}{\sqrt{s_p^2/n_X + s_p^2/n_Y}} \tag{3.6}$$

으로 얻는다. 자유도가 $n_X + n_Y - 2$인 스튜던트 t 분포로부터 검정통계량에 대한 유의확률을 얻거나 유의수준에 대한 기각영역을 얻어 검정통계량과 비교함으로써 검정을 수행할 수 있다. 이 과정을 **독립표본 t 검정(independent two-sample t-test 또는 unpaired two-sample t-test)**이라 부른다.

예제 3.3

어떤 자동차 부품을 두 공장 A와 B에서 생산한다. 해당 부품의 길이의 규격은 10cm이다. 각 공장에서 생산한 부품의 표본을 측정하여 공장별 부품의 길이가 차이가 있는지 조사하려 한다. 아래 표는 공장 A의 부품 표본 10개와 공장 B의 부품 표본 8개의 길이를 측정한 결과이다.

A표본	1	2	3	4	5	6	7	8	9	10	평균
길이(cm)	10.1	11.2	10.2	9.8	9.9	11.5	10.3	9.5	10.2	10.3	10.30

B표본	1	2	3	4	5	6	7	8	평균
길이(cm)	9.8	10.0	9.5	8.8	11.1	9.7	10.2	9.5	9.825

먼저, 가설은 아래와 같이 세울 수 있다.

$$\begin{cases} \mathrm{H}_0: \mu_X - \mu_Y = 0 \\ \mathrm{H}_1: \mu_X - \mu_Y \neq 0 \end{cases}$$

각 공장의 표본은 독립적으로 얻은 것이다. 따라서 독립표본 t 검정을 수행한다. 식 (3.5)를 이용하여 합동분산을 계산하면 $s_p^2 = 0.402$를 얻는다. 검정통계량은

$$t = \frac{\overline{X} - \overline{Y}}{\sqrt{s_p^2/n_X + s^{2_p}/n_Y}} = \frac{10.30 - 9.825}{\sqrt{0.402/10 + 0.402/8}} = 1.579$$

이다. 자유도가 16인 스튜던트 t 분포로부터 $\Pr(t > 1.579) = 0.067$을 얻는다. 따라서 유의확률은 $0.067 \times 2 = 0.134$이며 이는 유의수준 $\alpha = 0.05$보다 큰 값이므로 H_0를 기각할 수 없다. 따라서 공장 A와 공장 B에서 생산하는 부품의 길이의 차이는 통계적으로 유의미하지 않다고 결론내릴 수 있다.

3.3.2. 대응표본인 경우

이번에는 독립이 아닌 표본에 대한 검정을 알아보자. 예를 들어 어떤 약의 효과를 알아보기 위해 약을 투약하기 전과 후 혈액검사를 통해 특정 단백질의 농도를 측정한다고 하자. 두 모집단은 투약 전의 환자와 투약 후의 환자가 될 것이다. 같은 환자로부터 투약 전과 후 각각 혈액검사를 진행하면 두 모집단의 표본은 서로 쌍을 이루게 된다. 따라서 쌍을 이루는 표본끼리 서로 비교하여야 정확한 검정이 된다.

독립이 아닌 경우에 대한 검정 역시 식 (3.4)의 가설을 설정한다. 쌍을 이루는 표본끼리 차를 구한 것의 평균을 $\overline{d}$, 표본표준편차를 s_d라 하자. 그러면 검정통계량

$$t = \frac{\overline{d} - \delta}{s_d / \sqrt{n}} \tag{3.7}$$

은 H_0 하에서 자유도가 $n-1$인 스튜던트 t 분포를 따른다. 따라서 계산된 검정통계량에 대해 t 분포로부터 유의확률을 구하거나, 설정한 유의수준에 대해 t 분포로부터 기각영역을 얻어 검정통계량을 비교하는 과정으로 검정을 수행한다. 이를 **대응표본 t 검정**(paired two-sample t-test 또는 dependent two-sample t-test)이라 부른다.

예제 3.4

암 치료제를 개발하는 과정에서 임상실험을 수행했다. 10명의 환자에게 암 치료제를 투약하기 전의 암세포의 크기(X)와 투약 후의 암세포의 크기(Y)를 mm 단위로 측정하여 아래와 같은 표를 얻었다.

환자	1	2	3	4	5	6	7	8	9	10	평균
투약 전	5	22	8	11	15	9	6	13	19	7	11.5
투약 후	3	20	9	10	10	7	8	10	16	8	10.1
차이	2	2	−1	1	5	2	−2	3	3	−1	1.4

암 치료제의 효과를 통계적으로 확인하기 위해 다음과 같이 단측검정을 위한 가설을 설정한다.

$$\begin{cases} \mathrm{H}_0: \mu_X - \mu_Y = 0 \\ \mathrm{H}_1: \mu_X - \mu_Y > 0 \end{cases}$$

투약 전과 후의 암세포의 크기 차이의 평균은 1.4, 표준편차는 2.171이다. 따라서 검정통계량은

$$t = \frac{\bar{d} - \delta}{s_d / \sqrt{n}} = \frac{1.4}{2.171 / \sqrt{10}} = 2.039$$

으로 계산된다. 자유도가 $10-1=9$인 t 분포에서 $\Pr(t > 2.039) = 0.036$이며 단측검정이므로 이것이 바로 유의확률이다. 유의수준 $\alpha = 0.05$보다 작은 값이므로 H_0를 기각하고 H_1을 선택한다. 즉, 암 치료제로 인해 암세포의 크기가 통계적으로 유의미하게 줄어들었다고 판단할 수 있다.

만약 이 문제에 대해 독립표본 t 검정을 수행하면 어떻게 되는지 살펴보자. 합동분산을 식 (3.5)를 이용하여 계산하면 27.522를 얻는다. 따라서 검정통계량은

$$t = \frac{\bar{X} - \bar{Y}}{\sqrt{s_p^2/n_X + s_p^2/n_Y}} = \frac{1.4}{\sqrt{27.522/10 + 27.522/10}} = 0.597$$

을 얻는다. 자유도가 18인 t 분포로부터 유의확률은 $\Pr(t > 0.597) = 0.279$로 얻는다. 따라서 유의수준 $\alpha = 0.05$에서 H_0는 기각할 수 없으므로 암세포의 크기가 통계적으로 유의미하게 차이난다고 판단할 수 없다.

이와 같이 두 집단을 독립으로 보는 경우와 쌍을 이루는 것으로 보는 경우 가설검정의 결론이 크게 달라질 수 있다. 주요한 원인은 검정통계량의 계산에서 사용하는 분산의 차이에 있다. 즉, 합동분산 s_p^2에 비해 표본의 차이의 분산 s_d^2이 훨씬 작기 때문이다. 전자의 경우 각 집단 내에서의 표본값의 차이가 반영되는데 이는 검정하고자 하는 가설과 무관한 변화요인이며, 대응표본 t 검정을 수행하는 경우 이러한 변화가 제거되기 때문에 보다 효과적인 것이다.

3.4 셋 이상의 모집단의 평균에 대한 가설검정

셋 이상의 집단에 대해 평균을 비교하는 경우 다음과 같이 가설을 세울 수 있다.

$$\begin{cases} \mathrm{H}_0: \mu_1 = \mu_2 = \ \cdots \ = \mu_m \\ \mathrm{H}_1: \text{적어도 하나의 등호가 성립하지 않음} \end{cases}$$

이를 검정하기 위해 각 평균의 쌍 μ_i와 μ_j에 대해 $\mu_i = \mu_j$를 귀무가설로 하는 t 검정을 수행하는 방법을 생각할 수 있다. 이에 대해 1종오류, 즉 H_0가 사실임에도 불구하고 기각하는 사건은 적어도 하나의 평균 쌍에 대해서 오류가 일어나는 사건이므로, 이는 모든 평균의 쌍에 대해 한 번도 오류가 일어나지 않는 사건의 여사건(complementary event)이다. 따라서 1종오류의 확률은 오류가 모든 쌍에 대해 일어나지 않을 확률을 계산하고 이를 1에서 빼서 계산할 수 있다. $\alpha = 0.05$로 놓으면 각 쌍에 대해 1종오류가 일어나지 않을 확률은 $1 - \alpha = 0.95$이다. 모든 평균의 쌍에 대해 오류가 일어나지 않을 확률은 $0.95^{m(m-1)/2}$이며, $m = 5$개의 집단이 있다면 $0.95^{5 \times 4/2} \approx 0.6$이다. 따라서 1종오류는 1-0.6=0.4로 계산되며, 이는 원래 가설검정에서 의도한 1종오류의 허용치인 $\alpha = 0.05$보다 훨씬 크다. 그러므로 각 집단의 쌍으로 검정하는 것은 올바른 방법이 아니며, 전체 평균을 동시에 비교하는 방법이 필요하다.

식 (3.6) 또는 식 (3.7)의 검정통계량의 식을 살펴보면, 분자에는 평균의 차이를, 분모에는 분산을 두어 그 둘 사이의 비율을 비교하는 것이다. 즉 평균의 차이가 분산 대비 얼마나 큰지를 살펴보는 것이다. 이를 셋 이상의 집단으로 확장하면, 집단간 평균이 다른 정도가 각 집단 내의 분산에 비하여 얼마나 큰지를 살펴봄으로써 가설검정을 수행할 수 있을 것이다. 이것이 둘 이상의 집단에 대해 평균을 비교하는 **분산분석**(analysis of variance, ANOVA)의 기본 아이디어이다.

먼저 식 (3.3)을 살펴보자. 분자는 평균으로부터의 편차를 제곱하여 합한 것인데, 이같은 편차의 제곱의 합을 **제곱합**(sum of squares, SS)이라 부른다. 분모는 표본의 개수에서 1을 뺀 값이다. 이를 **자유도**(degree of freedom)라 한다. 자유도의 의미는 어떤 값을 추정할 때 독립인 정보의 개수이다. 표본분산을 계산할 때 n개의 표본을 사용하지만 편차의 합은 0이기 때문에 $n-1$개의 편차를 알면 나머지 한 개의 편차를 계산할 수 있고 결과적으로 분산도 계산할 수 있다. 따라서 표본분산의 자유도는 $n-1$이다. 즉, 표본분산은 제곱합을 자유도로 나눈 것이다. 이는 편차의 제곱의 평균값으로 볼 수 있기 때문에 **평균제곱**(mean square, MS)이라고도 부른다.

ANOVA에서는 전체 데이터의 제곱합을 집단 내의 제곱합과 집단 사이의 제곱합으로 분할한다. 각 제곱합을 해당 자유도로 각각 나누어 집단간 평균제곱과 집단내 평균제곱을 구하고 이들의 비율을 비교한다.

m개의 집단을 비교할 때 다음과 같이 기호를 정의하자.

- n_i: i번째 집단의 표본의 수
- X_{ij}: i번째 집단의 j번째 표본($i=1,\ldots,m,\ j=1,\ldots,n_i$)
- $\overline{X_i}=\dfrac{1}{n_i}\sum_{j=1}^{n_i}X_{ij}$: i번째 집단의 평균
- $\overline{X}=\dfrac{1}{\sum_{i=1}^{m}n_i}\sum_{i=1}^{m}\sum_{j=1}^{n_i}X_{ij}$: 전체 평균

전체 제곱합을 TSS (total sum of squares), 집단 사이의 제곱합을 SSB (sum of squares between groups), 집단 내의 제곱합을 SSW (sum of squares within groups)라 하자. 각각은 다음과 같이 계산할 수 있다.

$$\mathrm{TSS}=\sum_{i=1}^{m}\sum_{j=1}^{n_i}(X_{ij}-\overline{X})^2$$

$$\mathrm{SSW}=\sum_{i=1}^{m}\sum_{j=1}^{n_i}(X_{ij}-\overline{X_i})^2$$

$$\mathrm{SSB}=\sum_{i=1}^{m}n_i(\overline{X_i}-\overline{X})^2$$

TSS는 전체 평균 대비 편차의 제곱의 합, SSW는 각 집단별 제곱합을 합한 것, SSB는 집단별 평균과 전체평균의 편차를 합하되 집단의 표본 수를 가중치로 준 것이다. 이들 사이에는 다음의 관계가 성립함을 어렵지 않게 보일 수 있다.

$$\mathrm{TSS}=\mathrm{SSW}+\mathrm{SSB}$$

이번에는 자유도를 살펴보자. TSS의 자유도는 전체 표본의 수에서 1을 뺀 것이다. 즉,

$$\mathrm{df\,T}=\sum_{i=1}^{m}n_i-1$$

SSB의 자유도는

$$\mathrm{dfB} = m - 1$$

이다. SSW는 각 집단별 제곱합을 합한 것이므로 SSW의 자유도는

$$\mathrm{dfW} = \sum_{i=1}^{m}(n_i - 1) = \sum_{i=1}^{m} n_i - m$$

이다. 이들 사이에는 다음의 관계가 성립한다.

$$\mathrm{dfT} = \mathrm{dfW} + \mathrm{dfB}$$

제곱합과 자유도를 이용하여 집단간 평균제곱 MSB와 집단내 평균제곱 MSW를 각각 다음과 같이 구한다.

$$\mathrm{MSB} = \frac{\mathrm{SSB}}{\mathrm{dfB}}$$

$$\mathrm{MSW} = \frac{\mathrm{SSW}}{\mathrm{dfW}}$$

이 둘 사이의 비율인

$$F = \frac{\mathrm{MSB}}{\mathrm{MSW}}$$

가 큰 경우는 집단간 평균의 차이가 상대적으로 크다는 것을 의미한다. 이를 ANOVA에서 검정통계량으로 정의한다. 평균제곱의 비율의 표본분포는 F 분포를 따른다. 따라서 검정통계량 F를 분자의 자유도가 dfB이고 분모의 자유도가 dfW인 $F(\mathrm{dfB}, \mathrm{dfW})$ 분포와 비교하여 유의확률 또는 기각영역을 계산한다.

ANOVA에서 계산하는 값들을 하나의 표로 정리하면 다음과 같다.

표 3.3 ANOVA 표

변이의 원인	제곱합(SS)	자유도(df)	평균제곱(MS)	통계량(F)
집단 사이	SSB	dfB	MSB=SSB/dfB	MSB/MSW
집단 내	SSW	dfW	MSW=SSW/dfW	
전체	TSS	dfT		

ANOVA는 독립표본 t 검정에서와 마찬가지로 집단별 분산이 다 같다고 가정한다. ANOVA는 집단이 2개인 경우에도 수행할 수 있다. 이 경우, $\mathrm{dfB} = 2 - 1 = 1$이므로 표본분포는 $F(1, \mathrm{dfW})$이다. 그런데 확률변수 X가 자유도 dfW인 스튜던트 t 분포를 따를 때 X^2은 자유도가 1과 dfW인 F 분포를 따르는 관계가 있다. 즉,

$$F(1, \mathrm{dfW}) = t(\mathrm{dfW})^2$$

이다. t의 제곱을 하기 때문에 음수와 양수가 더 이상 구분되지 않고 합쳐지는 효과가 나타난다. 따라서 비교하는 집단이 두 개인 경우 ANOVA를 수행하는 것은 t 검정 방법으로 양측검정하는 것과 같다. 이는 SSB는 집단간 차이의 부호를 고려하지 않는다는 것으로부터도 알 수 있다. 만약 두 집단의 평균을 비교할 때 단측검정이 필요하다면 ANOVA가 아닌 t 검정을 수행해야 한다.

예제 3.5

어떤 알고리즘을 수행하는데 대해 3가지 컴퓨터 장비의 성능을 비교하고자 한다. 알고리즘을 각 컴퓨터에서 10번씩 수행하여 수행시간을 다음과 같이 기록하였다. 세 장비의 수행시간의 차이가 통계적으로 유의미한지 ANOVA를 통해 알아보자.

장비	수행시간(초)	평균
1	10.1, 9.8, 8.5, 11.0, 10.5, 9.9, 7.8, 11.3, 9.5, 11.2	9.96
2	10.5, 11.2, 7.8, 10.3, 13.2, 9.9, 8.7, 10.0, 10.6, 10.7	10.29
3	9.6, 7.7, 10.3, 8.8, 9.8, 8.9, 7.4, 9.2, 9.5, 7.8	8.90
평균		9.717

가설은

$$\begin{cases} \mathrm{H_0}: \mu_1 = \mu_2 = \mu_3 \\ \mathrm{H_1}: \text{적어도 하나의 등호가 성립하지 않음} \end{cases}$$

로 쓸 수 있다. 제곱합을 계산하면

$$\begin{aligned} \mathrm{TSS} &= (10.1-9.717)^2 + (9.8-9.717)^2 + \cdots + (11.2-9.717)^2 \\ &\quad + (10.5-9.717)^2 + (11.2-9.717)^2 + \cdots + (10.7-9.717)^2 \\ &\quad + (9.6-9.717)^2 + (7.7-9.717)^2 + \cdots + (7.8-9.717)^2 \\ &= 49.502 \\ \mathrm{SSB} &= 10 \times (9.96-9.717)^2 + 10 \times (10.29-9.717)^2 + 10 \times (8.90-9.717)^2 = 10.549 \\ \mathrm{SSW} &= (10.1-9.96)^2 + (9.8-9.96)^2 + \cdots + (11.2-9.96)^2 \\ &\quad + (10.5-10.29)^2 + (11.2-10.29)^2 + \cdots + (10.7-10.29)^2 \\ &\quad + (9.6-8.90)^2 + (7.7-8.90)^2 + \cdots + (7.8-8.90)^2 \\ &= 38.953 \end{aligned}$$

여기서 SSW는

$$SSW = TSS - SSB = 49.502 - 10.549 = 38.953$$

로 간단히 얻을 수도 있다.

자유도는

$$\begin{aligned} dfT &= 30 - 1 = 29 \\ dfB &= 3 - 1 = 2 \\ dfW &= 3 \times (10 - 1) = 27 \end{aligned}$$

이다. ANOVA 표를 작성하면

변이의 원인	제곱합(SS)	자유도(df)	평균제곱(MS)	통계량(F)
집단 사이(B)	10.549	2	10.549/2=5.275	5.275/1.443=3.656
집단 내(W)	38.953	27	38.953/27=1.443	
전체(T)	49.502	29		

이다. 아래 그림의 좌측에 보인 것과 같이, 자유도가 2와 27인 F 분포로부터 유의확률을 $\Pr(F > 3.656) = 0.039$로 얻으며, 유의수준을 $\alpha = 0.05$로 할 때 이보다 작으므로 H_0를 기각한다. 또는, 그림의 우측에 보인 것과 같이, 자유도가 2와 27인 F 분포에서 $\Pr(F > 3.354) = \alpha = 0.05$이므로 기각영역은 $F > 3.354$이며, 통계량은 이 영역에 포함되므로 H_0를 기각한다. 즉, 적어도 하나의 장비가 수행시간에 있어서 통계적으로 유의미한 차이를 보인다고 결론내릴 수 있다.

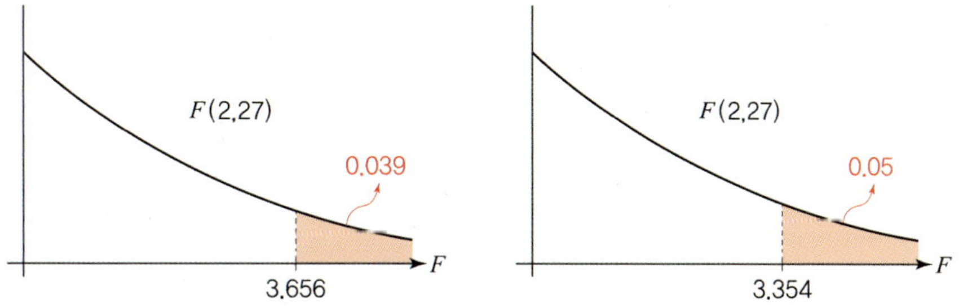

ANOVA의 결론은 적어도 하나의 평균이 다르다는 것일 뿐, 특별히 어느 집단의 평균이 다른 것인지에 대해서는 알지 못한다. 이를 위해서 ANOVA 수행 후 사후검정(post-hoc test)이라는 과정을 거칠 수 있는데, Fisher의 LSD, Tuckey의 HSD, Duncan의 다중 범위 검정, Scheffe 기법, Bonferonni 기법 등 다양한 방법이 존재한다.

3.5 하나의 모집단의 비율에 대한 가설검정

이번에는 비율에 대한 가설 검정 방법을 알아보자. 예를 들어, 동전 던지기를 하는데 이 동전이 앞면과 뒷면이 같은 확률로 나오는 동전인지 확인해보자. 가설은

$$\begin{cases} \mathrm{H}_0: p = 0.5 \\ \mathrm{H}_1: p \neq 0.5 \end{cases}$$

로 세울 수 있다. 실제로 100번 동전을 던지는 실험을 했을 때 56번 앞면이 나왔다고 하자. 그러면 표본비율(sample proportion)은 $\hat{p} = 0.56$이다. 이 실험결과를 바탕으로 위의 가설에 대해 검정하는 절차에 대해 알아보자.

모집단이 성공 확률 p_0인 베르누이 확률변수로 표현될 때, 평균은 p_0, 분산은 $p_0(1-p_0)$로 얻어진다.(<표 2.1> 참조) n번 표본을 추출하여 X번 성공하였다면 표본비율은

$$\hat{p} = \frac{X}{n}$$

이다. 이는 모집단의 평균 p_0을 표본으로부터 추정한 것이므로, 이것이 바로 표본평균이라 할 수 있다. 따라서 중심극한정리를 적용할 수 있으며, 그 결과 표본평균이 다음과 같은 정규분포를 따른다.

$$\hat{p} \sim N\left(p_0, \frac{p_0(1-p_0)}{n}\right)$$

이제 검정통계량을

$$Z = \frac{\hat{p} - p_0}{\sqrt{\frac{p_0(1-p_0)}{n}}}$$

으로 계산하여 표준정규분포와 비교하여 유의확률 또는 기각영역을 얻을 수 있다.

앞서 동전의 예에서는

$$Z = \frac{0.65 - 0.5}{\sqrt{0.5 \times 0.5/100}} = 3$$

을 얻는다. 표준정규분포로부터 $\Pr(Z > 3) = 0.0013$을 얻으며 유의확률은 $0.0013 \times 2 =$

0.0026으로 $\alpha = 0.05$보다 작으므로 H_0를 기각한다. 또는, 표준정규분포에서 $\Pr(Z > z_0) = 0.025$인 z_0는 1.96이므로 기각영역은 $Z > 1.96$ 및 $Z < -1.96$이고, 계산한 검정통계량은 기각영역에 포함되므로 H_0를 기각한다. 따라서 동전은 앞면과 뒷면이 같은 확률로 얻어지는 공정한 동전이 아니라는 결론을 내릴 수 있다. 심지어 이 경우 유의확률은 0.005보다도 매우 작으므로, 동전의 편향성은 유의수준 $\alpha = 0.005$에서 통계적으로 유의미하다고 할 수 있다.

예제 3.6

영상을 분류하는 기계학습 알고리즘을 설계하였다. 이 알고리즘의 분류 정확도가 70%보다 높은지 검정하고자 한다. 성능평가를 위한 테스트 데이터 1000개에 대해 분류를 진행했을 때 720개에 대해 올바르게 분류하였다.

가설은

$$\begin{cases} H_0: p = 0.7 \\ H_1: p > 0.7 \end{cases}$$

로 할 수 있다. 단측검정으로 설정한 것에 주목하자. 표본비율은

$$\hat{p} = \frac{720}{1000} = 0.72$$

이다. 검정통계량은

$$Z = \frac{0.72 - 0.7}{\sqrt{0.7 \times 0.3/1000}} = 1.380$$

이다. 유의확률은 $\Pr(Z > 1.380) = 0.084$이다. 이는 $\alpha = 0.05$보다 크므로 귀무가설을 기각할 수 없으며 분류 알고리즘의 정확도가 0.7보다 유의미하게 높다고 말하기 어렵다.

1000개의 데이터에 대해 분류 정확도가 어느 정도 되어야 H_0를 기각할 수 있을까? $\Pr(Z > z_0) = 0.05$인 z_0를 찾으면 1.645를 얻기 때문에 기각영역은 $Z > 1.645$이다. 그러면

$$Z = \frac{\hat{p} - 0.7}{\sqrt{0.7 \times 0.3/1000}} = 1.645$$

로부터 $\hat{p} = 0.724$를 얻는다. 따라서 724개 이상의 데이터에 대해 옳게 분류해야 통계적으로 유의미한 수준에서 0.7보다 높은 분류 정확도를 보인다는 결론을 얻을 수 있다.

또는 데이터의 수 n을 늘리는 것도 방법이다. $\hat{p} = 0.72$는 유지된다고 하고, 귀무가설을 기각할 수 있는 최소한의 n을 구해보자.

$$Z = \frac{0.72 - 0.7}{\sqrt{0.7 \times 0.3/n}} = 1.645$$

으로부터 $n = 1429.3$을 얻는다. 따라서, 1430개 이상의 테스트 데이터에 대해 0.72의 정확도를 얻으면 귀무가설을 기각할 수 있어 0.7보다 유의미하게 높은 분류 정확도라는 결론을 내릴 수 있다.

3.6 두 모집단의 비율에 대한 가설검정

두 집단의 비율이 같은지에 대한 가설검정 방법을 알아보자. 앞서 두 모집단의 평균을 비교하는 경우와 마찬가지로 두 집단의 표본이 서로 독립인 경우와 대응하는 표본인 경우가 존재한다.

3.6.1. 독립 표본인 경우

두 모집단의 성공확률이 각각 p_1과 p_2라 하자. 가설을

$$\begin{cases} \mathrm{H}_0 : p_1 = p_2 \\ \mathrm{H}_0 : p_1 \neq p_2 \end{cases} \quad \begin{cases} \mathrm{H}_0 : p_1 = p_2 \\ \mathrm{H}_1 : p_1 > p_2 \end{cases} \quad \begin{cases} \mathrm{H}_0 : p_1 = p_2 \\ \mathrm{H}_0 : p_1 < p_2 \end{cases}$$

중 하나로 정할 수 있다. 첫 번째 모집단에서 n_1개의 표본을 얻었을 때 x_1번 성공하여 표본비율을 $\hat{p}_1 = x_1/n_1$으로 얻는다. 유사하게 두 번째 모집단에서는 n_2개의 표본에 대해 x_2번 성공하여 표본비율은 $\hat{p}_2 = x_2/n_2$로 얻는다. 표본비율은 각각 중심극한정리에 의해 정규분포를 따른다.

$$\hat{p}_1 \sim N\left(p_1, \frac{p_1(1-p_1)}{n_1}\right)$$

$$\hat{p}_2 \sim N\left(p_2, \frac{p_2(1-p_2)}{n_2}\right)$$

그러면 앞서 3.3절에 소개한 보조정리에 의해 $\hat{p}_1 - \hat{p}_2$ 역시 다음과 같이 정규분포를 따른다.

$$\hat{p}_1 - \hat{p}_2 \sim N\left(p_1 - p_2, \frac{p_1(1-p_1)}{n_1} + \frac{p_2(1-p_2)}{n_2}\right)$$

따라서, 검정통계량으로

$$Z = \frac{\hat{p}_1 - \hat{p}_2 - 0}{\sqrt{\frac{p_1(1-p_1)}{n_1} + \frac{p_2(1-p_2)}{n_2}}}$$

를 쓸 수 있다. 그러나 분모에 나타나는 p_1과 p_2 각각에 대해서는 알지 못한다. 대신, 귀무가설이 $p_1 = p_2$이므로 합동비율(pooled proportion)을 구해 분모의 p_1과 p_2를 대체할 수 있다. 합동비율은

$$p_p = \frac{x_1 + x_2}{n_1 + n_2}$$

로 구할 수 있다. 그러면 검정통계량을

$$Z = \frac{\hat{p}_1 - \hat{p}_2}{\sqrt{\frac{p_p(1-p_p)}{n_1} + \frac{p_p(1-p_p)}{n_2}}} = \frac{\hat{p}_1 - \hat{p}_2}{\sqrt{p_p(1-p_p)\left(\frac{1}{n_1} + \frac{1}{n_2}\right)}}$$

로 얻고, 표준정규분포로부터 유의확률 또는 기각영역을 계산하여 검정을 수행한다.

예제 3.7

새로 출시하는 자동차의 디자인에 대해 선호도를 20-30대 1200명과 40-50대 1000명에게 조사하였더니 20-30대에서는 811명이, 40-50대에서는 724명이 선호하는 것으로 나타났다. 두 연령대의 디자인 선호도에 차이가 있는지 알아보고자 한다.

20~30대의 선호도 비율을 p_A, 40~50대의 선호도 비율을 p_B라 하면 가설은 아래와 같이 쓸 수 있다.

$$\begin{cases} H_0: p_A = p_B \\ H_1: p_A \neq p_B \end{cases}$$

먼저 표본비율은

$$\hat{p}_A = \frac{811}{1200} = 0.676$$
$$\hat{p}_B = \frac{724}{1000} = 0.724$$

합동비율을 계산하면

$$p_p = \frac{811 + 724}{1200 + 1000} = 0.698$$

이다. 따라서 검정통계량은

$$Z = \frac{0.676 - 0.724}{\sqrt{0.698 \times (1 - 0.698) \times \left(\frac{1}{1200} + \frac{1}{1000}\right)}} = -2.442$$

로 계산된다. 표준정규분포로부터 $\Pr(Z < -2.442) = 0.007$이므로 유의확률은 $0.007 \times 2 = 0.014$이다. 따라서 유의수준 $\alpha = 0.05$에서 H_0를 기각하고, 두 연령대의 디자인 선호도의 차이는 통계적으로 유의미하다고 결론내릴 수 있다.

3.6.2. 대응 표본인 경우

두 가지 치료약의 효과를 비교한다고 하자. 동일한 환자들에 대해서 두 가지 치료약을 각각 투여하여 효과가 있다 또는 없다로 판단하였다. 여러 환자에 대해 이를 반복하였을 때, 각 치료약의 성공비율을 얻어 비교하고자 한다. 이 경우 두 치료약의 성공과 실패는 같은 환자, 즉 같은 표본에 대해 대응하는 상황이다. 이는 앞서 살펴본 독립 표본의 비율을 비교하는 경우와는 다르다.

n개의 표본에 대해 두 집단의 성공과 실패를 실험한 결과는 아래와 같은 **분할표**(contingency table)로 요약할 수 있다.

표 3.4 두 집단을 비교하는 분할표

		집단 1	
		실패	성공
집단 2	실패	a	b
	성공	c	d

여기서 $a+b+c+d=n$이다. 두 집단이 모두 실패한 표본의 수가 a, 모두 성공한 표본의 수가 d, 둘 중 하나만 성공한 표본의 수는 b와 c이다. 표본비율은

$$\hat{p}_1 = \frac{b+d}{n}$$
$$\hat{p}_2 = \frac{c+d}{n}$$

이다. 이 두 식을 살펴보면 두 표본비율의 차이는 b와 c의 차이로부터 발생한다. 따라서 두 표본비율이 통계적으로 유의미하게 다른지 판단하는 것은

$$p = \frac{b}{b+c}$$

가 0.5와 통계적으로 같은지를 판단하는 것과 같다. 즉, 가설을

$$\begin{cases} \mathrm{H}_0: p = 0.5 \\ \mathrm{H}_1: p \neq 0.5 \end{cases} \qquad \begin{cases} \mathrm{H}_0: p = 0.5 \\ \mathrm{H}_1: p > 0.5 \end{cases} \qquad \begin{cases} \mathrm{H}_0: p = 0.5 \\ \mathrm{H}_1: p < 0.5 \end{cases}$$

중 하나로 세울 수 있고, 이는 3.5절에서 설명한 하나의 집단의 비율에 대한 가설검정 문제이다.

표본의 수는 $n = a + b$이며, 검정통계량은

$$Z = \frac{\frac{b}{b+c} - 0.5}{\sqrt{\frac{0.5 \times 0.5}{b+c}}}$$

이고 표준정규분포를 이용하여 유의확률 또는 기각영역을 얻을 수 있다. 이 기법을 **McNemar 검정**이라고 한다.

예제 3.8

영상 분류를 위한 두 가지의 기계학습 기법을 비교하고자 한다. 150개의 테스트데이터에 대해 정답과 비교하여 두 기법이 옳게 분류했는지를 아래의 분할표와 같이 기록하였다. 이를 바탕으로 두 기법의 성능이 통계적으로 차이가 있는지 McNemar 검정을 수행해보자.

		기법 1	
		분류실패	분류성공
기법 2	분류실패	10	40
	분류성공	60	40

먼저 가설을

$$\begin{cases} H_0: p = 0.5 \\ H_1: p \neq 0.5 \end{cases}$$

로 설정한다. 검정통계량은

$$Z = \frac{\frac{40}{40+60} - 0.5}{\sqrt{\frac{0.5 \times 0.5}{40+60}}} = -2$$

이다. 표준정규분포로부터 $\Pr(Z < -2) = 0.023$을 얻으므로 유의확률은 $0.023 \times 2 = 0.046$이다. 이는 $\alpha = 0.05$보다 작으므로 H_0을 기각하고 두 분류 기법의 성능이 유의미하게 다르다고 결론내릴 수 있다.

예제 3.9

앞선 예제와 같은 분류기법의 비교 문제에서 데이터의 수가 적은 상황을 생각해보자. 15개의 테스트데이터에 대한 분할표를 다음과 같이 얻었다고 하자.

		기법 1	
		분류실패	분류성공
기법 2	분류실패	1	4
	분류성공	6	4

검정통계량은

$$Z=\frac{\frac{4}{4+6}-0.5}{\sqrt{\frac{0.5\times 0.5}{4+6}}}=-0.632$$

로 얻어진다. 표준정규분포로부터 $\Pr(Z<-0.632)=0.264$를 얻으므로 유의확률은 $0.264\times 2=0.628$이며, 이는 $\alpha=0.05$보다 훨씬 크기 때문에 H_0를 기각할 수 없다. 즉, 두 기법의 차이는 통계적으로 유의미하지 않다.

두 기법의 분류 정확도는 각각 8/15와 10/15로, 앞선 예제에서의 정확도와 같다. 또한 $p=\frac{b}{b+c}=0.4$ 역시 두 예제에서 같다. 이처럼 각종 비율은 두 예제에서 모두 같지만 검정의 결과는 다르게 나타난다. 차이는 b와 c의 절대적 값이다. $b=4$와 $c=6$의 차이는 유의미하지 않지만 $b=40$과 $c=60$의 차이는 유의미하다는 결론을 얻은 것이다.

3.7 한 집단의 분산에 대한 가설검정

2.2.3절에서 언급한 것과 같이, 표준정규분포를 따르는 n개의 확률변수의 제곱의 합은 자유도가 n인 카이제곱분포를 따른다. 즉, $Z_i\sim N(0,1)$에 대해

$$X^2=\sum_{i=1}^{n}Z_i^2\sim\chi^2(n)$$

이다. 평균이 μ이고 분산이 σ^2인 정규분포를 따르는 모집단으로부터 얻은 n개의 표본을 나타내는 확률변수를 $Y_1,\ldots,Y_n$이라 하자. 그리고 $\overline{Y}=\sum_{i=1}^{n}Y_i$라 하자. Y_i를 정규화한 $Z_i=\frac{Y_i-\overline{Y}}{\sigma}$

는 표준정규분포를 따르므로 이들을 제곱하여 더한 것은 카이제곱분포를 따른다. 이를 다시 쓰면

$$\sum_{i=1}^{n} Z_i^2 = \sum_{i=1}^{n}\left(\frac{Y_i - \overline{Y}}{\sigma}\right)^2 = \frac{1}{\sigma^2}\sum_{i=1}^{n}(Y_i - \overline{Y})^2 = \frac{n-1}{\sigma^2} \times \frac{1}{n-1}\sum_{i=1}^{n}(Y_i - \overline{Y})^2 = \frac{n-1}{\sigma^2}s^2 \sim \chi^2(n-1)$$

이다. 여기서 s^2는 표본분산이다. 표본분산의 자유도는 $n-1$이기 때문에 $\frac{n-1}{\sigma^2}s^2$는 자유도가 $n-1$인 카이제곱분포를 따른다. 또한 $(n-1)s^2 = \sum_{i=1}^{n}(Y_i - \overline{Y})^2$는 제곱합(SS)이다. 따라서,

$$\frac{\text{SS}}{\sigma^2} \sim \chi^2(n-1) \tag{3.8}$$

이라는 결론을 얻는다.

한 집단의 분산에 대한 가설검정에서는 다음 중 하나의 가설을 검사하는 것이다.

$$\begin{cases} \text{H}_0: \sigma^2 = \sigma_0^2 \\ \text{H}_1: \sigma^2 \neq \sigma_0^2 \end{cases} \qquad \begin{cases} \text{H}_0: \sigma^2 = \sigma_0^2 \\ \text{H}_1: \sigma^2 > \sigma_0^2 \end{cases} \qquad \begin{cases} \text{H}_0: \sigma^2 = \sigma_0^2 \\ \text{H}_1: \sigma^2 < \sigma_0^2 \end{cases}$$

H_0가 맞다고 가정하면 검정통계량은

$$X^2 = \frac{\text{SS}}{\sigma_0^2}$$

로 계산하고, 이를 자유도가 $n-1$인 카이제곱분포와 비교하여 유의확률이나 기각영역을 계산한다. 이 경우 평균이나 비율에 대한 검정과의 차이가 하나 있는데, 사용하는 분포의 모양이 대칭이 아니라는 것이다. 정규분포나 t 분포는 좌우대칭인 반면, 카이제곱분포는 좌우대칭이 아니다. 따라서 양측검정시 기각영역을 구할 때 정규분포나 t 분포에서는 절대값은 같고 부호가 다른 값이 영역의 경계가 되지만, 카이제곱분포에서는 왼쪽과 오른쪽의 영역을 따로따로 구해야 한다. [그림 3.5]에서 이를 비교하여 나타내었다.

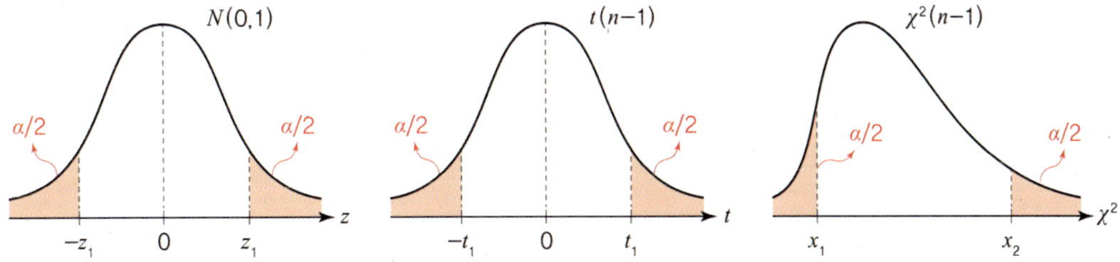

그림 3.5 표준정규분포, t 분포, 카이제곱분포로부터 얻는 양측검정의 기각영역

예제 3.10

감자칩 한 봉지에 100g의 감자칩을 담아서 판매한다. 그러나 봉지마다 약간의 오차가 생기는데, 그 오차를 확인하기 위해 10봉지의 표본의 질량을 아래와 같이 측정하였다.

표본	1	2	3	4	5	6	7	8	9	10	평균
질량(g)	101	99	103	97	95	100	102	98	96	104	99.5

표본평균은 99.5, 표본분산은 9.167로 계산된다.

먼저, 평균질량이 100g인지 확인해보자. 가설은

$$\begin{cases} H_0: \mu = 100 \\ H_1: \mu \neq 100 \end{cases}$$

로 쓸 수 있다. 하나의 모집단의 평균에 대한 검정이므로 단일표본 t 검정을 사용한다. 검정통계량은

$$t = \frac{99.5 - 100}{\sqrt{9.167/10}} = -0.522$$

이다. 자유도가 $10-1=9$인 t 분포로부터 $\Pr(t < -0.522) = 0.307$을 얻으며 유의확률은 $0.307 \times 2 = 0.614$이다. 유의수준보다 훨씬 큰 값이므로 H_0를 기각하지 못하며, 따라서 생산되는 감자칩의 질량이 100g과 유의미한 차이를 보인다는 근거는 없다.

이번에는 제품별 질량의 편차에 대해 확인해보자. 표준편차가 생산공장의 기준인 5%, 즉 5g인지 확인하고자 한다. 가설은

$$\begin{cases} H_0: \sigma^2 = 25 \\ H_1: \sigma^2 \neq 25 \end{cases}$$

이다. 검정통계량은

$$X^2 = \frac{(n-1)s^2}{\sigma_0^2} = \frac{(10-1) \times 9.167}{5^2} = 3.300$$

으로 계산된다. 자유도가 9인 카이제곱분포로부터 $\Pr(X^2 < 3.300) = 0.049$이다. 이는 $\alpha/2 = 0.025$보다 큰 값이므로 H_0를 기각하지 못한다. 즉, 감자칩의 질량의 표준편차가 5g에서 벗어난다는 통계적 근거가 없다는 것이다.

예제 3.11

우리나라 주식 시장의 종합주가지수인 코스피(KOSPI) 지수를 예측하는 신경회로망 모델을 개발하여 성능을 평가하고자 한다. 신경회로망의 초기 가중치값을 무작위로 정하고 학습하여 성능을 확인하는데,

무작위 초기값에 따라 성능에 차이가 생긴다. 아래의 표는 초기 가중치를 무작위로 정하고 학습하는 과정을 20번 반복하여 성능을 평가했을 때 예측오차를 기록한 것이다. 표본평균은 208.83이고 표본표준편차는 131.872이다.

표본	1	2	3	4	5	6	7	8	9	10
오차	102.1	531.4	389.5	76.3	324.0	221.9	433.5	90.3	186.2	311.6
표본	11	12	13	14	15	16	17	18	19	20
오차	144.3	262.3	166.0	220.4	83.5	115.8	45.8	172.9	88.4	210.4

일반적으로 신경회로망 모델의 초기값에 따라 결과의 차이가 큰 것은 바람직하지 않다. 따라서 개발한 신경회로망 모델의 성능이 초기값에 따라 표준편차가 100 이상인지 확인하고자 한다.

100 이상인지 확인하고자 하므로 단측검증을 하기로 한다. 가설은

$$\begin{cases} H_0: \sigma^2 = 100^2 \\ H_1: \sigma^2 > 100^2 \end{cases}$$

로 쓸 수 있다. 검정통계량은

$$X^2 = \frac{(20-1) \times 131.872^2}{100^2} = 33.041$$

로 계산된다. 자유도가 19인 카이제곱분포로부터 $\Pr(X^2 > 33.041) = 0.024$를 얻으며, 이는 유의수준 $\alpha = 0.05$이하이므로 H_0를 기각할 수 있다. 즉, 초기값에 따른 예측 성능의 표준편차는 통계적으로 100보다 크다는 결론을 내릴 수 있다. 모델이 초기값에 따라 일관성이 부족하다는 의미이므로 기계학습 모델의 개발 관점에서는 바람직하지 않은 결과이다.

3.8 두 모집단의 분산에 대한 가설검정

이번에는 두 집단의 분산이 같은지를 검정하는 것에 대해 알아보자. 가설은

$$\begin{cases} H_0: \sigma_1^2 = \sigma_2^2 \\ H_1: \sigma_1^2 \neq \sigma_2^2 \end{cases} \qquad \begin{cases} H_0: \sigma_1^2 = \sigma_2^2 \\ H_1: \sigma_1^2 > \sigma_2^2 \end{cases} \qquad \begin{cases} H_0: \sigma_1^2 = \sigma_2^2 \\ H_1: \sigma_1^2 < \sigma_2^2 \end{cases}$$

중 하나로 쓸 수 있다.

앞서 식 (3.8)에서 제곱합을 분산으로 나눈 것이 카이제곱분포를 따른다고 하였다. 또한 식 (2.12)에서 카이제곱분포를 자유도로 나눈 것의 비율이 F 분포를 따른다고 하였다. 따라서, 제

곱합을 분산과 자유도로 나눈 것의 비율이 F 분포를 따른다는 것을 알 수 있다. 즉,

$$\frac{\mathrm{SS}_1/\sigma_1^2\nu_1}{\mathrm{SS}_2/\sigma_2^2\nu_2} \sim F(\nu_1, \nu_2)$$

이다. H_0가 맞다는 가정, 즉 $\sigma_1^2 = \sigma_2^2$일 때

$$\frac{\mathrm{SS}_1/\nu_1}{\mathrm{SS}_2/\nu_2} = \frac{\mathrm{SS}_1/(n_1-1)}{\mathrm{SS}_2/(n_2-1)} = \frac{s_1^2}{s_2^2} \sim F(n_1-1, n_2-1)$$

로 정리할 수 있다. 따라서 검정통계량을

$$F = \frac{s_1^2}{s_2^2}$$

로 하고 자유도가 $n_1 - 1$과 $n_2 - 1$인 F 분포 $F(n_1-1, n_2-1)$를 통해 유의확률 또는 기각영역을 계산한다.

예제 3.12

앞서 코스피 지수 예측을 위한 모델의 성능이 초기값에 따라 편차가 크다는 한계를 극복하기 위해 새로운 기법을 추가하여 모델을 수정하였다. 새로운 모델에 대해 무작위 가중치로 실험을 20번 한 결과는 아래 표와 같다. 표본평균은 191.63, 표본표준편차는 70.854이다.

표본	1	2	3	4	5	6	7	8	9	10
오차	93.4	77.3	325.8	167.8	138.6	263.4	200.5	104.6	232.0	218.0
표본	11	12	13	14	15	16	17	18	19	20
오차	187.3	225.6	169.3	301.1	153.6	129.6	145.8	151.4	273.4	274.1

새로운 모델(모델 2)이 기존 모델(모델 1)에 비해 편차가 더 작은지 통계적으로 확인해보기로 한다. 가설은

$$\begin{cases} \mathrm{H}_0: \sigma_1^2 = \sigma_2^2 \\ \mathrm{H}_1: \sigma_1^2 > \sigma_2^2 \end{cases}$$

로 설정할 수 있다. 검정통계량은

$$F = \frac{s_1^2}{s_2^2} = \frac{131.872^2}{70.854^2} = 3.464$$

이다. 자유도가 19와 19인 F 분포로부터 $\Pr(F > 3.464) = 0.005$이며 이는 $\alpha = 0.05$보다 작은 값이므로 H_0를 기각할 수 있다. 심지어는 유의수준 $\alpha = 0.01$에서 통계적으로 유의미하다. 따라서 새로운 모델

은 기존 모델에 비해 일관성이 향상되었다고 결론내릴 수 있다.

추가로, 예측 성능도 향상되었는지 확인해보자. 가설은

$$\begin{cases} H_0: \mu_1 = \mu_2 \\ H_1: \mu_1 > \mu_2 \end{cases}$$

로 세울 수 있다. 독립표본 t 검정을 수행하여 이를 검정한다. 합동분산은

$$s_p^2 = \frac{131.872^2 \times 19 + 70.854^2 \times 19}{20 + 20 - 2} = 11205.257$$

이다. 검정통계량은

$$t = \frac{208.83 - 191.63}{\sqrt{11205.257/20 + 11205.257/20}} = 0.514$$

로 계산된다. 자유도가 $19 + 19 = 38$인 t 분포로부터 $\Pr(t > 0.514) = 0.305$이며, 이는 $\alpha = 0.05$보다 크므로 H_0를 기각할 수 없다. 따라서, 새로운 모델이 기존 모델에 비해 예측 성능은 향상되었다고 보기 어렵다.

3.9 비모수 검정

지금까지 설명한 가설검정 기법은 표본이 표준정규분포, t 분포, F 분포, 카이제곱분포 등과 같은 분포를 따른다고 가정하고 그 분포를 이용하는 것이다. 이 분포들은 자유도와 같은 파라미터[21]가 정해지면 정확한 형태가 수식으로 정해지기 때문에, 이를 이용한 가설검정을 모수 검정(parametric test)이라 부른다. 그러나 그 가정이 충족되지 않는 경우가 있을 수 있다. 예를 들어, 표본의 수가 충분치 않다거나 이상치가 포함되어 있어 표본평균이 정규분포를 따르지 않을 수 있다. 이런 경우 표본분포를 특정한 형태로 가정하여 사용할 수 없으며, 그 대안으로 등장하는 것이 비모수 검정(nonparametric test)이다.

비모수 검정의 기본은 주어진 표본의 값을 그대로 쓰는 것이 아니라 크기 순으로 정렬하여 얻은 순위를 사용하는 것이다. 이 과정을 통해 표본의 분포에 대한 영향을 없애는 것이다. 하지만 이는 표본값에 존재하는 정보가 손실되는 것이므로 가설검정으로써의 효과는 약해진다. 예를 들어, 모수 검정을 적용하면 귀무가설을 기각하지만 비모수 검정을 적용하면 기각하지 못하

21) 이 책에서 parameter를 '파라미터'로 적지만, parametric test와 nonparametric test는 '모수 검정'과 '비모수 검정'이라는 용어가 널리 사용되기 때문에 그대로 사용한다.

는 경우가 발생할 수 있다. 또한, 모든 모수 검정 방법에 대응하는 비모수 검정 방법이 존재하는 것은 아니며, 특히 복잡한 검정을 수행하기 위한 비모수 검정 방법은 마땅하지 않은 경우가 있다. 따라서 데이터의 수가 충분하다거나 모수 검정의 가정이 만족하는 경우에는 비모수 검정보다는 모수 검정을 수행하는 것이 일반적으로 적절하다. 다음의 표는 몇몇 모수 검정 방법과 대응되는 비모수 검정 방법을 정리한 것이다.

표 3.5 모수 검정에 대응하는 비모수 검정 방법

모수 검정		비모수 검정	
검정 대상	방법	검정 대상	방법
단일 집단의 평균	단일표본 t 검정	단일 집단의 중간값	윌콕슨 부호순위 검정
대응되는 두 집단의 평균	대응표본 t 검정	대응되는 두 집단의 중간값	
독립인 두 집단의 평균	독립표본 t 검정	독립인 두 집단의 중간값	만-휘트니 검정
셋 이상 집단의 평균	ANOVA 검정	셋 이상 집단의 중간값	크루스칼-월리스 검정

본 절에서는 윌콕슨 부호순위 검정을 예를 들어 설명함으로써 비모수 검정 방법의 과정과 의미를 살펴보고자 한다.

윌콕슨 부호순위 검정(Wilcoxon signed rank test)은 한 집단의 평균에 대한 t 검정이나 대응표본 t 검정을 대신할 수 있는 비모수 검정 방법이다. 단, 비모수 검정에서는 순위만을 이용하기 때문에 평균에 대한 검정이 아니라 중간값(median)에 대한 검정으로 수행한다.

한 집단에 대한 가설은

$$\begin{cases} \mathrm{H}_0\colon \mathrm{median}(X) = m_0 \\ \mathrm{H}_1\colon \mathrm{median}(X) \neq m_0 \end{cases} \quad \begin{cases} \mathrm{H}_0\colon \mathrm{median}(X) = m_0 \\ \mathrm{H}_1\colon \mathrm{median}(X) > m_0 \end{cases} \quad \begin{cases} \mathrm{H}_0\colon \mathrm{median}(X) = m_0 \\ \mathrm{H}_1\colon \mathrm{median}(X) < m_0 \end{cases}$$

중 하나이며, 대응표본인 경우 가설은

$$\begin{cases} \mathrm{H}_0\colon \mathrm{median}(X-Y) = 0 \\ \mathrm{H}_1\colon \mathrm{median}(X-Y) \neq 0 \end{cases} \quad \begin{cases} \mathrm{H}_0\colon \mathrm{median}(X-Y) = 0 \\ \mathrm{H}_1\colon \mathrm{median}(X-Y) > 0 \end{cases} \quad \begin{cases} \mathrm{H}_0\colon \mathrm{median}(X-Y) = 0 \\ \mathrm{H}_1\colon \mathrm{median}(X-Y) < 0 \end{cases}$$

중 하나이다.

검정의 과정은 다음과 같다.

1) 한 집단의 경우 표본과 m_0의 차이를, 대응표본인 경우 두 집단의 표본간 차이를 계산한다.

2) 계산한 차이의 절대값을 크기 순으로 정렬하고, 얻은 순위에 원래 차이값의 부호를 붙인다. (이 때문에 검정의 이름에 부호순위(signed rank)라는 표현이 포함된 것이다.) 절대값이 같은 경우, 평균 순위를 부여한다.
3) 양수의 순위값의 합 W_+과 음수의 순위값의 합 W_-을 얻는다.
4) W_+와 W_- 중 작은 값을 W로 얻는다. 즉, $W = \min(W_+, W_-)$이다.
5-1) 표본의 크기가 작은 경우, 검정통계량을 W로 하여 각 유의수준별 기각영역의 경계를 명시한 표를 활용한다.
5-2) 표본의 크기가 충분히 큰 경우, W의 분포를 정규분포 $N\left(\frac{n(n+1)}{4}, \frac{n(n+1)(2n+1)}{24}\right)$로 간주할 수 있다. 따라서

$$Z = \frac{W - \frac{n(n+1)}{4}}{\sqrt{\frac{n(n+1)(2n+1)}{24}}}$$

를 검정통계량으로 하여 표준정규분포를 이용한다.

예제 3.13

가구당 월별 여가비용이 평균적으로 50만원인지 알아보기 위해 20 가구를 대상으로 설문조사를 하였고 그 결과는 아래 표와 같다.

표본	1	2	3	4	5	6	7	8	9	10
여가비(만원)	66	70	250	39	66	59	65	56	51	40
표본	11	12	13	14	15	16	17	18	19	20
여가비(만원)	67	81	55	80	37	72	66	47	44	30

표본값을 살펴보면 세 번째 표본값 (250)이 다른 표본과 크게 다른 이상치인 것을 볼 수 있다. 따라서 모수 검정보다는 비모수 검정을 선택하여 수행해 보자.

가설은 다음과 같이 세울 수 있다.

$$\begin{cases} H_0: \text{중간값} = 50 \\ H_1: \text{중간값} \neq 50 \end{cases}$$

귀무가설에서 가정하는 값인 50과 각 표본값 사이의 차이를 구하고, 그 차이의 절대값의 순위에 부호를 부여하면 다음의 표와 같이 얻어진다. 2번 표본과 20번 표본의 경우 차이의 절대값이 14번째 다음이면서 같은 순위이기 때문에 15와 16의 평균인 15.5로 순위를 정한다. 같은 상황이 첫 번째, 5번째, 16번째

표본 사이에서도 발생한다.

표본	1	2	3	4	5	6	7	8	9	10
차이	16	20	200	−11	16	9	15	6	1	−10
부호순위	12	15.5	20	−8	12	6	10	4.5	1	−7
표본	11	12	13	14	15	16	17	18	19	20
차이	17	31	5	30	−13	22	16	−3	−6	−20
부호순위	14	19	3	18	−9	17	12	−2	−4.5	−15.5

양수인 부호순위의 합은 $W_+ = 164$이며, 음수인 부호순위의 합은 $W_- = 46$이다. 따라서 $W = 46$이다. 정규분포를 가정하고 검정통계량을 구하면

$$Z = \frac{46 - 20(20+1)/4}{\sqrt{20(20+1)(2\times 20+1)/24}} = -2.203$$

을 얻는다. $\Pr(Z < -2.203) = 0.014$이므로 유의확률은 $0.014 \times 2 = 0.028$이며, 이는 $\alpha = 0.05$보다 작은 값이므로 H_0를 기각한다. 즉, 월별 여가비용은 50만원과 통계적으로 유의미하게 차이가 난다고 결론 내릴 수 있다. 참고로 정규분포를 가정하지 않고 표를 활용하여도 같은 결론을 얻는다.

이 문제를 모수 검정으로 하는 경우 어떻게 달라지는지 알아보자. 표본평균은 67.05, 표본표준편차는 45.417이므로 t 검정의 검정통계량은

$$t = \frac{67.05 - 50}{45.417/\sqrt{20}} = 1.679$$

으로 계산된다. 자유도가 19인 t 분포로부터 $\Pr(t > 1.679) = 0.055$이므로 유의확률은 $0.055 \times 2 = 0.110$이다. 따라서 H_0를 기각할 수 없다. 이는 이상치인 세 번째 표본값 250 때문에 표본표준편차가 매우 커졌기 때문에 검정통계량이 작아진 효과이다.

표본에 이상치가 포함되었을 때 이상치를 제외하는 것도 한 가지 해결 방법이다. 표본값 250을 제외한다면, 표본평균은 57.421로 별반 다르지 않으나 표본표준편차는 14.830으로 크게 감소한다. t 검정의 검정통계량은

$$t = \frac{57.421 - 50}{14.830/\sqrt{19}} = 2.181$$

이다. 자유도가 18인 t 분포로부터 $\Pr(t > 2.181) = 0.021$이고, 유의확률은 $0.021 \times 2 = 0.042$이다. 따라서 H_0를 기각할 수 있다.

3.10 적합도 검정

적합도 검정(goodness-of-fit test)은 주어진 표본이 특정 분포를 따르는지 판단할 때 쓰는 기법이다. 예를 들어, 주어진 데이터를 정규분포로 모델링하고자 하여 정규분포의 파라미터인 평균과 분산을 추정할 때, 실제로 이 데이터가 정규분포를 따른다는 가정을 확인하기 위해 정규분포에 대한 적합도 검정을 수행할 수 있다.

두 분포가 서로 같은지 시각적, 정성적으로 비교하기 위한 방법으로 분위소대조도(quantile-quantile plot, Q-Q plot)가 있다. 크기가 n인 표본을 특정한 이론적 분포와 비교할 때, 이론적 분포의 분위수 값을 x좌표로 하고 표본값을 크기 순서대로 정렬한 것을 y좌표로 하여 2차원 평면에 점으로 표시한다. 만약 표본의 분포가 비교 대상인 분포와 비슷한 경우, 표시한 점들은 직선 상에 위치하게 될 것이다. [그림 3.6]에 비교 대상인 이론적 분포가 정규분포일 때 Q-Q plot의 두 예시를 나타낸다. 왼쪽은 직선에 가깝게 점들이 위치하는 것으로 보아 표본이 정규분포에 가깝다고 판단할 수 있는 반면, 오른쪽은 직선과 상당한 거리가 있는 것으로 보아 표본이 정규분포와는 다르다고 판단할 수 있다.

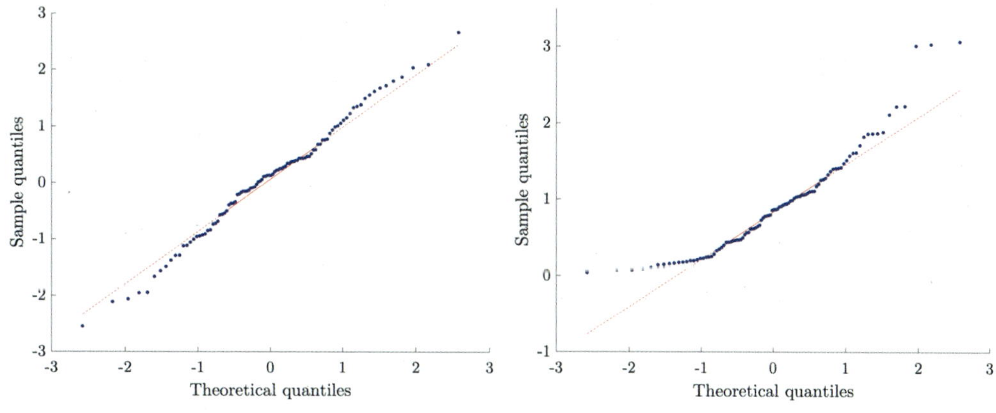

그림 3.6 Q-Q plot의 두 예시

정량적인 적합도 검정에는 다양한 방법이 존재하며, 주요한 몇몇 방법들을 이하에서 소개한다. 적합도 검정의 귀무가설은 주어진 데이터가 특정 분포를 따른다는 것이며, 대립가설은 그 분포를 따르지 않는다는 것이다.

3.10.1. 피어슨 카이제곱 검정

피어슨 카이제곱 검정(Pearson's chi-square test)[22]에서는 각 구간별로 표본값의 빈도수와 가정하는 분포로부터 기대하는 빈도수를 비교하는 것이며, 비교시에 카이제곱 분포를 이용한다. 먼저, 표본값이 가질 수 있는 전체 범위를 k개의 구간(bin)으로 나눈다. i번째 구간에 포함되는 표본값의 개수를 n_i이라 하자. 가정하는 분포가 해당 구간에서 갖는 확률값을 p_i라 할 때, 그 구간에서 기대하는 빈도수는 np_i이다. 검정통계량은

$$X^2 = \sum_{i=1}^{k} \frac{(n_i - np_i)^2}{np_i}$$

으로 계산하며, 이것은 자유도가 $k-1$인 카이제곱분포 $\chi^2(k-1)$를 따른다. 따라서, $\chi^2(k-1)$로부터 검정통계량 이상에 대한 확률을 구하면 유의확률을 얻을 수 있다. 또는, $\chi^2(k-1)$로부터 $\Pr(X^2 > x_0) = \alpha$인 x_0를 구하면 기각영역을 $X^2 > x_0$로 얻을 수 있다.

구간을 나눌 때에는 등간격으로 나눌 필요는 없다. 그리고 구간을 몇 개로 나누는가 또는 어떻게 나누는가에 따라 검정의 결과는 달라질 수 있다. 다음의 예제에서 이에 대해 살펴보자.

예제 3.14

10개의 데이터를 얻었는데, 이 데이터가 0부터 3까지의 연속균등분포를 갖는지 검증하고자 한다. 데이터는 아래와 같다.

	1	2	3	4	5	6	7	8	9	10
데이터	0.7	2.1	1.7	1.8	2.2	0.6	0.9	2.4	2.3	0.8

카이제곱 검정을 위한 구간을 3개로 나누어 빈도수를 세면 다음 표와 같다.

구간	0 이상 1 미만	1 이상 2 미만	2 이상 3 이하	계
실제 빈도수(n_i)	4	2	4	10
기대 빈도수(np_i)	10/3	10/3	10/3	10

검정통계량은

$$X^2 = \frac{(4-10/3)^2}{10/3} + \frac{(2-10/3)^2}{10/3} + \frac{(4-10/3)^2}{10/3} = 0.8$$

22) 여기서 피어슨은 바로 피어슨 상관계수(PCC)의 Karl Pearson이다.

이다. 자유도가 $3-1=2$인 카이제곱분포로부터 $\Pr(X^2>0.8)=0.670$를 얻으며 이는 $\alpha=0.05$보다 크므로 H_0를 기각하지 못한다. 즉, 주어진 데이터는 연속균등분포를 가지는 것으로 결론내릴 수 있다.

이번에는 구간을 좀 더 세분화하여 0.5 단위의 6개로 나누어보자.

구간	[0, 0.5)	[0.5, 1)	[1, 1.5)	[1.5, 2)	[2, 2.5)	[2.5, 3]	계
실제 빈도수(n_i)	0	4	0	2	4	0	10
기대 빈도수(np_i)	10/6	10/6	10/6	10/6	10/6	10/6	10

이 경우 검정통계량은

$$\begin{aligned} X^2 &= \frac{(0-10/6)^2}{10/6}+\frac{(4-10/6)^2}{10/6}+\frac{(0-10/6)^2}{10/6}+\frac{(2-10/6)^2}{10/6}+\frac{(4-10/6)^2}{10/6}+\frac{(0-10/6)^2}{10/6} \\ &= 11.6 \end{aligned}$$

이다. 자유도가 $6-1=5$인 카이제곱분포로부터 $\Pr(X^2>11.6)=0.041$을 얻는다. 이는 $\alpha=0.05$보다 작으므로 H_0를 기각하고 주어진 데이터가 연속균등분포를 따르지 않는다는 결론을 얻는다. 이는 구간을 3개로 나누었을 때와 다른 결론이다.

이처럼 카이제곱검정은 구간을 어떻게 정하는가에 따라 결과가 달라질 수 있다. 6개의 구간으로 나눈 경우는 구간에 포함되는 빈도수가 너무 작은 상황이며, 이로부터 얻은 결과는 정확하지 않다. 특정 구간에 빈도수가 너무 작은 경우에는 이웃하는 구간에 합쳐서 하나의 구간으로 간주하는 방법을 쓰는 것이 적절하다.

3.10.2. 콜모고로프-스미르노프 검정

콜모고로프-스미르노프 검정(Kolmogorov-Smirnov test, K-S test)[23]은 카이제곱검정과 같이 한 집단의 데이터가 특정 분포를 따르는지 판단하기 위한 것이나, 카이제곱검정과는 달리 비모수 검정 방법이다.

n개의 표본에 대한 CDF를 $F_n(x)$, 가정하는 분포의 CDF를 $F(x)$라 할 때, 검정통계량은

$$D_n=\sup_x|F_n(x)-F(x)|$$

로 계산한다. 이는 쉽게 말하면 두 CDF의 최대 차이이다. D_n의 분포는 $F(x)$와 무관하다는 것이 알려져 있다. 보통은 n과 유의수준 α에 따른 임계값을 미리 계산해 놓은 표를 이용하여, D_n

23) 기법을 개발한 러시아의 수학자 Andrey Nikolaevich Kolmogorov (1903-1987)와 역시 러시아의 수학자 Nikolai Vasilyevich Smirnov (1900-1966)의 이름을 딴 것이다.

이 그 임계값보다 크면 귀무가설을 기각하는 방식으로 검정을 수행한다. 참고로, 귀무가설, 즉 두 분포가 같다고 가정했을 때, n이 무한대로 갈 때 $\sqrt{n}\,D_n$의 분포는 $F(x)$와 무관하게 콜모고로프 분포(Kolmogorov distribution)로 수렴한다. 콜모고로프 분포는 0 이상의 범위에서 정의되며, 그 CDF는 다음의 식으로 주어진다.

$$\Pr(X \le x) = 1 - \sum_{i=1}^{\infty}(-1)^{i-1}e^{-2i^2x^2}$$

두 CDF의 차이를 계산하는 예를 들어보자. 아래와 같이 $n=5$개의 표본이 $x_1=0.1$, $x_2=0.4$, $x_3=0.5$, $x_4=0.6$, $x_5=0.9$로 주어졌다고 하자. 표본이 0과 1 사이에서 연속균등분포를 따르는지 검정하고자 한다. [그림 3.7]에 두 CDF를 함께 나타내었다. 빨간색은 $F(x)$, 파란색은 $F_n(x)$을 나타낸다.

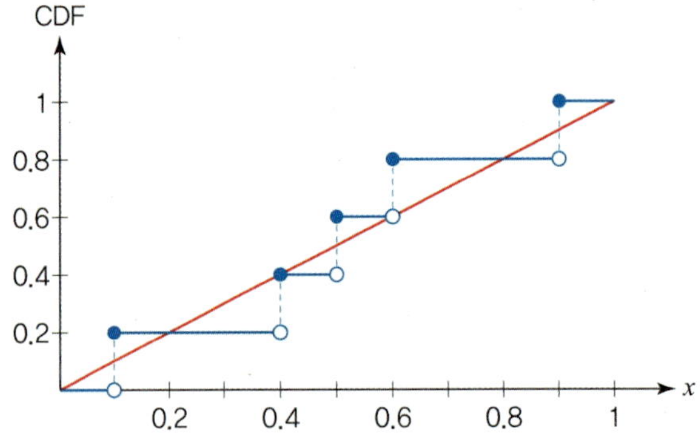

그림 3.7 콜모고로프–스미르노프 검정을 위한 CDF의 비교

표본으로부터 얻는 CDF는 각 데이터의 위치인 x_i마다 CDF가 이산적으로 증가한다. 그리고 두 CDF의 차이가 가장 커지는 것은 데이터의 위치 중 한 곳에서 발생한다. 연속적으로 주어지는 $F(x)$와 크기를 비교하는 대상은 x_i에서 $F_n(x)$가 증가하기 전과 후가 모두 가능하며, 그 중 큰 값을 선택한다. 증가하기 전을 비교 대상으로 한다면 왼쪽에서 x_i로 무한히 접근할 때 $F_n(x)$의 값인 $\lim_{x\to x_i^-} F_n(x)$를 사용하는 것이다(그림 3.7에서 채워지지 않은 원으로 표현된 값이다). 이 때문에 검정통계량에서 최대(maximum, 기호로 max) 대신 상한(supremum, 기호로 sup)을 쓴 것이다. 실질적으로 이는 또한 $F_n(x_{i-1})$이라고 할 수도 있다. 예를 들어, $x=0.4$에서 두 CDF의 차이를 구한다면 $F(0.4)=0.4$와 $\lim_{x\to 0.4^-} F_n(x)= F_n(0.2)=0.2$의 차이인 0.2, 그리고 $F(0.4)=0.4$와 $F_n(0.4)=0.4$의 차이인 0을 얻은 후, 둘 중 큰 값인 0.2로 한다. 유사한 상

황이 $x = 0.6$에서도 발생한다. 이 두 위치에서 $F(x)$와 $F_n(x)$의 차이의 상한이 발생하며 그 차이는 0.2이다. 따라서 이 예에서 검정통계량은 0.2이다.

예제 3.15

아래와 같이 주어진 20개의 표본이 표준정규분포를 따르는지 콜모고로프-스미르노프 검정을 통해 확인해 보자.

0.538, 1.834, -2.259, 0.862, 0.319

-1.308, -0.434, 0.343, 3.578, 2.769

-1.350, 3.035, 0.725, -0.063, 0.718

-0.205, -0.124, 1.490, 1.409, 1.417

표준정규분포와 표본의 CDF를 비교하면 다음의 그림과 같다. 전자는 빨간색, 후자는 파란색으로 표시하였다.

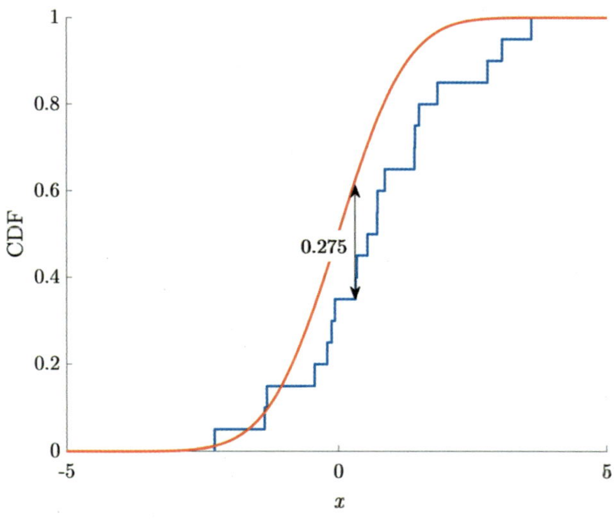

두 CDF 사이의 최대 차이는 그림에 표시한 것과 같이 0.275로 나타나며, 이를 검정통계량으로 한다. 임계값을 정리해놓은 검정의 표에서 $n = 20$일 때 $\alpha = 0.05$에 대한 임계값은 0.294로 얻는다. 검정통계량은 이보다 작은 값이므로 귀무가설을 기각할 수 없으며 주어진 표본의 분포는 표준정규분포를 따른다고 결론내릴 수 있다. 참고로, 소프트웨어를 통해 유의확률을 구하면 0.079이다.

콜모고로프-스미르노프 검정은 두 표본의 분포를 비교하는 데에도 사용될 수 있다. 즉, 두 집단의 분포가 같다는 귀무가설과 그렇지 않다는 대립가설에 대한 이표본(two sample) 검정이다. 첫 번째 집단에서 얻은 m개의 표본의 CDF를 $F_m^1(x)$, 두 번째 집단에서 얻은 n개의 표본의

CDF를 $F_n^2(x)$라 할 때, 검정통계량을

$$D_{mn} = \sup_x \left| F_m^1(x) - F_n^2(x) \right|$$

로 계산한다. 앞서 단일표본 콜모고로프-스미르노프 검정과 마찬가지로, m, n과 유의수준 α에 따른 임계값을 미리 계산해 놓은 표를 이용하여, D_{mn}이 그 임계값보다 크면 귀무가설을 기각하는 방식으로 검정을 수행한다. m과 n이 충분히 큰 경우, 임계값은 $\sqrt{-\frac{m+n}{2mn}\ln\left(\frac{\alpha}{2}\right)}$로 계산할 수 있다. 참고로, $\sqrt{\frac{mn}{m+n}}D_{mn}$는 콜모고로프 분포로 수렴한다.

예제 3.16

첫 번째 표본은 아래와 같은 10개 값으로 얻었다.

-1.208, 0.717, 1.630, 0.489, 1.035, 0.727, -0.303, 0.894, -0.787, 0.888

두 번째 표본은 아래와 같은 8개 값으로 얻었다.

0.294, -0.274, 0.267, -0.686, -0.172, -0.055, -0.952, -0.078

두 표본이 같은 분포를 갖는지 확인해보자. 아래 그림은 두 표본의 CDF를 비교한다. 파란색이 첫 번째 표본의 CDF인 $F_m^1(x)$이고 붉은색이 두 번째 표본의 CDF인 $F_n^2(x)$이다.

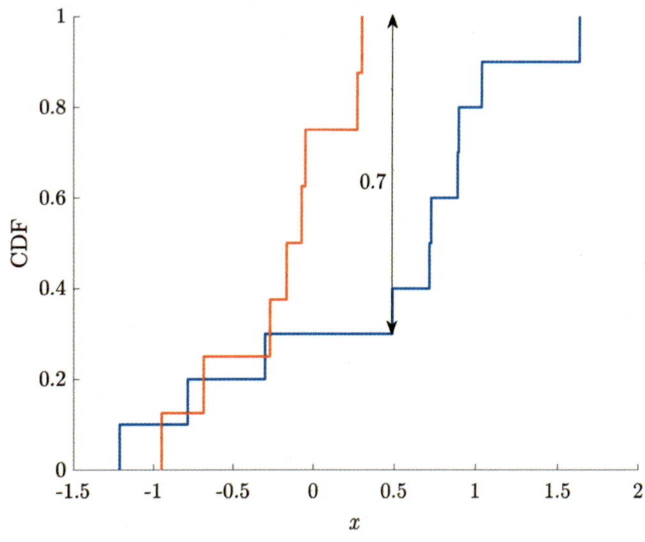

두 CDF의 최대 차이는 그래프에 표시한 것과 같이

$$D_{mn} = F_n^2(0.489) - \lim_{x \to 0.489^-} F_m^1(x) = 1 - 0.3 = 0.7$$

로 얻어지며 이것이 검정통계량이다. 이표본 검정에 대한 표에서 $\alpha = 0.05$일 때 임계값은 48/80=0.6이다. 검정통계량이 임계값보다 크므로 귀무가설을 기각하며, 두 분포는 같지 않다는 결론을 내릴 수 있다. 참고로, 소프트웨어로부터 얻는 유의확률은 0.012이다.

3.10.3. 앤더슨–달링 검정

앤더슨–달링 검정(Anderson–Darling test)[24]은 각 위치별로 가정하는 분포의 CDF와 표본의 CDF의 차이를 합하여 검사하되, 양쪽 끝 위치에 좀 더 큰 가중치를 주는 방식이다.

크기 순서대로 정렬한 표본값 $x_{(1)} < x_{(2)} < \cdots < x_{(n)}$이 주어졌을 때, 표본의 CDF가 특정 CDF인 $F(x)$와 같은지 검정하기 위한 검정통계량은

$$A^2 = -n - \sum_{i=1}^{n} \frac{2i-1}{n} \left[\ln\{F(x_{(i)})\} + \ln\{1 - F(x_{(n+1-i)})\} \right]$$

로 계산한다. 정규분포, 연속균등분포, 지수분포, 로그정규분포 등 몇몇 분포들에 대해 임계값을 나열한 표가 존재하여, 검정통계량이 표의 임계값보다 큰 경우 귀무가설을 기각한다.

3.10.4. 샤피로–윌크 검정

샤피로–윌크 검정(Shapiro–Wilk test)[25]은 주어진 표본이 정규분포를 따르는지에 대한 검정을 수행한다. 이론적 분포가 정규분포일 때 얻는 Q-Q plot에서 점들이 직선상에 분포하는지를 확인하는 것이 그 아이디어이다. 데이터가 $x_1, x_2, \ldots, x_n$으로 주어지고, 이를 크기 순으로 정렬한 것을 $x_{(1)}, x_{(2)}, \ldots, x_{(n)}$라 하자. 그리고 표본평균을 $\bar{x}$라 하자. 검정통계량은

$$W = \frac{\left(\sum_{i=1}^{n} a_i x_{(i)} \right)^2}{\sum_{i=1}^{n} (x_i - \bar{x})^2}$$

로 계산한다. 여기서 분자의 계수 a_i는 표준정규분포의 순서통계량의 기댓값 $\mathrm{m}^{\top} =$

24) 기법을 개발한 미국의 통계학자 Theodore Wilbur Anderson (1918-2016)과 Donald A. Darling (1915-2014)의 이름을 딴 것이다.

25) 기법을 개발한 미국의 통계학자 Samuel Sanford Shapiro (1930-2023)와 캐나다의 통계학자 Martin Wilk (1922-2013)의 이름을 딴 것이다.

$[m_1\ m_2\ \cdots\ m_n]$과 공분산행렬 V를 이용하여 다음과 같이 계산한다.

$$\begin{bmatrix} a_1 \\ \vdots \\ a_n \end{bmatrix} = \frac{\mathrm{m}^\top \mathrm{V}^{-1}}{\sqrt{\mathrm{m}^\top \mathrm{V}^{-1} \mathrm{V}^{-1} \mathrm{m}}}$$

검정통계량이 1에 가까우면 표본이 정규분포에 가깝다는 것이다. 임계값을 정리한 표를 사용할 수 있으며, 표에서 찾는 임계값과 비교하여 검정통계량이 더 작으면 귀무가설을 기각한다.

3.10.5. 하르케–베라 검정

하르케–베라 검정(Jarque–Bera test)[26] 역시 주어진 표본이 정규분포를 따르는지에 대한 검정이다. 비대칭도와 첨도가 정규분포와 얼마나 유사한지 비교하는 것이 아이디어이다. 검정통계량은

$$J = \frac{n}{6}\left(S^2 + \frac{1}{4}(K-3)^2\right)$$

이다. 여기서 S는 표본비대칭도(sample skewness)이고 K는 표본첨도(sample kurtosis)이며, 각각 다음의 식으로 계산한다.

$$S = \frac{\hat{\mu}_3}{\hat{\sigma}^3} = \frac{\frac{1}{n}\sum_{i=1}^{n}(x_i - \overline{x})^3}{\left\{\frac{1}{n}\sum_{i=1}^{n}(x_i - \overline{x})^2\right\}^{\frac{3}{2}}}$$

$$K = \frac{\hat{\mu}_4}{\hat{\sigma}^4} = \frac{\frac{1}{n}\sum_{i=1}^{n}(x_i - \overline{x})^4}{\left\{\frac{1}{n}\sum_{i=1}^{n}(x_i - \overline{x})^2\right\}^{2}}$$

데이터의 수가 많을 때에는 검정통계량은 자유도가 2인 카이제곱분포를 따른다. 따라서 카이제곱분포로부터 $\Pr(X > J)$를 얻어 이것이 유의수준보다 작으면 귀무가설을 기각한다. 데이터의 수가 적을 때에 대해서는 임계값을 정리한 표를 이용한다.

26) 기법을 개발한 멕시코의 경제학자 Carlos Jarque (1954-)와 미국의 경제학자 Anil K. Bera (1955-)의 이름을 딴 것이다.

CHAPTER 04

미분(Differentiation)

기계학습 모델의 상당수는 미분을 통해 학습 혹은 최적화를 진행한다. 예를 들어 신경회로망은 오차 역전파(error backpropagation) 기법으로 학습하는데, 그 핵심은 가중치 파라미터에 대한 손실함수의 미분을 구하여 진행하는 것이다. 따라서 기계학습에서 미분의 개념은 매우 중요하다. 특히 기계학습에서는 가중치벡터 또는 가중치행렬에 대한 미분으로 표기하는 경우가 많다.

본 장에서는 스칼라에 대한 미분, 그리고 벡터와 행렬에 대한 미분 모두를 설명한다. 그리고 미분에 기반한 테일러급수에 대해서도 다룬다.

4.1 미분의 기본 개념

스칼라값 x에 대한 함수 $f(x)$가 있을 때, $x=a$에서 $f(x)$의 미분값은 다음과 같이 정의된다.

$$f'(a)=\left.\frac{df(x)}{dx}\right|_{x=a}:=\lim_{h\to 0}\frac{f(a+h)-f(a)}{h}$$

미분의 여러 가지 성질 중에서 기계학습에서 많이 쓰이는 몇 가지만 살펴보자.

- 두 함수의 곱에 대한 미분:

$$\frac{d}{dx}\{f(x)g(x)\}=f'(x)g(x)+f(x)g'(x)$$

- 두 함수의 몫에 대한 미분:

$$\frac{d}{dx}\left\{\frac{f(x)}{g(x)}\right\}=\frac{f'(x)g(x)-f(x)g'(x)}{\{g(x)\}^2} \tag{4.1}$$

- 연쇄법칙(chain rule)(합성함수에 대한 미분):

$$\frac{d}{dx}g(f(x)) = \frac{dg}{df} \cdot \frac{df}{dx}$$

예제 4.1

함수

$$h(x) = \frac{e^x - e^{-x}}{e^x + e^{-x}}$$

를 x로 미분하고 $x=0$일 때의 미분값 $h'(0)$을 구해보자. 이 함수는 신경회로망의 활성함수로 종종 쓰이는 탄젠트 시그모이드(tangent sigmoid) 함수이다. 식 (4.1)과 비교했을 때 분모와 분자는 각각 $f(x) = e^x - e^{-x}$와 $g(x) = e^x + e^{-x}$이다. 따라서

$$\begin{aligned} h'(x) &= \frac{(e^x - e^{-x})'(e^x + e^{-x}) - (e^x - e^{-x})(e^x + e^{-x})'}{(e^x + e^{-x})^2} \\ &= \frac{(e^x + e^{-x})(e^x + e^{-x}) - (e^x - e^{-x})(e^x - e^{-x})}{(e^x + e^{-x})^2} \\ &= \frac{4}{(e^x + e^{-x})^2} \end{aligned} \tag{4.2}$$

그리고

$$h'(0) = \frac{4}{(e^0 + e^0)^2} = 1$$

아래 그림에 $h(x)$와 $h'(x)$를 비교하였다. 위의 결과와 같이 $x=0$일 때 시그모이드함수의 기울기가 1을 가지며 이것이 전체 구간에서 최대이다. 그리고 양 끝으로 갈수록 기울기가 점점 줄어들어 0에 가까워지는 것을 볼 수 있다.

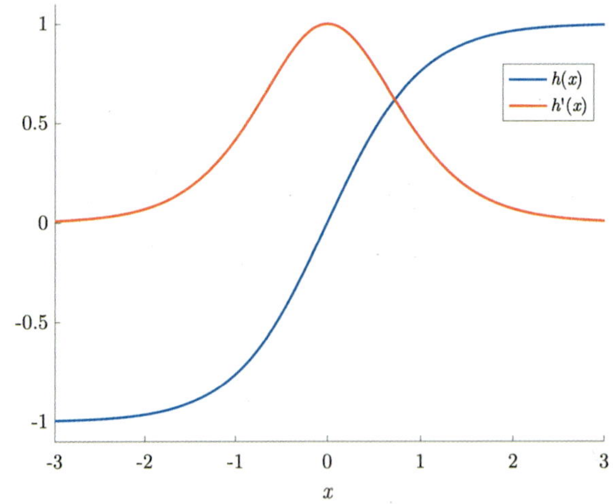

예제 4.2

$h(x)=e^{-x^2}$에 대해 $x=3$에서의 미분값을 구해보자. 합성함수의 꼴로 생각하여 $u(x)=-x^2$이라고 하고 $h(u)=e^u$라고 하자. 그러면,

$$h'(x)=\frac{dh}{du}\cdot\frac{du}{dx}=e^u\cdot(-2x)=-2xe^{-x^2}$$

이고 여기에 $x=3$을 대입하면

$$h'(3)=-2\times3\times e^{-3^2}=-6e^{-9}$$

를 얻는다.

예제 4.3

표준검벨분포의 CDF는 식 (2.11)에 소개한 것과 같이

$$F_X(x)=e^{-e^{-x}}$$

이다. 이를 미분하여 PDF를 구해보자. $u(x)=-e^{-x}$이라 하면 $F_X(u)=e^u$의 합성함수의 꼴이다. 따라서

$$f_X(x)=F_X'(x)=\frac{dF_X}{du}\cdot\frac{du}{dx}=e^u\cdot(e^{-x})=e^{-e^{-x}}\cdot(e^{-x})=e^{-(x+e^{-x})}$$

를 얻는다. 이는 식 (2.10)과 일치함을 확인할 수 있다.

미분 $f'(a)$를 몇 가지 관점에서 생각할 수 있다. 첫 번째로, [그림 4.1]에 나타낸 것과 같이 $x=a$에서 함수 $f(x)$에 접하는 직선의 기울기를 나타낸다. 이는 익히 잘 알고 있는 개념이다. 두 번째로는, $x=a$에서 출발하여 양의 방향으로 아주 조금 이동한다면 $f(x)$가 얼마만큼 증가 또는 감소할지를 의미한다. 사실 이는 첫 번째 의미와 사실상 같은 것이지만, 때로는 보다 더 직관적인 표현이 될 수 있다. 또한 $f'(a)$의 부호에 국한한다면, $f(x)$가 증가하기 위해서는 양의 방향과 음의 방향 중 어느 방향으로 이동해야 할지를 알려준다. [그림 4.2]에서 $f'(a)$은 음수이므로 $x=a$에서 오른쪽으로 이동하면 $f(x)$가 감소한다는 의미이며, 또한 $f(x)$가 증가하기 위해서는 음의 방향, 즉 왼쪽으로 이동해야 한다는 의미이기도 하다. $f'(c)$는 양수이기 때문에 이와 반대이다.

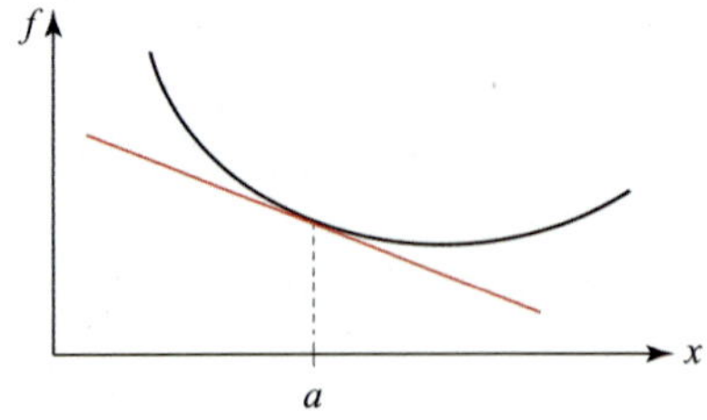

그림 4.1 접선의 기울기로써 미분의 의미

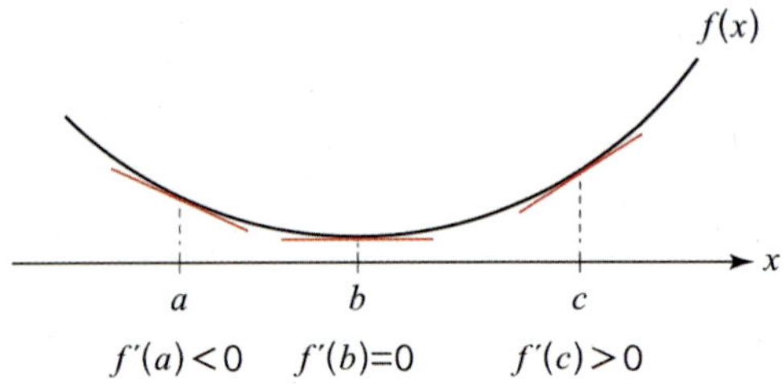

그림 4.2 미분의 부호에 따른 구분

특별히, 미분값이 0이 되는, 즉 $f'(a)=0$인 경우, 함수 $f(x)$는 $x=a$에서 극대값(local maximum) 또는 극소값(local minimum)을 갖거나 안정 변곡점(stationary inflection point)이다. 이 중 어느 것에 해당할지에 대해서는 이차미분을 조사하는 방법이 있다.(4.3절 참조) [그림 4.2]에서 $x=b$에서 미분이 0이 되며 이 경우는 극소값이다.

예제 4.4 신경회로망의 학습

하나의 완전연결층(fully-connected layer)으로 이루어진 신경회로망을 생각해보자. n개의 입력값 $x_i(i=1,...,n)$을 가중치와 곱하여 m개의 출력값 $y_j(j=1,...,m)$을 얻는다. 가중치 w_{ji}는 x_i와 y_j를 연결하는 가중치이다. 활성함수(activation function)는 $f(\cdot)$라 하자. 그러면 출력은 다음의 식으로 표현할 수 있다.

$$y_j=f\left(\sum_{i=0}^{n} w_{ji}x_i\right),\ j=1,...,m \tag{4.3}$$

인덱스 i가 0부터 시작하는 것은 바이어스 항을 포함하기 위함이다. 즉, $x_0=1$이고 w_{j0}는 바이어스 항이다.

출력의 목표값이 $t_j(j=1,...,m)$로 주어졌을 때 손실함수를 다음의 식으로 주어지는 제곱합오차로 정의하자.

$$L=\frac{1}{2}\sum_{j=1}^{m}(t_j-y_j)^2 \tag{4.4}$$

신경회로망의 가중치를 학습하는 방법으로 경사하강법(gradient descent)이 널리 이용된다. 이를 위해서는 손실함수를 가중치로 미분하는 것이 필요하다. 그 미분식, 즉 $\dfrac{dL}{dw_{ji}}$ 을 구해보자.

편의상

$$a_j = \sum_{i=1}^{n} w_{ji} x_i \tag{4.5}$$

라 놓으면 식 (4.3)은

$$y_j = f(a_j) \tag{4.6}$$

라 할 수 있다. 연쇄법칙을 적용하면,

$$\frac{dL}{dw_{ji}} = \frac{dL}{dy_j} \cdot \frac{dy_j}{da_j} \cdot \frac{da_j}{dw_{ji}}$$

로 쓸 수 있다. 첫 번째 항은 식 (4.4)로 부터

$$\frac{dL}{dy_j} = -(t_j - y_j)$$

이다. 두 번째 항은 식 (4.6)으로 부터

$$\frac{dy_j}{da_j} = f'(a_j)$$

이다. 세 번째 항은 식 (4.5)로 부터

$$\frac{da_j}{dw_{ji}} = x_i$$

이다. 따라서

$$\frac{dL}{dw_{ji}} = -(t_j - y_j) \cdot f'(a_j) \cdot x_i$$

이다. 만약 활성함수가 탄젠트 시그모이드라면 식 (4.2)를 활용하여

$$\begin{aligned} \frac{dL}{dw_{ji}} &= -(t_j - y_j) \cdot \frac{4}{(e^{a_j} + e^{-a_j})^2} \cdot x_i \\ &= \frac{-4x_i(t_j - y_j)}{\left(e^{\sum_{i=1}^{n} w_{ji}x_i} + e^{-\sum_{i=1}^{n} w_{ji}x_i}\right)^2} \end{aligned}$$

를 얻을 수 있다. 만약 활성함수가 선형함수라면 그 미분은 1이므로

$$\frac{dL}{dw_{ji}} = -x_i(t_j - y_j) \tag{4.7}$$

이다.

주어진 입력값, 목표값, 그리고 현재의 가중치값과 출력값으로 이 미분을 계산했을 때 양수가 나온다면, w_{ji}를 증가시킬 때 손실함수가 증가하며 w_{ji}를 감소시킬 때 손실함수가 감소한다는 의미이다. 미분이 음수라면 그와 반대로, w_{ji}를 증가시킬 때 손실함수가 감소하며, w_{ji}를 감소시킬 때 손실함수가 증한다는 의미이다. 이 경우들을 반영하여 가중치를 업데이트하는 과정을

$$w_{ji}^{new} = w_{ji} - \eta \frac{dL}{dw_{ji}} \tag{4.8}$$

로 하면 항상 손실함수가 감소하는 방향으로 w_{ji}를 변화시키는 형태가 된다. 여기서 η는 변화의 정도를 의미하는 상수이며 학습률(learning rate)이라 부른다. 만약 미분이 0이라면 손실함수가 극대 또는 극소가 되는 위치거나 변곡점이라는 의미이다.

4.2 벡터와 행렬의 미분

앞에서는 함수의 입력과 출력이 모두 스칼라인 경우를 다루었다. 하지만 스칼라 외에도 벡터 또는 행렬에 대한 미분도 정의하고 계산할 수 있다. 예를 들어, 여러 개의 입력으로 하나의 출력이 결정되는 함수의 경우, 입력은 벡터이며 출력은 스칼라인 함수가 된다. 현재의 온도, 압력, 습도를 통해 내일 비가 내릴 확률을 예측하는 기계학습 모델의 경우, 3차원 벡터(온도, 압력, 습도)를 입력으로 하고 스칼라 값(비가 내릴 확률)을 출력하는 함수라 할 수 있다. 또한 하나의 스칼라 입력으로부터 얻는 여러 출력을 행렬 형태로 정리하는 경우도 있을 수 있다. 이런 경우에 대해 미분을 어떻게 적용할지에 대해 알아보자.

4.2.1. 입력이 벡터인 경우

입력이 n차원 벡터이고 출력이 스칼라인 함수를 $f(x_1, \dots, x_n)$ 또는 $f(\mathbf{x})$로 표기하자. 여기서 $\mathbf{x} = [x_1 \cdots x_n]^\top$이다. 이 함수를 특정한 입력 x_i에 대해 미분한 것을 편미분(partial derivative)이라 하며 아래와 같이 정의한다.

$$\frac{\partial f}{\partial x_i} := \lim_{h \to 0} \frac{f(x_1, \dots, x_{i-1}, x_i + h, x_{i+1}, \dots, x_n) - f(x_1, \dots, x_n)}{h}$$

즉, 다른 입력변수는 고정한 채 해당 입력변수에만 아주 작은 변화를 주었을 때 함수값의 변화량을 구하는 것이다.

각 입력에 대한 편미분을 구하여 모으고 이를 n차원의 벡터로 표현한 것을 $\frac{\partial f}{\partial \mathbf{x}}$ 또는 ∇f로 표기하며, **경사도(gradient)**라고 한다.

$$\frac{\partial f}{\partial \mathbf{x}} = \nabla f := \begin{bmatrix} \frac{\partial f}{\partial x_1} \\ \vdots \\ \frac{\partial f}{\partial x_n} \end{bmatrix}$$

여러 변수가 포함된 수식에서는 무엇에 대한 미분인지 명확하게 하기 위해 아래 첨자를 써서 $\nabla_{\mathbf{x}} f$처럼 표기하기도 한다. 여기서는 이후 서술의 편의상 열벡터로 표현하였으나 문헌에 따라서는 행벡터로 표현하기도 한다.

특정 입력 $\mathbf{x} = \mathbf{a}$에서 경사도를 계산한 것을 $\left.\frac{\partial f}{\partial \mathbf{x}}\right|_{\mathbf{x}=\mathbf{a}}$ 또는 $\nabla f(\mathbf{a})$로 표현한다. 앞서 [그림 4.1]에서 설명한 미분의 의미를 적용한다면, 경사도는 함수 f가 가장 빠르게 증가하는 방향을 의미한다.

예제 4.5 내적의 미분

$\alpha = \mathbf{x}^\top \mathbf{y}$ ($\mathbf{x} \in \mathbb{R}^{n \times 1}$, $\mathbf{y} \in \mathbb{R}^{n \times 1}$)에 대해, $\frac{d\alpha}{d\mathbf{x}}$와 $\frac{d\alpha}{d\mathbf{y}}$를 구해보자.

이 식을 행렬로 표현하면,

$$\alpha - [x_1 \cdots x_n] \begin{bmatrix} y_1 \\ \vdots \\ y_n \end{bmatrix} = \sum_{i=1}^{n} x_i y_i$$

이다. 이를 $\mathbf{x}$의 i번째 성분인 x_i로 미분하면

$$\frac{d\alpha}{dx_i} = y_i$$

이므로 이를 모든 성분에 대해 모으면

$$\frac{d\alpha}{d\mathbf{x}} = \begin{bmatrix} \frac{\partial \alpha}{\partial x_1} \\ \vdots \\ \frac{\partial \alpha}{\partial x_n} \end{bmatrix} = \begin{bmatrix} y_1 \\ \vdots \\ y_n \end{bmatrix} = \mathbf{y} \tag{4.9}$$

이다. 또한

$$\frac{d\alpha}{dy_i} = x_i$$

이고 이를 모든 성분에 대해 모으면

$$\frac{d\alpha}{d\mathbf{y}} = \begin{bmatrix} \frac{\partial \alpha}{\partial y_1} \\ \vdots \\ \frac{\partial \alpha}{\partial y_n} \end{bmatrix} = \begin{bmatrix} x_1 \\ \vdots \\ x_n \end{bmatrix} = \mathbf{x} \tag{4.10}$$

이다.

예제 4.6 **노름의 미분**

$\alpha = \|\mathbf{x}\|^2$ $(\mathbf{x} \in \mathbb{R}^{n \times 1})$에 대해, $\frac{d\alpha}{d\mathbf{x}}$를 구해보자.

$$\alpha = \|\mathbf{x}\|^2 = \mathbf{x}^\top \mathbf{x} = \sum_{i=1}^{n} x_i^2$$

이다. 따라서, 이를 각 성분 x_i에 대해 미분하면

$$\frac{d\alpha}{dx_i} = 2x_i$$

이므로

$$\frac{d\alpha}{d\mathbf{x}} = \begin{bmatrix} \frac{\partial \alpha}{\partial x_1} \\ \vdots \\ \frac{\partial \alpha}{\partial x_n} \end{bmatrix} = \begin{bmatrix} 2x_1 \\ \vdots \\ 2x_n \end{bmatrix} = 2\mathbf{x}$$

를 얻는다.

4.2.2. 출력이 벡터인 경우

입력이 스칼라이고 출력이 m차원 벡터인 함수

$$\mathbf{f}(x) = \begin{bmatrix} f_1(x) \\ \vdots \\ f_m(x) \end{bmatrix}$$

를 생각해보자. 이 함수의 x에 대한 미분은 각 출력 f_i를 x로 미분한 것을 벡터 형태로 나타낸 것으로써, 역시 m차원 벡터로 얻어질 것이다. 즉,

$$\frac{d\mathbf{f}}{dx} = \begin{bmatrix} \frac{df_1}{dx} \\ \vdots \\ \frac{df_m}{dx} \end{bmatrix}$$

입력이 n차원 벡터인 경우로 확장해보자. 입력과 출력이 모두 벡터인 함수는

$$\mathbf{f}(\mathbf{x}) = \begin{bmatrix} f_1(\mathbf{x}) \\ \vdots \\ f_m(\mathbf{x}) \end{bmatrix}$$

로 표현할 수 있다. 이를 미분한 것은 모든 입력과 출력의 조합에 대한 편미분을 포함해야 한다. 따라서 다음과 같이 $m \times n$ 크기의 행렬로 정리할 수 있다.

$$J(\mathbf{f}(\mathbf{x})) := \frac{d\mathbf{f}}{d\mathbf{x}} = \begin{bmatrix} \left(\frac{df_1}{d\mathbf{x}}\right)^{\top} \\ \vdots \\ \left(\frac{df_m}{d\mathbf{x}}\right)^{\top} \end{bmatrix} = \begin{bmatrix} \frac{\partial f_1}{\partial x_1} & \cdots & \frac{\partial f_1}{\partial x_n} \\ \vdots & \ddots & \vdots \\ \frac{\partial f_m}{\partial x_1} & \cdots & \frac{\partial f_m}{\partial x_n} \end{bmatrix}$$

이를 **자코비안(Jacobian)**[27)]이라 부른다.

예제 4.7 **1차식의 미분**

$\mathbf{y} = \mathrm{A}\mathbf{x}$ ($\mathbf{x} \in \mathbb{R}^{n \times 1}$, $\mathbf{y} \in \mathbb{R}^{m \times 1}$, $\mathrm{A} \in \mathbb{R}^{m \times n}$)에 대해, $\frac{d\mathbf{y}}{d\mathbf{x}}$를 구해보자.

이 식을 행렬로 다시 표현하면,

$$\begin{bmatrix} y_1 \\ \vdots \\ y_i \\ \vdots \\ y_m \end{bmatrix} = \begin{bmatrix} a_{11} & \cdots & a_{1n} \\ \vdots & & \vdots \\ a_{i1} & \cdots & a_{in} \\ \vdots & & \vdots \\ a_{m1} & \cdots & a_{mn} \end{bmatrix} \begin{bmatrix} x_1 \\ \vdots \\ x_j \\ \vdots \\ x_n \end{bmatrix}$$

이다. 여기서 y_i에 대한식은

$$y_i = \sum_{j=1}^{m} a_{ij} x_j$$

27) 독일의 수학자 Carl Gustav Jacob Jacobi (1804-1851)의 이름을 딴 것이다.

이며, 이를 x_j로 미분하면

$$\frac{dy_i}{dx_j}=a_{ij}$$

이다. 따라서

$$\frac{d\mathrm{y}}{d\mathrm{x}}=\begin{bmatrix}\frac{\partial y_1}{\partial x_1} & \cdots & \frac{\partial y_1}{\partial x_n}\\ \vdots & & \vdots\\ \frac{\partial y_m}{\partial x_1} & \cdots & \frac{\partial y_m}{\partial x_n}\end{bmatrix}=\begin{bmatrix}a_{11} & \cdots & a_{1n}\\ \vdots & \ddots & \vdots\\ a_{m1} & \cdots & a_{mn}\end{bmatrix}=\mathrm{A}$$

를 얻는다.

4.2.3. 입력 또는 출력이 행렬인 경우

$m\times n$ 크기의 행렬

$$\mathrm{A}=\begin{bmatrix}a_{11} & \cdots & a_{1n}\\ \vdots & \ddots & \vdots\\ a_{m1} & \cdots & a_{mn}\end{bmatrix}$$

를 입력으로 하고 스칼라값을 출력하는 함수 $f(\mathrm{A})$가 있다고 하자. 이를 입력행렬 A로 미분한 결과는 A의 각 성분으로 편미분한 결과를 모아놓은 행렬이 된다. 즉,

$$\frac{df(\mathrm{A})}{d\mathrm{A}}=\begin{bmatrix}\frac{\partial f}{\partial a_{11}} & \cdots & \frac{\partial f}{\partial a_{1n}}\\ \vdots & \ddots & \vdots\\ \frac{\partial f}{\partial a_{m1}} & \cdots & \frac{\partial f}{\partial a_{mn}}\end{bmatrix}$$

스칼라값 x를 입력받아 $m\times n$ 크기의 행렬을 출력하는 함수 $\mathrm{F}(x)$가 있다고 하자.

$$\mathrm{F}(x)=\begin{bmatrix}f_{11}(x) & \cdots & f_{1n}(x)\\ \vdots & \ddots & \vdots\\ f_{m1}(x) & \cdots & f_{mn}(x)\end{bmatrix}$$

이 함수를 x로 미분한 결과는 $\mathrm{F}(x)$의 각 성분을 x로 각각 미분하여 모아놓은 행렬이 된다.

$$\frac{dF(x)}{dx} = \begin{bmatrix} \frac{df_{11}}{dx} & \cdots & \frac{df_{1n}}{dx} \\ \vdots & \ddots & \vdots \\ \frac{df_{m1}}{dx} & \cdots & \frac{df_{mn}}{dx} \end{bmatrix}$$

예제 4.8 행렬식의 미분

$n \times n$ 크기의 행렬 A에 대해 행렬식 |A|의 미분 $\frac{d|A|}{dA}$를 구해보자.

식 (1.4)에서 $|A| = \sum_{j=1}^{n} a_{ij} C_{ij}$이므로 이를 A의 특정 원소 a_{ij}로 미분하면

$$\frac{\partial |A|}{\partial a_{ij}} = C_{ij}$$

이다. 또한 식 (1.8)에서 $(A^{-1})_{ij} = \frac{1}{|A|} C_{ji}$이므로 이를 변형하면

$$C_{ij} = |A|(A^{-1})_{ji}$$

이다. 이를 윗 식에 대입하면

$$\frac{\partial |A|}{\partial a_{ij}} = |A|(A^{-1})_{ji}$$

이다. 이를 모든 원소에 대해 모으면

$$\frac{d|A|}{dA} = \begin{bmatrix} \frac{\partial |A|}{\partial a_{11}} & \cdots & \frac{\partial |A|}{\partial a_{1n}} \\ \vdots & \ddots & \vdots \\ \frac{\partial |A|}{\partial a_{n1}} & \cdots & \frac{\partial |A|}{\partial a_{nn}} \end{bmatrix} = |A| \begin{bmatrix} (A^{-1})_{11} & \cdots & (A^{-1})_{n1} \\ \vdots & \ddots & \vdots \\ (A^{-1})_{1n} & \cdots & (A^{-1})_{nn} \end{bmatrix} = |A|A^{-\top} \tag{4.11}$$

를 얻을 수 있다.

예제 4.9 행렬곱의 대각합의 미분

$m \times n$ 크기의 행렬 A와 $n \times m$ 크기의 행렬 B에 대해 $\frac{d\,\text{trace}(AB)}{dA}$를 구해보자.

AB의 i번째 대각성분은 A의 i번째 행과 B의 i번째 열을 내적하여 얻는다. 따라서

$$\text{trace}(AB) = \sum_{i=1}^{n} a_{1i} b_{i1} + \sum_{i=1}^{n} a_{2i} b_{i2} + \cdots + \sum_{i=1}^{n} a_{ni} b_{in}$$

이다. 이를 A의 각 원소에 대해 미분하면

$$\frac{\partial \text{trace}(\text{AB})}{\partial a_{ij}} = b_{ji}$$

이므로 이를 모으면

$$\frac{d\,\text{trace}(\text{AB})}{d\text{A}} = \begin{bmatrix} b_{11} & \cdots & b_{n1} \\ \vdots & \ddots & \vdots \\ b_{1m} & \cdots & b_{nm} \end{bmatrix} = \text{B}^{\top}$$

임을 알 수 있다.

이번에는 $\frac{d\,\text{trace}(\text{AB})}{d\text{B}}$를 구해보자. $\text{trace}(\text{AB}) = \text{trace}(\text{BA})$이므로

$$\frac{d\,\text{trace}(\text{AB})}{d\text{B}} = \frac{d\,\text{trace}(\text{BA})}{d\text{B}} = \text{A}^{\top}$$

임을 쉽게 확인할 수 있다.

예제 4.10

$\alpha = \mathbf{x}^{\top}\text{A}\mathbf{y}$ ($\mathbf{x} \in \mathbb{R}^{m \times 1}$, $\mathbf{y} \in \mathbb{R}^{n \times 1}$, $\text{A} \in \mathbb{R}^{m \times n}$)에 대해, $\frac{d\alpha}{d\mathbf{x}}$, $\frac{d\alpha}{d\mathbf{y}}$, $\frac{d\alpha}{d\text{A}}$를 구해보자.

먼저, $\mathbf{w}^{\top} := \mathbf{x}^{\top}\text{A}$ ($\mathbf{w} \in \mathbb{R}^{n \times 1}$)이라 하자. 그러면 $\alpha = \mathbf{w}^{\top}\mathbf{y}$가 되며, 이는 식 (4.10)을 이용하면

$$\frac{d\alpha}{d\mathbf{y}} = \mathbf{w} = (\mathbf{x}^{\top}\text{A})^{\top} = \text{A}^{\top}\mathbf{x}$$

를 얻는다.

α는 스칼라값이므로 $\alpha = \alpha^{\top}$가 성립한다. 따라서

$$\alpha = \alpha^{\top} = \mathbf{y}^{\top}\text{A}^{\top}\mathbf{x}$$

에서 $\mathbf{v}^{\top} := \mathbf{y}^{\top}\text{A}^{\top}$라 하면 $\alpha = \mathbf{v}^{\top}\mathbf{x}$가 되므로

$$\frac{d\alpha}{d\mathbf{x}} = \mathbf{v} = (\mathbf{y}^{\top}\text{A}^{\top})^{\top} = \text{A}\mathbf{y}$$

를 얻는다.

$\frac{d\alpha}{d\text{A}}$를 구하기 위해 행렬식을 풀어서 쓰면

$$\alpha = [x_1 \cdots x_m] \begin{bmatrix} a_{11} & \cdots & a_{1n} \\ \vdots & \ddots & \vdots \\ a_{m1} & \cdots & a_{mn} \end{bmatrix} \begin{bmatrix} y_1 \\ \vdots \\ y_n \end{bmatrix} = \sum_{i=1}^{m}\sum_{j=1}^{n} a_{ij} x_i y_j$$

이다. 이를 A의 각 성분으로 미분하면

$$\frac{\partial \alpha}{\partial a_{ij}} = x_i y_j$$

이다. 이를 모든 성분에 대해 모아 행렬로 표현하면

$$\frac{d\alpha}{d\mathrm{A}} = \begin{bmatrix} \frac{\partial \alpha}{\partial a_{11}} & \cdots & \frac{\partial \alpha}{\partial a_{1n}} \\ \vdots & \ddots & \vdots \\ \frac{\partial \alpha}{\partial a_{m1}} & \cdots & \frac{\partial \alpha}{\partial a_{mn}} \end{bmatrix} = \begin{bmatrix} x_1 y_1 & \cdots & x_1 y_n \\ x_2 y_1 & \cdots & x_2 y_n \\ \vdots & \ddots & \vdots \\ x_m y_1 & \cdots & x_m y_n \end{bmatrix} = \begin{bmatrix} x_1 \\ \vdots \\ x_m \end{bmatrix} \begin{bmatrix} y_1 \cdots y_n \end{bmatrix} = \mathbf{x}\mathbf{y}^\top \tag{4.12}$$

를 얻을 수 있다.

예제 4.11 이차형식의 미분

$\alpha = \mathbf{x}^\top \mathrm{A}\mathbf{x}$ ($\mathbf{x} \in \mathbb{R}^{n \times 1}$, $\mathrm{A} \in \mathbb{R}^{n \times n}$)에 대해, $\frac{d\alpha}{d\mathbf{x}}$와 $\frac{d\alpha}{d\mathrm{A}}$를 구해보자.

스칼라 연산으로 표현하면

$$\alpha = \sum_{i=1}^{n} \sum_{j=1}^{n} a_{ij} x_i x_j$$

로 쓸 수 있다. 이를 $\mathbf{x}$의 특정 성분인 x_k로 미분하면

$$\frac{\partial \alpha}{\partial x_k} = \sum_{j=1}^{n} a_{kj} x_j + \sum_{i=1}^{n} a_{ik} x_i = \begin{bmatrix} a_{k1} \cdots a_{kn} \end{bmatrix} \begin{bmatrix} x_1 \\ \vdots \\ x_n \end{bmatrix} + \begin{bmatrix} a_{1k} \cdots a_{nk} \end{bmatrix} \begin{bmatrix} x_1 \\ \vdots \\ x_n \end{bmatrix}$$

가 된다. 즉, A의 k번째 행과 $\mathbf{x}$의 곱, 그리고 A의 k번째 열(즉, $\mathrm{A}^\top$의 k번째 행)과 $\mathbf{x}$의 곱을 합한 것으로 표현된다. 따라서 이를 모아 행렬로 표현하면

$$\begin{aligned} \frac{d\alpha}{d\mathbf{x}} &= \begin{bmatrix} \frac{\partial \alpha}{\partial x_1} \\ \vdots \\ \frac{\partial \alpha}{\partial x_n} \end{bmatrix} \\ &= \begin{bmatrix} a_{11} & \cdots & a_{1n} \\ \vdots & \ddots & \vdots \\ a_{n1} & \cdots & a_{nn} \end{bmatrix} \begin{bmatrix} x_1 \\ \vdots \\ x_n \end{bmatrix} + \begin{bmatrix} a_{11} & \cdots & a_{n1} \\ \vdots & \ddots & \vdots \\ a_{1n} & \cdots & a_{nn} \end{bmatrix} \begin{bmatrix} x_1 \\ \vdots \\ x_n \end{bmatrix} \\ &= \mathrm{A}\mathbf{x} + \mathrm{A}^\top \mathbf{x} \\ &= (\mathrm{A} + \mathrm{A}^\top)\mathbf{x} \end{aligned} \tag{4.13}$$

를 얻는다. 만약에 행렬 A가 대칭이라면 $\mathrm{A} = \mathrm{A}^\top$이므로

$$\frac{d\alpha}{d\mathbf{x}} = 2\mathrm{A}\mathbf{x} \tag{4.14}$$

가 된다.

$\frac{d\alpha}{d\mathrm{A}}$의 결과는 식 (4.12)에서 $\mathrm{x}=\mathrm{y}$로 놓으면 쉽게 구할 수 있다. 즉,

$$\frac{d\alpha}{d\mathrm{A}}=\mathrm{x}\mathrm{x}^{\top} \tag{4.15}$$

4.2.4. 입력과 출력이 모두 스칼라가 아닌 경우

입력과 출력이 모두 벡터 또는 행렬인 경우 미분은 더 이상 2차원 행렬로 정리되기 어렵다. 예를 들어 벡터 $\mathrm{x}\in\mathbb{R}^{3\times1}$를 행렬 $\mathrm{A}\in\mathbb{R}^{4\times5}$로 미분하는 경우 모든 성분의 조합인 $\frac{\partial x_k}{\partial a_{ij}}$는 $3\times4\times5$ 크기의 3차원 행렬이 될 것이다. 이러한 경우 수식으로 정리하는 것은 어렵다. 하지만, 2차원 행렬로 정리가 가능한 특수한 경우가 존재하며, 그러한 하나의 예를 아래에서 살펴보자.

예제 4.12 신경회로망의 학습(행렬 표현)

앞서 예제 4.4에서 살펴본 완전연결층에서의 미분을 벡터와 행렬로 표현해보자. 활성함수는 선형함수라 하자. 출력과 손실함수를 벡터와 행렬의 형태로 쓰면

$$\mathrm{y}=\mathrm{W}\mathrm{x}$$

$$L=\frac{1}{2}\|\mathrm{t}-\mathrm{y}\|_2^2$$

여기서 $\mathrm{x}=\begin{bmatrix}x_1\\ \vdots\\ x_n\end{bmatrix}$, $\mathrm{y}=\begin{bmatrix}y_1\\ \vdots\\ y_m\end{bmatrix}$, $\mathrm{t}=\begin{bmatrix}t_1\\ \vdots\\ t_m\end{bmatrix}$, $\mathrm{W}=\begin{bmatrix}w_{11} & \cdots & w_{1n}\\ \vdots & \ddots & \vdots\\ w_{m1} & \cdots & w_{mn}\end{bmatrix}$이다. 구하고자 하는 것은 손실함수의 가중치 행렬에 대한 미분, 즉

$$\frac{dL}{d\mathrm{W}}=\begin{bmatrix}\frac{\partial L}{\partial w_{11}} & \cdots & \frac{\partial L}{\partial w_{1n}}\\ \vdots & \ddots & \vdots\\ \frac{\partial L}{\partial w_{m1}} & \cdots & \frac{\partial L}{\partial w_{mn}}\end{bmatrix}$$

이다. 식 (4.7)을 이용하면

$$\begin{aligned}\frac{dL}{d\mathrm{W}}&=-\begin{bmatrix}t_1-y_1\\ \vdots\\ t_j-y_j\\ \vdots\\ t_m-y_m\end{bmatrix}\begin{bmatrix}x_1\cdots x_i\cdots x_n\end{bmatrix}\\ &=-(\mathrm{t}-\mathrm{y})\mathrm{x}^{\top}\end{aligned}$$

로 쓸 수 있다.

4.3 이차미분

입력과 출력이 모두 스칼라값인 함수 $y = f(x)$를 x로 두 번 미분한 것을 이차미분이라고 한다.

$$f''(x) = \frac{d}{dx}\left(\frac{df}{dx}\right) = \frac{d^2 f}{dx^2}$$

일차미분이 함수의 변화 정도인 기울기를 의미하므로, 이를 한 번 더 미분한 것은 기울기의 변화 정도를 나타낸다고 이해할 수 있다. 좀 더 정확한 표현으로는 곡률(curvature) 또는 오목한 정도(concavity)를 의미한다.

[그림 4.3]에 보인 것과 같이 일차미분값과 이차미분값의 조합에 따라 함수의 모양을 판단할 수 있다.

- $f'(a) = 0$이고 $f''(a) > 0$인 경우: 아래로 볼록한(convex) 모양이며, $x = a$에서 극소값을 갖는다. 예를 들어, $f(x) = x^2$로 주어진 경우, $f'(x) = 2x$가 되어 $f'(0) = 0$이며 $f''(x) = 2 > 0$이므로 $x = 0$에서 극소값을 갖는다.
- $f'(a) = 0$이고 $f''(a) < 0$인 경우: 위로 볼록한(concave) 모양이며, $x = a$에서 극대값을 갖는다. 예를 들어, $f(x) = -x^2$로 주어진 경우, $f'(x) = -2x$가 되어 $f'(0) = 0$이며 $f''(x) = -2 < 0$이므로 $x = 0$에서 극대값을 갖는다.
- $f'(a) = 0$이고 $f''(a) = 0$인 경우: 이 경우는 안정 변곡점(stationary inflection point)일 가능성이 있다. 변곡점(inflection point)이란 이차미분값, 즉 곡률의 부호가 바뀌는 위치를 말하며, 안정 변곡점은 변곡점 중에서 일차미분값이 0인 경우를 말한다. 예를 들어 $f(x) = x^3$로 주이진 경우, $f'(x) = 3x^2$가 되어 $f'(0) = 0$이며 $f''(x) = 6x$가 되어 $f''(0) = 0$이다. 이 함수는 $x = 0$에서 함수가 위로 볼록한 모양에서 아래로 볼록한 모양으로 바뀌는 변곡점을 갖는다. 그러나 일차미분과 이차미분이 모두 0이라고 해서 모두 변곡점인 것은 아니다. 예를 들어 $f(x) = x^4$인 경우 $x = 0$에서 일차미분과 이차미분이 모두 0이지만 변곡점이 아니라 극소값을 갖는다. 이러한 경우를 기복점(undulation point)이라 한다.
- $f'(a) \neq 0$이고 $f''(a) = 0$인 경우: 이 위치를 기점으로 곡률의 부호가 바뀌지만 일차미분값이 0이 아니기 때문에 접선은 수평이 아니다.이러한 위치를 불안정 변곡점(nonstationary inflection point)이라 한다. 예를 들어 $f(x) = x^3 - x$은 $x = 0$에서 일차미분은 0이 아니고 이차미분은 0이다. 이 점은 아래로 볼록한 모양이 위로 볼록한 모양으로 바뀌는 위치이며 접

선은 수평이 아니다.

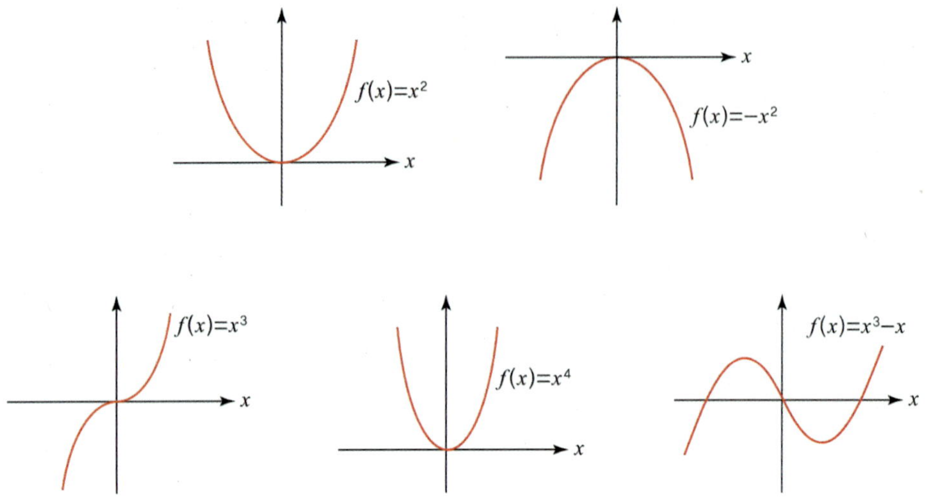

그림 4.3 일차미분값과 이차미분값의 조합에 따른 함수의 모양

예제 4.13

$f(x)=x^2$과 $g(x)=2x^2$에 대해 $x=0$에서 이차미분값을 비교하면

$$f''(0)=2$$

$$g''(0)=4$$

이다. $g(x)$의 이차미분값이 더 큰 값을 보이는 것은 아래 그림과 같이 $g(x)$가 더 곡률이 큰 곡선임을 반영한다.

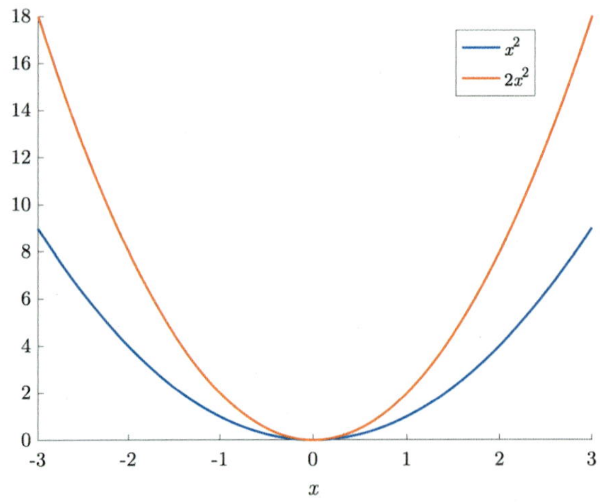

이제 $y=f(\mathbf{x})=f(x_1, x_2, \ldots, x_n)$와 같은 다변량 함수에 대한 이차미분을 알아보자. 4.2.1절에서 설명한 것과 같이 이 함수의 일차미분은 $\mathbf{x}$의 각 성분으로 함수를 미분한 것, 즉 $\frac{\partial f}{\partial x_1}$부터 $\frac{\partial f}{\partial x_n}$을 모은 벡터이다. 이차미분은 이를 다시 한번 $\mathbf{x}$의 각 성분으로 미분한 것이므로, $\mathbf{x}$의 성분 중 2개를 고르는 모든 조합인 $\frac{\partial^2 f}{\partial x_i^2}$와 $\frac{\partial^2 f}{\partial x_i \partial x_j}$를 모아야 할 것이다. 즉,

$$H(f(\mathbf{x})) := \frac{d^2 f}{d\mathbf{x}^2} = \begin{bmatrix} \frac{\partial^2 f}{\partial x_1^2} & \frac{\partial^2 f}{\partial x_1 \partial x_2} & \cdots & \frac{\partial^2 f}{\partial x_1 \partial x_n} \\ \frac{\partial^2 f}{\partial x_2 \partial x_1} & \frac{\partial^2 f}{\partial x_2^2} & \cdots & \frac{\partial^2 f}{\partial x_2 \partial x_n} \\ \vdots & \vdots & \ddots & \vdots \\ \frac{\partial^2 f}{\partial x_n \partial x_1} & \frac{\partial^2 f}{\partial x_n \partial x_2} & \cdots & \frac{\partial^2 f}{\partial x_n^2} \end{bmatrix}$$

를 얻으며, 이를 **헤세 행렬(Hessian matrix)**[28]라고 한다. 일차미분이 경사도 ∇f이고 이 벡터에 대한 미분은 자코비안으로 얻어지므로, 헤세 행렬은 경사도의 자코비안이라고도 할 수 있다. 즉,

$$H(f(\mathbf{x})) = J(\nabla f(\mathbf{x}))$$

이다. 헤세 행렬은 대칭임을 알 수 있다. 왜냐하면 미분의 순서가 바뀌어도 결과는 같아서 $\frac{\partial^2 f}{\partial x_i \partial x_j} = \frac{\partial^2 f}{\partial x_j \partial x_i}$이기 때문이다.

앞서 스칼라 함수에 대해 일차미분과 이차미분의 부호에 따라 함수의 모양을 판별하는 것은 다변량 함수에 대해서도 유사하게 적용된다. 다변량 함수의 경우 일차미분은 경사도, 이차미분은 헤세 행렬을 이용한다.

- $\mathbf{x}=\mathbf{a}$에서 경사도가 영벡터이고($\nabla f(\mathbf{a})=0$) 헤세 행렬이 양의 정부호일 때: $f(\mathbf{x})$는 $\mathbf{x}=\mathbf{a}$에서 극소값을 갖는다.
- $\mathbf{x}=\mathbf{a}$에서 경사도가 영벡터이고($\nabla f(\mathbf{a})=0$) 헤세 행렬이 음의 정부호일 때: $f(\mathbf{x})$는 $\mathbf{x}=\mathbf{a}$에서 극대값을 갖는다.
- $\mathbf{x}=\mathbf{a}$에서 경사도가 영벡터이고($\nabla f(\mathbf{a})=0$) 헤세 행렬이 부정부호일 때: $\mathbf{x}=\mathbf{a}$는 $f(\mathbf{x})$의

28) 독일의 수학자 Ludwig Otto Hesse (1811-1874)의 이름을 딴 것이다.

안장점(saddle point)이다.

예제 4.14

$m \times n$ 행렬 A와 n차원 벡터 $\mathbf{x}$에 대해

$$f(\mathbf{x}) = \|\mathbf{A}\mathbf{x}\|^2$$

가 주어졌다고 하자. $\mathbf{x}=\mathbf{0}$이 어떤 특성을 갖는지 살펴보자.

먼저 일차미분을 확인해보자. $\|\mathbf{A}\mathbf{x}\|^2 = \mathbf{x}^\top \mathbf{A}^\top \mathbf{A}\mathbf{x}$이므로 식 (4.13)을 활용하면

$$\frac{df}{d\mathbf{x}} = (\mathbf{A}^\top \mathbf{A} + (\mathbf{A}^\top \mathbf{A})^\top)\mathbf{x} = 2\mathbf{A}^\top \mathbf{A}\mathbf{x}$$

이다. 따라서 경사도는

$$\left.\frac{df}{d\mathbf{x}}\right|_{\mathbf{x}=\mathbf{0}} = \mathbf{0}$$

이다. 이를 각 원소별로 미분하여 얻을 수도 있다. 즉, 주어진 함수를 A와 $\mathbf{x}$의 원소로 표현하면

$$f(\mathbf{x}) = \sum_{i=1}^{m}\left(\sum_{j=1}^{n} a_{ij}x_j\right)^2$$

이므로 이를 x_j로 미분하면

$$\frac{\partial f}{\partial x_k} = 2\sum_{i=1}^{m}\sum_{j=1}^{n} a_{ik}a_{ij}x_j$$

를 얻으며 $\left.\frac{\partial f}{\partial x_j}\right|_{x_1=x_2=\cdots=0} = 0$이므로 경사도는 $\mathbf{0}$이다.

헤세 행렬은

$$H(f(\mathbf{x})) = \frac{d^2 f}{d\mathbf{x}^2} = \frac{d(2\mathbf{A}^\top \mathbf{A}\mathbf{x})}{d\mathbf{x}} = 2\mathbf{A}^\top \mathbf{A}$$

로 구할 수 있다. 또는 각 원소별로 계산하면

$$\frac{\partial^2 f}{\partial x_k^2} = \frac{\partial}{\partial x_k}\left(2\sum_{i=1}^{m}\sum_{j=1}^{n} a_{ik}a_{ij}x_j\right) = 2\sum_{i=1}^{m} a_{ik}^2$$

$$\frac{\partial^2 f}{\partial x_k x_l} = \frac{\partial}{\partial x_l}\left(2\sum_{i=1}^{m}\sum_{j=1}^{n} a_{ik}a_{ij}x_j\right) = 2\sum_{i=1}^{m} a_{ik}a_{il}$$

이므로 이들을 모은 헤세 행렬은

$$H(f(\mathbf{x}))=\begin{bmatrix}\frac{\partial^2 f}{\partial x_1^2} & \frac{\partial^2 f}{\partial x_1 \partial x_2} & \cdots & \frac{\partial^2 f}{\partial x_1 \partial x_n} \\ \frac{\partial^2 f}{\partial x_2 \partial x_1} & \frac{\partial^2 f}{\partial x_2^2} & \cdots & \frac{\partial^2 f}{\partial x_2 \partial x_n} \\ \vdots & \vdots & \ddots & \vdots \\ \frac{\partial^2 f}{\partial x_n \partial x_1} & \frac{\partial^2 f}{\partial x_n \partial x_2} & \cdots & \frac{\partial^2 f}{\partial x_n^2}\end{bmatrix}=2\begin{bmatrix}\sum_{i=1}^m a_{i1}^2 & \sum_{i=1}^m a_{i1}a_{i2} & \cdots & \sum_{i=1}^m a_{i1}a_{in} \\ \sum_{i=1}^m a_{i1}a_{i2} & \sum_{i=1}^m a_{i2}^2 & \cdots & \sum_{i=1}^m a_{i2}a_{in} \\ \vdots & \vdots & \ddots & \vdots \\ \sum_{i=1}^m a_{i1}a_{in} & \sum_{i=1}^m a_{i2}a_{in} & \cdots & \sum_{i=1}^m a_{in}^2\end{bmatrix}$$

$$=2\begin{bmatrix}a_{11} & a_{21} & \cdots & a_{m1} \\ a_{12} & a_{22} & \cdots & a_{m2} \\ \vdots & \vdots & \ddots & \vdots \\ a_{1n} & a_{2n} & \cdots & a_{mn}\end{bmatrix}\begin{bmatrix}a_{11} & a_{12} & \cdots & a_{1n} \\ a_{21} & a_{22} & \cdots & a_{2n} \\ \vdots & \vdots & \ddots & \vdots \\ a_{m1} & a_{m2} & \cdots & a_{mn}\end{bmatrix}$$

$$=2\mathrm{A}^\top \mathrm{A}$$

를 얻는다.

헤세 행렬에 대한 이차형식을 정리하면

$$\mathbf{x}^\top(2\mathrm{A}^\top \mathrm{A})\mathbf{x}=2\|\mathrm{A}\mathbf{x}\|^2 \geq 0$$

이므로 헤세 행렬이 양의 정부호임을 알 수 있다.

종합하면, 경사도는 영벡터이고 헤세 행렬이 양의 정부호이므로 함수 $f(\mathbf{x})$는 $\mathbf{x}=\mathbf{0}$에서 극소값을 갖는다.

예제 4.15

$\mathbf{x}=\begin{bmatrix}x_1\\x_2\end{bmatrix}$에 대해 함수

$$f(\mathbf{x})=x_1^2-2x_2^2$$

가 주어졌다고 하자.

일차미분을 구하면 $\frac{df}{d\mathbf{x}}=\begin{bmatrix}2x_1\\-4x_2\end{bmatrix}$이므로, $\mathbf{x}=\begin{bmatrix}0\\0\end{bmatrix}$에서 경사도가 영벡터로 얻어진다. $\mathbf{x}=\begin{bmatrix}0\\0\end{bmatrix}$에서 이차미분을 구해보면 $\frac{d^2f}{d\mathbf{x}^2}=\begin{bmatrix}2 & 0\\0 & -4\end{bmatrix}$이다. 이 헤세행렬은 대각행렬이므로 대각 성분이 고유값인데 양수와 음수 모두를 갖기 때문에 부정부호이다. 따라서 $\mathbf{x}=\begin{bmatrix}0\\0\end{bmatrix}$는 안장점이다. 아래 그림에 $f(\mathbf{x})$를 나타내었으며 강조를 위해 x_1축과 x_2축을 따라 함수값을 붉은색으로 표현하였다. $\mathbf{x}=\begin{bmatrix}0\\0\end{bmatrix}$에서 x_1축을 따라 움직이면 함수값은 증가하지만 x_2축을 따라 움직이면 함수값은 감소하므로 이 위치는 극대도 아니고 극소도 아닌 안장점이다.

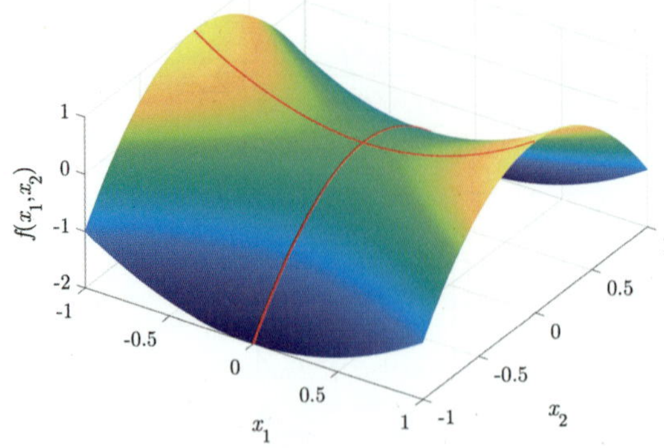

4.4 테일러급수

테일러 급수(Taylor series)[29]는 임의의 함수를 다항식의 형태로 표현하는 방법이다. 일차항 또는 이차항까지만 사용함으로써 선형식 또는 이차식으로 근사화하는데 자주 사용된다.

실수에서 실수로의 함수 $f(x)$는 $x=a$ 근처에서 다음과 같은 무한급수로 표현할 수 있다.

$$\begin{aligned} f(x) &= \sum_{k=0}^{\infty} \frac{1}{k!} f^{(k)}(a)(x-a)^k \\ &= f(a) + \frac{1}{1!} f'(a)(x-a) + \frac{1}{2!} f''(a)(x-a)^2 + \frac{1}{3!} f'''(x-a)^3 + \cdots \end{aligned}$$

각 항 앞에는 $1/k!$이 붙어 있어서 높은 차수의 항들은 값이 상대적으로 작아질 것이므로 무시하여 근사화할 수 있다. 가령 삼차항 이상을 무시할 경우,

$$f(x) \approx f(a) + f'(a)(x-a) + \frac{1}{2} f''(a)(x-a)^2$$

와 같은 이차식으로 근사화할 수 있다. 또한 이차항까지도 무시할 경우,

$$f(x) \approx f(a) + f'(a)(x-a)$$

와 같이 일차식으로 근사화할 수도 있다. 다만 이와 같은 근사화는 $x=a$ 근처에서만 유효함에 주의해야 한다.

29) 영국의 수학자이자 변호사인 Brook Taylor (1685-1731)의 이름을 딴 것이다.

예제 4.16

$f(x)=e^x$를 $x=0$ 근처에서 테일러 급수로 표현해보자.

$f'(x)=f''(x)=f'''(x)=\cdots=e^x$이고 여기에 0을 대입하면 $f'(0)=f''(0)=f'''(0)=\cdots=1$이다. 따라서

$$\begin{aligned} e^x &= 1+1\times(x-0)+\frac{1}{2!}\times1\times(x-0)^2+\frac{1}{3!}\times1\times(x-0)^3+\cdots \\ &= 1+x+\frac{x^2}{2!}+\frac{x^3}{3!}+\cdots \end{aligned}$$

로 얻어진다. 1차항까지만 사용하면

$$e^x \approx 1+x$$

로 근사화할 수 있다. 2차항까지 사용하면

$$e^x \approx 1+x+\frac{x^2}{2}$$

로 근사화된다. 아래 그림에서 두 근사화 결과를 비교한다. 왼쪽은 좁은 x의 범위에서 비교한 것이며 오른쪽은 넓은 범위에서 비교한 것이다. 왼쪽에 보인 것과 같이 $x=0$ 근처에서는 근사화한 결과가 적절하지만, 오른쪽에서 볼 수 있듯이 0에서 멀어지면 원래 함수와 차이가 상당한 것을 볼 수 있다. 왼쪽에서 일차식과 이차식을 비교하면 높은 차수를 포함하는 2차의 근사식이 원래 함수에 더 유사한 것을 볼 수 있다. 단, 일차식과 이차식의 비교는 $x=0$에서 먼 위치에서는 의미가 없다.

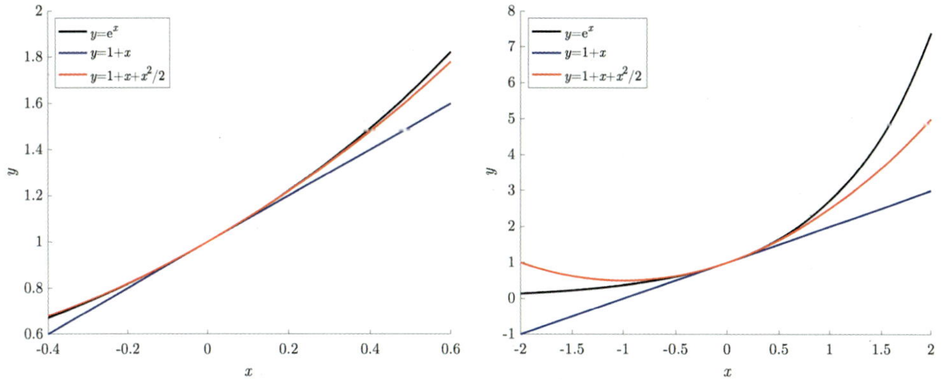

예제 4.17

$f(x)=\ln(1+x)$를 $x=0$ 근처에서 테일러 급수로 표현해보자. 우선 $f(0)=0$이다.

1차미분을 구하면 $f'(x)=\dfrac{1}{1+x}$이고 0을 대입하면 $f'(0)=1$이다. 2차미분은 $f''(x)=-\dfrac{1}{(1+x)^2}$이고 0을 대입하면 $f''(0)=-1$이다. 3차미분은 $f'''(x)=\dfrac{2}{(1+x)^3}$이고 0을 대입하면 $f'''(0)=2$이다. 따라서

$$\begin{aligned}\ln(1+x) &= 0+1\times(x-0)+\frac{1}{2!}\times(-1)\times(x-0)^2+\frac{1}{3!}\times 2\times(x-0)^3-\cdots \\ &= x-\frac{x^2}{2}+\frac{x^3}{3}-\cdots\end{aligned}$$

가 되고, 1차항까지만 사용하면

$$\ln(1+x)\approx x$$

로 근사화할 수 있다.

벡터를 입력으로 하는 다변량 함수의 경우로 확장해보자. $f:\mathbb{R}^n\to\mathbb{R}$에 대해 $\mathbf{x}=\mathbf{a}$ 근처에서 테일러급수로 표현하면

$$f(\mathbf{x})=\sum_{k_1=0}^{\infty}\cdots\sum_{k_n=0}^{\infty}\frac{1}{k_1!\cdots k_n!}\left.\frac{\partial^{k_1+\cdots+k_n}f}{\partial x_1^{k_1}\cdots\partial x_n^{k_n}}\right|_{\mathbf{x}=\mathbf{a}}(x_1-a_1)^{k_1}\cdots(x_n-a_n)^{k_n}$$

이차식까지 활용하여 근사화하면

$$f(\mathbf{x})\approx f(\mathbf{a})+(\mathbf{x}-\mathbf{a})^\top\nabla f(\mathbf{a})+\frac{1}{2}(\mathbf{x}-\mathbf{a})^\top H(f)|_{\mathbf{x}=\mathbf{a}}(\mathbf{x}-\mathbf{a})$$

이다. 일차식까지만 활용하여 근사화하면

$$f(\mathbf{x})\approx f(\mathbf{a})+(\mathbf{x}-\mathbf{a})^\top\nabla f(\mathbf{a}) \tag{4.16}$$

를 얻는다.

예제 4.18

2차원 벡터 $\mathbf{x}=\begin{bmatrix} x_1 \\ x_2 \end{bmatrix}$에 대해 정의되는 함수

$$f(\mathbf{x}) = \exp\{-\|\mathbf{x}\|^2\}$$

또는

$$f(x_1,x_2) = \exp\{-(x_1^2+x_2^2)\}$$

가 있을 때, $\mathbf{a}=\begin{bmatrix} 1 \\ -1 \end{bmatrix}$ 근처에서의 테일러급수 표현을 통해 일차식 및 이차식으로 근사화해보자.

먼저 $f(\mathbf{a}) = e^{-(1+1)} = e^{-2}$이며, 이것이 근사화한 식의 상수항이다.

다음으로 1차미분을 구해보면

$$\frac{\partial f(x_1,x_2)}{\partial x_1} = -2x_1 \cdot \exp\{-(x_1^2+x_2^2)\}$$
$$\frac{\partial f(x_1,x_2)}{\partial x_2} = -2x_2 \cdot \exp\{-(x_1^2+x_2^2)\}$$

이므로 경사도는

$$\nabla f(\mathbf{x}) = \begin{bmatrix} -2x_1 \cdot \exp\{-(x_1^2+x_2^2)\} \\ -2x_2 \cdot \exp\{-(x_1^2+x_2^2)\} \end{bmatrix}$$

이다. 여기에 $\mathbf{a}=\begin{bmatrix} 1 \\ -1 \end{bmatrix}$를 대입하면

$$\nabla f(\mathbf{a}) = \begin{bmatrix} -2e^{-2} \\ 2e^{-2} \end{bmatrix}$$

이므로 근사화한 식의 일차항은

$$(\mathbf{x}-\mathbf{a})^{\top} \nabla f(\mathbf{a}) = [x_1-1 \quad x_2+1] \begin{bmatrix} -2e^{-2} \\ 2e^{-2} \end{bmatrix} = -2e^{-2}x_1 + 2e^{-2}x_2 + 4e^{-2}$$

이다. 따라서, 일차식으로 근사화한 결과는

$$f(x_1,x_2) \approx -2e^{-2}x_1 + 2e^{-2}x_2 + 4e^{-2} + e^{-2} = e^{-2}(-2x_1+2x_2+5)$$

이다. 또는 벡터형태로 정리하면

$$f(\mathbf{x}) = e^{-2}\begin{bmatrix} -2 \\ 2 \end{bmatrix}^{\top} \mathbf{x} + 5e^{-2}$$

이다.

이차식으로 근사화하기 위해 각 2차미분을 구해보면

$$\frac{\partial^2 f(x_1,x_2)}{\partial x_1^2} = -2\cdot \exp\{-(x_1^2+x_2^2)\} + 4x_1^2 \cdot \exp\{-(x_1^2+x_2^2)\} = (4x_1^2-2)\exp\{-(x_1^2+x_2^2)\}$$

$$\frac{\partial^2 f(x_1,x_2)}{\partial x_2^2} = -2\cdot \exp\{-(x_1^2+x_2^2)\} + 4x_2^2 \cdot \exp\{-(x_1^2+x_2^2)\} = (4x_2^2-2)\exp\{-(x_1^2+x_2^2)\}$$

$$\frac{\partial^2 f(x_1,x_2)}{\partial x_1 x_2} = 4x_1x_2 \cdot \exp\{-(x_1^2+x_2^2)\}$$

이므로 헤세행렬은

$$H(f) = \exp\{-(x_1^2+x_2^2)\}\begin{bmatrix} 4x_1^2-2 & 4x_1x_2 \\ 4x_1x_2 & 4x_2^2-2 \end{bmatrix}$$

이며, a에서의 값은

$$H(f)|_{\mathbf{x}=\mathbf{a}} = e^{-2}\begin{bmatrix} 2 & -4 \\ -4 & 2 \end{bmatrix}$$

이다. 이를 이용하면 2차항은

$$\begin{aligned}\frac{1}{2}(\mathbf{x}-\mathbf{a})^\top H(f)|_{\mathbf{x}=\mathbf{a}}(\mathbf{x}-\mathbf{a}) &= \frac{1}{2}\cdot e^{-2}\cdot [x_1-1 \quad x_2+1]\begin{bmatrix} 2 & -4 \\ -4 & 2 \end{bmatrix}\begin{bmatrix} x_1-1 \\ x_2+1 \end{bmatrix} \\ &= e^{-2}(x_1^2+x_2^2-4x_1x_2-6x_1+6x_2+6)\end{aligned}$$

이다. 2차 근사식은 이 2차항을 앞서 얻은 1차 근사식과 합하여 얻는다.

$$f(x_1,x_2) \approx e^{-2}(x_1^2+x_2^2-4x_1x_2-8x_1+8x_2+11)$$

또는 벡터식으로 정리하면

$$f(\mathbf{x}) = e^{-2}\left(\mathbf{x}^\top \begin{bmatrix} 1 & -2 \\ -2 & 1 \end{bmatrix}\mathbf{x} + 8\begin{bmatrix} -1 \\ 1 \end{bmatrix}^\top \mathbf{x} + 11\right)$$

예제 4.19 경사하강법의 해석

신경회로망의 학습을 위한 경사하강법을 테일러 급수로 해석해 볼 수 있다. 학습 대상인 신경회로망의 가중치를 벡터 형태로 모아놓은 것을 w, 학습을 통해 최소화하고자 하는 손실함수 또는 목적함수를 $L(\mathbf{w})$라 하자. 현재의 가중치값 w를 $\Delta\mathbf{w}$만큼 업데이트하였을 때 손실함수 $L(\mathbf{w}+\Delta\mathbf{w})$를 테일러 급수로 표현하면

$$L(\mathbf{w}+\Delta\mathbf{w}) \approx L(\mathbf{w}) + \Delta\mathbf{w}^\top \nabla L(\mathbf{w})$$

이다. 이는 식 (4.16)에서 x를 $\mathbf{w}+\Delta\mathbf{w}$로, a를 w로 놓은 것이다. 업데이트를 통해 손실함수를 감소시키기 위해서는 $L(\mathbf{w}+\Delta\mathbf{w}) - L(\mathbf{w}) \approx \Delta\mathbf{w}^\top \nabla L(\mathbf{w})$가 음수여야 한다. 손실함수의 변화량 $\Delta\mathbf{w}^\top \nabla L(\mathbf{w})$

은 $\Delta\mathbf{w}$와 $\nabla L(\mathbf{w})$의 내적이므로 이 두 벡터의 크기와 그들 간의 각도인 θ에 대한 코사인값의 곱으로 계산된다.

$$\Delta\mathbf{w}^\top \nabla L(\mathbf{w}) = \|\Delta\mathbf{w}\| \cdot \|\nabla L(\mathbf{w})\| \cdot \cos\theta$$

벡터의 크기는 항상 양수이므로 내적이 음수가 되기 위해서는 $\cos\theta$가 음수여야 한다. 그리고 손실함수의 감소량이 크게 하려면 $\cos\theta$이 최소값인 -1을 가져야 하며 이는 두 벡터 사이의 각도가 180도라는 것이다. 즉, 가중치의 업데이트 방향을 손실함수의 경사도의 반대방향으로 잡는다는 것이다. 이를 그림으로 표현하면 다음과 같다.

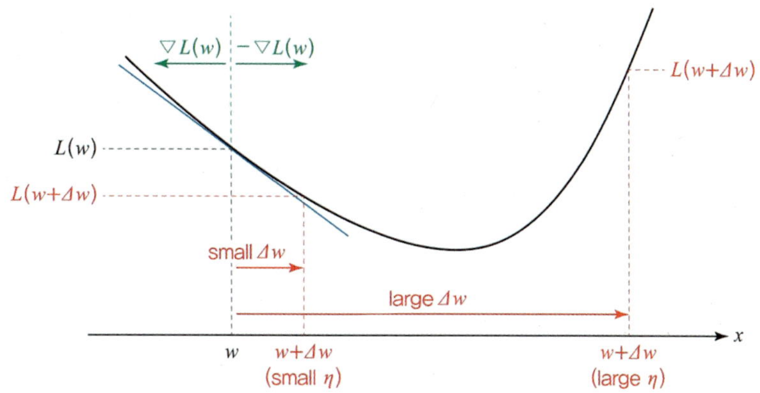

손실함수 감소량을 크게 하기 위해 $\|\Delta\mathbf{w}\|$를 키우는 것은 적절하지 않다. 왜냐하면 테일러 급수는 $\mathbf{w}+\Delta\mathbf{w}$가 $\mathbf{w}$의 근처에 있을 때, 즉 $\Delta\mathbf{w}$가 작은 범위에서만 성립하기 때문이다. 위 그림에서 보인 것과 같이 가중치를 크게 업데이트하는 경우 오히려 손실함수값이 증가할 수 있다. 따라서 $\Delta\mathbf{w}$는 경사도와 반대방향이면서 작은 크기가 되도록 다음과 같이 설정한다.

$$\Delta\mathbf{w} = -\eta\nabla L(\mathbf{w})$$

여기서 η는 학습률이며 업데이트의 크기를 작게 유지시키는 상수이다. 따라서 경사하강법은

$$\mathbf{w}^{new} = \mathbf{w} + \Delta\mathbf{w} = \mathbf{w} - \eta\nabla L(\mathbf{w})$$

로 쓸 수 있다. 이는 식 (4.8)을 벡터 형태로 표현한 것임을 알 수 있다.

CHAPTER 05

연속최적화(Continuous Optimization)

5.1 개념 및 종류

최적화(optimization)는 변수 또는 파라미터에 따라 변화하는 목적함수(objective function)가 있을 때, 목적함수를 최대화 또는 최소화하기 위한 파라미터의 값을 찾는 과정이다. 목적함수는 분야에 따라 부르는 이름이 다양한데, 비용함수(cost function), 손실함수(loss function), 에너지 함수, 효용함수(utility function) 등이 있다. 그리고 목적함수의 입력 변수 또는 파라미터가 존재할 수 있는 정의역을 탐색영역(search space) 또는 실현가능집합(feasible set)이라고 하고 그 원소 각각을 실현가능한 해(feasible solution)라고 부른다.

최적화 문제는 상황에 따라 최대화 또는 최소화로 주어질 수 있는데, 최대화 문제와 최소화 문제는 서로 다르지 않다. 예를 들어 최대화 문제가 있다고 할 때, 목적함수에 음수 부호를 붙이면 최소화 문제로 바뀌게 되며, 풀고자 하는 문제 자체는 변하지 않는다. 따라서 이하에서 모든 최적화 문제는 최소화 문제로 생각한다.

최적화 문제는 다양한 관점에서 분류가 가능하다. 먼저, 해(solution)의 형태에 따라 분류해 보자. **조합최적화(combinatorial optimization)** 문제는 주로 순서를 정하는 문제이다. 여러 도시가 있고 도시간 거리가 서로 다를 때, 전체 이동거리를 최소화하면서 모든 도시를 다 순회하는 순서를 찾는 방문판매원 문제(traveling salesman problem)가 대표적인 예이다. **이산최적화(discrete optimization)** 문제는 해가 가질 수 있는 값이 이산적인 경우로써, 예를 들어 정수값을 갖는 해를 찾는 문제를 생각할 수 있다. **연속최적화(continuous optimization)**는 연속적인 실수값을 가질 수 있는 해를 찾는 문제를 말한다. 이 장에서는 기계학습에서 주로 접하는 연속최적화

문제를 다룬다.

목적함수의 개수에 따른 분류도 가능하다. 목적함수가 하나인 경우를 **단일목적 최적화**(single-objective optimization) 문제라 한다. 반면, 목적함수가 여럿인 경우는 **다목적 최적화**(multi-objective optimization) 문제라 한다. 예를 들어, 음성이나 영상 데이터를 압축하는 경우 압축 효율을 최대화하면서도 압축으로 인한 음질 또는 화질의 저하를 최소화하길 원하기 때문에 목적함수가 2개인 다목적 최적화 문제라 할 수 있다.

목적함수 외에 파라미터 값에 대한 제약조건(constraint)이 있는 경우가 있다. 제약조건이 없고 목적함수만 존재하는 경우는 **비구속 최적화**(unconstrained optimization)라 하며, 제약조건이 있는 경우는 **구속 최적화**(constrained optimization)라 한다. 예를 들어 파라미터가 양수이어야 한다는 조건이라든가, 파라미터들의 합이 1이 되어야 하는 조건 등이 존재할 수 있다.

[그림 5.1]은 두 가지 최소화 문제에 대해 파라미터 값의 변화에 따라 목적함수의 값이 어떻게 변화하는지를 예를 들어 나타낸다. 왼쪽 그림의 경우에는 $x = a$에서 최소값을 가지기 때문에 최적해가 되며, $x > a$에서는 단조증가하며 $x < a$에서는 단조감소한다. 이 경우 목적함수는 **유니모달**(unimodal) **함수**에 해당한다. 반면, 오른쪽 그림의 경우에는 복수의 "모드(mode)" 즉 극소값이 존재하며 이를 **멀티모달**(multimodal) **함수**라 한다. 목적함수 전체에 대해 최소값은 $x = d$에서 얻어지며, 이를 전역최소(global minimum)라 한다. $x = b$는 주변보다 작은 값을 가지기 때문에 최소라 할 수 있지만 전 범위에 걸쳐서 최소값은 아니기 때문에 국소최소(local minimum)라 한다. $x = c$는 주변에 비해 큰 값을 가지기 때문에 국소최대(local maximum)가 된다. 최대화 문제에서 최대 및 최소화 문제에서 최소를 모두 최적(optimum)이라 한다. 정리하면,

- $x = a$: 국소최적, 국소최소, 전역최적, 전역최소
- $x = b$: 국소최적, 국소최소
- $x = c$: 국소최대
- $x = d$: 국소최적, 국소최소, 전역최적, 전역최소

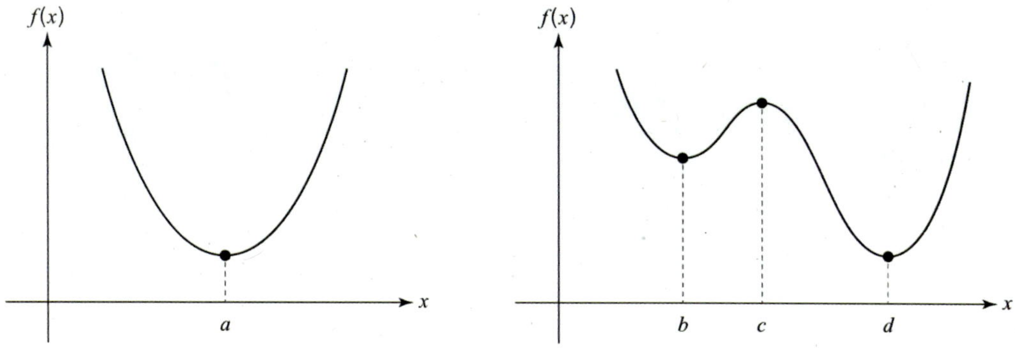

그림 5.1 유니모달 함수(왼쪽)와 멀티모달 함수(오른쪽)

유니모달 함수의 예로는 다음과 같은 이차함수(quadratic function)의 최적화 문제를 들 수 있다.

$$\min_{\mathbf{x}} \|\mathbf{x}\|^2 = \sum_i x_i^2$$

유니모달 함수는 미분해서 경사도가 0이 되는 유일한 점을 찾으면 되기 때문에 최적해를 구하기가 쉽다. 그러나 멀티모달 함수는 미분해서 0이 되는 점이 여럿 존재하기 때문에 미분 기반으로 찾는 해가 국소최적일 가능성이 있다. 따라서 전역최적해를 구하는 것이 쉽지 않다.

최적화문제 중 어떤 것들은 볼록 최적화문제(convex optimization problem)이다. 다음의 두 가지 조건을 만족하면 볼록 최적화문제라 한다.

1) 목적함수 $f(\mathbf{x})$가 볼록함수(convex function)이다. 즉, 정의역에 있는 서로 다른 모든 파라미터 $\mathbf{x}_1$과 $\mathbf{x}_2$, 그리고 $0 < t < 1$인 모든 실수 t에 대해

$$f(t\mathbf{x}_1 + (1-t)\mathbf{x}_2) \leq tf(\mathbf{x}_1) + (1-t)f(\mathbf{x}_2) \tag{5.1}$$

를 만족한다(그림 5.2). 참고로 f를 위아래로 뒤집은 $-f$가 볼록함수이면 f는 오목함수(concave function)라 부른다.

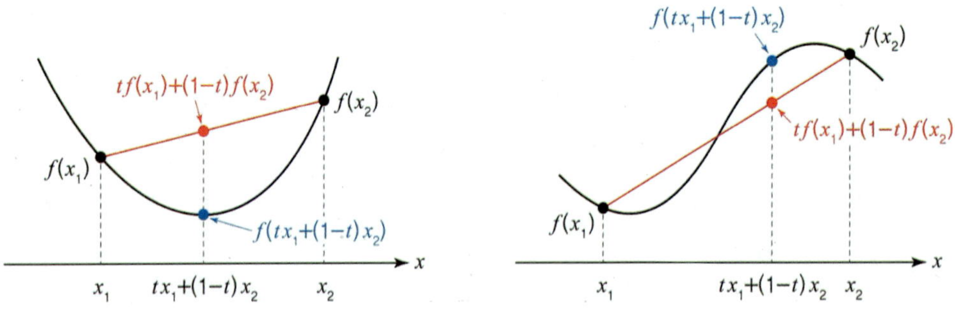

그림 5.2 볼록함수(convex function) (왼쪽) 및 볼록하지 않은 함수(non–convex function) (오른쪽)

2) 실현가능집합이 볼록 집합(convex set)이다. 즉, 실현가능집합에 있는 임의의 두 점을 연결한 선분 위의 모든 점이 실현가능집합에 포함된다(그림 5.3).

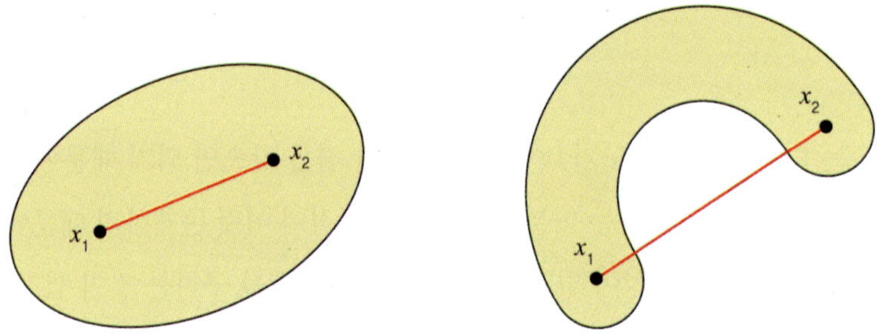

그림 5.3 볼록집합(convex set) (왼쪽) 및 볼록하지 않은 집합(non–convex set) (오른쪽)

볼록 최적화문제는 해를 구하는 관점에서 몇 가지 장점이 있다. 먼저, 볼록 최적화문제의 모든 국소최적해는 전역최적해이다. 특수한 경우로써 목적함수가 엄격히 볼록(strictly convex)하면, 즉 식 (5.1)에서 등호 없이 부등호만으로 만족하면, 최대 한 개의 최적해만 존재한다. 그러므로 해를 구했을 때 그것이 전역최적해임이 보장되는 것이다. 또한, 해를 닫힌 형태(closed-form)의 수식으로 구할 수 있거나 수치적으로 풀 때 상대적으로 효율적으로 해결할 수 있다. 따라서 해결하고자 하는 문제 자체를 볼록 최적화문제로 공식화하면 쉽게 해결이 가능하다. 실제로 기계학습을 포함한 많은 공학적 문제가 볼록 최적화문제로 귀결될 수 있다. 또한 주어진 문제가 볼록 최적화가 아니더라도, 전체 또는 일부 영역에서 볼록 최적화문제로 근사화하여 볼록 최적화 기법을 활용하는 등의 방식을 쓸 수도 있다.

주의할 것은 볼록함수와 유니모달 함수는 같지 않다. 예를 들어 정규분포 모양의 함수를 위

아래로 뒤집어놓은 함수는 최소값이 하나인 유니모달 함수이지만 볼록함수도 아니고 오목함수도 아니다. 또한, $f(x)=e^{-x}$는 볼록함수이지만 유니모달 함수는 아니다.

이하에서는 파라미터가 n차원 실수공간의 한 점인 벡터이고 목적함수가 비선형 함수인 최소화 문제에 대한 일반적인 접근 방식을 설명한다.

5.2 비구속 최적화

찾고자 하는 파라미터 x가 스칼라이고 목적함수가 $f(x)$로 주어지는 1차원 최적화 문제는 다음과 같이 쓸 수 있다.

$$\min_{x} f(x)$$

$x=x^*$ 가 국소최적해가 될 필요조건은 그 위치에서 목적함수의 미분값이 0이 되는 것이다. 즉,

$$\left.\frac{df}{dx}\right|_{x=x^*}=0$$

다시 말해서 $x=x^*$ 가 국소최적해라면 미분값이 0이 된다는 의미이다. 하지만 이는 충분조건은 아니다. 왜냐하면 변곡점일 수도 있기 때문이다.(4.3절 참조) $x=x^*$ 가 국소최적해가 될 충분조건은 미분값이 0이라는 조건 외에 이차미분값이 양수라는 조건이 추가로 필요하다.

$$\left.\frac{d^2f}{dx^2}\right|_{x=x^*}>0$$

이를 n차원 파라미터 $\mathbf{x}\in\mathbb{R}^n$에 대한 목적함수 $f(\mathbf{x})$의 최소값을 찾는 최적화문제로 확장해 보자. 먼저 최적화문제는

$$\min_{\mathbf{x}} f(\mathbf{x})$$

로 쓸 수 있다. 1차원의 경우와 마찬가지로 $\mathbf{x}=\mathbf{x}^*$ 가 국소최적해가 될 필요조건은

$$\nabla f\,\big|_{\mathbf{x}=\mathbf{x}^*}=0$$

이며, 충분조건은 이 외에 헤세 행렬이 양의 준정부호라는 조건이 추가된다.

예제 5.1

4차함수

$$f(x) = x^4 - 6x^3 + 32x$$

를 생각해보자. 미분하여 0이 되는 점을 찾으면

$$\frac{df}{dx} = 4x^3 - 18x^2 + 32 = 0$$

으로부터 $x_1^* = (1 - \sqrt{33})/4$, $x_2^* = (1 + \sqrt{33})/4$, $x_3^* = 4$을 얻는다.

이차미분은

$$\frac{d^2 f}{dx^2} = 12x^2 - 36x$$

이며 각 위치에서 이차미분을 검사해보면

$$f''(x_1^*) = \frac{33}{2} + \frac{15}{2}\sqrt{33} > 0$$
$$f''(x_2^*) = \frac{69}{2} - \frac{15}{2}\sqrt{33} < 0$$
$$f''(x_3^*) = 48 > 0$$

이므로 x_1^*과 x_3^*에서 극소값을 가지며 x_2^*는 극대값에 해당한다. 아래 그림에서 $f(x)$의 그래프를 통해 이를 확인할 수 있다.

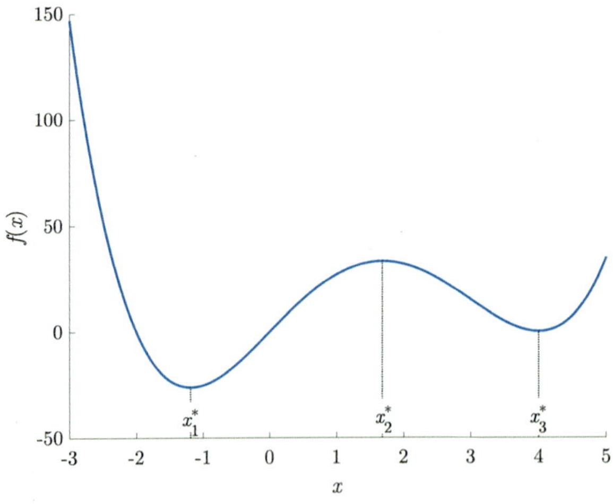

예제 5.2 **1차원 최소자승(least squares) 문제**

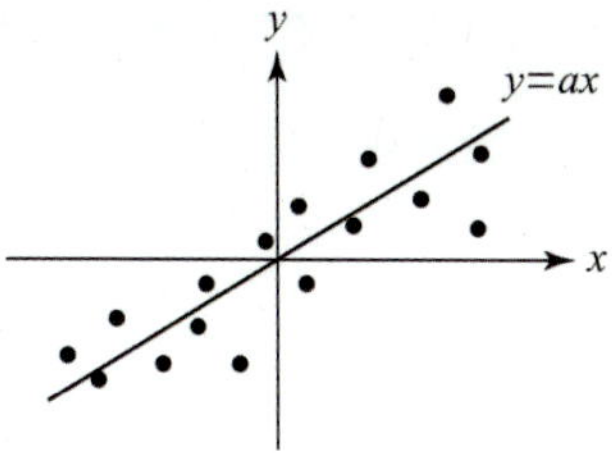

위 그림에 보인 것과 같이, 입력과 출력을 각각 가로축과 세로축에 표현했을 때 얻은 N개의 데이터 $\{(x_i, y_i)\}_{i=1}^{N}$를 원점을 지나는 하나의 직선으로 근사화하는 문제를 생각해보자. 직선의 방정식을

$$y = ax$$

로 설정한다면, 주어진 입력데이터 x_i에 대해 직선에서 얻는 근사값 ax_i와 실제 얻은값 y_i의 차이가 최소가 되도록 하는 a값을 구하는 최적화문제로 생각할 수 있다. 이를 수식으로 표현하면,

$$\min_{a} f(a) = \sum_{i=1}^{N} (y_i - ax_i)^2 \tag{5.2}$$

와 같이 쓸 수 있다. 목적함수를 미분해서 0이 되는 파라미터 a의 값을 구해보자.

$$\frac{df}{da} = -2\sum_{i=1}^{N} x_i (y_i - ax_i) = 0$$

으로 쓸 수 있으며 이를 풀면

$$a^* = \frac{\sum_{i=1}^{N} x_i y_i}{\sum_{i=1}^{N} x_i^2} \tag{5.3}$$

로 구할 수 있다. 이 때, 이차미분값을 구해 보면

$$\left.\frac{d^2 f}{da^2}\right|_{a=a^*} = 2\sum_{i=1}^{N} x_i^2 > 0$$

이 되어 식 (5.3)에서 구한 해가 국소최적해임을 확인할 수 있다. 사실, 식 (5.2)에서 표현한 목적함수는 이차함수이기 때문에 우리가 구한 해는 국소최적일 뿐만 아니라 전역최적이다.

예제 5.3 **벡터 데이터에 대한 최소자승 문제**

앞선 예제를 확장하여 입력데이터가 벡터로 주어진 경우에 대한 최소자승 문제를 풀어보자.

N개의 데이터 $\{(\mathbf{x}_i, y_i)\}_{i=1}^{N}$가 주어졌다고 하자. 여기서 입력데이터 $\mathbf{x}_i$는 n차원 벡터이다. 단 $N > n$이다. 원점을 지나는 평면의 방정식

$$y = \mathbf{a}^\top \mathbf{x}$$

를 찾는 것, 즉 n차원 벡터 $\mathbf{a}$를 찾는 것이 목적이다. 최소자승 문제는

$$\min_{\mathbf{a}} f(\mathbf{a}) = \sum_{i=1}^{N} (y_i - \mathbf{a}^\top \mathbf{x}_i)^2$$

로 쓸 수 있다. 여기서 $\mathbf{y} = \begin{bmatrix} y_1 \\ \vdots \\ y_N \end{bmatrix}$ 및 $\mathrm{X} = \begin{bmatrix} \mathbf{x}_1^\top \\ \vdots \\ \mathbf{x}_N^\top \end{bmatrix}$로 정의하면

$$\min_{\mathbf{a}} f(\mathbf{a}) = \|\mathbf{y} - \mathrm{X}\mathbf{a}\|^2$$

로 쓸 수도 있다. 최적 $\mathbf{a}$를 찾기 위해서는 이 목적함수를 $\mathbf{a}$로 미분하여 영벡터가 되도록 하면 된다. 목적함수를 전개하면

$$\begin{aligned} \|\mathbf{y} - \mathrm{X}\mathbf{a}\|^2 &= (\mathbf{y} - \mathrm{X}\mathbf{a})^\top (\mathbf{y} - \mathrm{X}\mathbf{a}) \\ &= (\mathbf{y}^\top - \mathbf{a}^\top \mathrm{X}^\top)(\mathbf{y} - \mathrm{X}\mathbf{a}) \\ &= \mathbf{y}^\top \mathbf{y} - 2\mathbf{a}^\top \mathrm{X}^\top \mathbf{y} + \mathbf{a}^\top \mathrm{X}^\top \mathrm{X}\mathbf{a} \end{aligned}$$

가 된다. 여기서 $\mathbf{a}^\top \mathrm{X}^\top \mathbf{y}$는 스칼라값이므로 $\mathbf{y}^\top \mathrm{X}\mathbf{a} = (\mathbf{a}^\top \mathrm{X}^\top \mathbf{y})^\top = \mathbf{a}^\top \mathrm{X}^\top \mathbf{y}$가 성립함을 이용하였다. 데이터가 주어졌기 때문에 첫 번째 항은 상수이고, 두 번째 항의 미분은 식 (4.9)를 활용할 수 있으며 세 번째 항의 미분은 $\mathrm{X}^\top \mathrm{X}$가 대칭행렬이므로 식 (4.14)를 활용할 수 있다. 그러면

$$\frac{df}{d\mathbf{a}} = -2\mathrm{X}^\top \mathbf{y} + 2\mathrm{X}^\top \mathrm{X}\mathbf{a} = 2(\mathrm{X}^\top \mathrm{X}\mathbf{a} - \mathrm{X}^\top \mathbf{y}) = 0$$

이므로

$$\mathrm{X}^\top \mathrm{X}\mathbf{a} = \mathrm{X}^\top \mathbf{y}$$

가 되어

$$\mathbf{a}^* = (\mathrm{X}^\top \mathrm{X})^{-1} \mathrm{X}^\top \mathbf{y} = \mathrm{X}^+ \mathbf{y}$$

이다. 마지막 부분에서 식 (1.10)에서 정의한 의사역행렬을 사용하였다. 즉, 최소자승문제의 해는 의사역행렬로 구할 수 있으며, 이는 1.9.2절의 두 번째 경우에 해당하는 것이다.

5.3 제약조건이 등식으로 주어지는 구속 최적화

구속최적화의 첫 번째 경우로, m개의 제약조건이 모두 등식으로 주어지는 다음과 같은 최적화 문제를 생각해보자.

$$\begin{aligned} \min_{\mathbf{x}} \quad & f(\mathbf{x}) \\ \text{subject to} \quad & h_i(\mathbf{x}) = 0 \quad (i = 1, \ldots, m) \end{aligned}$$

이를 푸는 대표적인 방법으로 **라그랑주 승수법(Lagrangian multiplier method)**이 있다. 이는 라그랑주 승수(Lagrangian multiplier)라는 새로운 변수를 각 제약조건마다 할당하여 원래의 구속 최적화 문제를 비구속 최적화 문제로 바꾸는 것이다. 즉, 위의 최적화 문제를 라그랑주 승수 $\lambda_i \ (i = 1, \ldots, m)$을 도입하여 다음과 같은 라그랑주 함수(Lagrange function)로 표현한다.

$$\mathcal{L}(\mathbf{x}, \boldsymbol{\lambda}) := f(\mathbf{x}) + \sum_{i=1}^{m} \lambda_i h_i(\mathbf{x})$$

여기서 $\boldsymbol{\lambda} = [\lambda_1 \cdots \lambda_m]^\top$는 라그랑주 승수를 모아놓은 벡터이다. 그러면 $\mathbf{x} = \mathbf{x}^*$가 국소최적해가 될 필요조건은 다음과 같다.

1) $\nabla_{\mathbf{x}} \mathcal{L}(\mathbf{x}, \boldsymbol{\lambda})|_{\mathbf{x}=\mathbf{x}^*} = \mathbf{0}_n$, 즉 $\nabla f(\mathbf{x}^*) + \sum_{i=1}^{m} \lambda_i \nabla h_i(\mathbf{x}^*) = \mathbf{0}_n$

2) $h_i(\mathbf{x}^*) = 0, \ \ i = 1, \ldots, m$

두 조건에서 얻는 방정식의 개수는 첫 번째 조건에서 n개, 두 번째 조건에서 m개로 총 $n+m$개다. 또한 미지수는 파라미터 $\mathbf{x}^* \in \mathbb{R}^n$에서 n개와 라그랑주 승수 m개를 더해 총 $n+m$개다. 따라서 방정식과 미지수의 개수가 같으므로 유일한 해를 얻을 수 있다.

두 번째 조건은 제약조건을 만족해야 한다는 것으로써 쉽게 이해된다. 왜 첫 번째 조건을 얻는지 [그림 5.4]을 통해 알아보자. 편의상 제약조건이 1개만 있는 상황을 가정해보자. 최적해를 구하는 것은 제약조건 $h(\mathbf{x}) = 0$인 곡선 위에서 목적함수 $f(\mathbf{x})$가 최소(f^*)가 되는 위치인 $\mathbf{x} = \mathbf{x}^*$를 찾는 것이다. 이 점에서 $h(\mathbf{x})$의 경사도인 $\nabla h(\mathbf{x})|_{\mathbf{x}=\mathbf{x}^*}$의 방향은 $h(\mathbf{x}) = 0$의 접선에 수직이다. 또한 이 점에서 $h(\mathbf{x}) = 0$의 접선과 $f(\mathbf{x}) = f^*$인 곡선의 접선은 일치한다. 따라서 $\nabla f(\mathbf{x})|_{\mathbf{x}=\mathbf{x}^*}$은 이 접선에 수직이며 $f(\mathbf{x})$가 증가하는 방향의 벡터이다. 따라서

$\nabla h(\mathbf{x})|_{\mathbf{x}=\mathbf{x}^*}$와 $\nabla f(\mathbf{x})|_{\mathbf{x}=\mathbf{x}^*}$는 평행한 벡터이며, 이를 수식으로 표현하면

$$\nabla f(\mathbf{x})|_{\mathbf{x}=\mathbf{x}^*} + \lambda \nabla h(\mathbf{x})|_{\mathbf{x}=\mathbf{x}^*} = \mathbf{0}_n$$

또는 간단히 표현하면

$$\nabla f(\mathbf{x}^*) + \lambda \nabla h(\mathbf{x}^*) = \mathbf{0}_n$$

가 된다. 이 식을 m개의 제약조건에 대해 확장하면 첫 번째 조건을 얻게 된다.

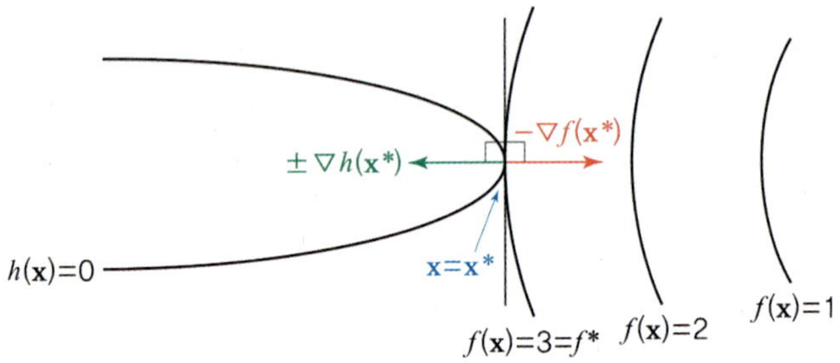

그림 5.4 제약조건이 등식으로 주어지는 구속 최적화

예제 5.4

다음의 최대화문제를 생각해보자.

$$\max_{x,y} \quad xy$$
$$\text{subject to} \quad x+y=1$$

먼저, 목적함수에 음수 부호를 붙여 최소화문제로 바꾼다.

$$\min_{x,y} \quad -xy$$
$$\text{subject to} \quad x+y=1$$

라그랑주 함수는

$$\mathcal{L}(x,y,\lambda) = -xy + \lambda(1-x-y)$$

로 쓸 수 있다. 이를 x와 y로 각각 미분하여 0이 되도록 한다.

$$\frac{\partial \mathcal{L}}{\partial x} = -y - \lambda = 0$$

$$\frac{\partial \mathcal{L}}{\partial y} = -x - \lambda = 0$$

따라서

$$\lambda^* = -x^* = -y^*$$

이다. 제약조건에 이를 대입하면

$$x^* + y^* = -\lambda^* - \lambda^* = -2\lambda^* = 1$$

이므로

$$\lambda^* = -\frac{1}{2}$$

이다. 따라서

$$x^* = y^* = \frac{1}{2}$$

예제 5.5

$\mathrm{x} \in \mathbb{R}^n$, $\mathrm{A} \in \mathbb{R}^{m \times n}$, $\mathrm{b} \in \mathbb{R}^m$ 및 대칭행렬 $\mathrm{P} \in \mathbb{R}^{n \times n}$에 대해

$$\begin{aligned} \min_{\mathrm{x}} \quad & \frac{1}{2}\mathrm{x}^\top \mathrm{P}\mathrm{x} \\ \text{subject to} \quad & \mathrm{A}\mathrm{x} = \mathrm{b} \end{aligned}$$

를 풀어보자.

이 문제에서 제약조건을 풀어서 쓰면

$$\begin{aligned} a_{11}x_1 + a_{12}x_2 + \cdots + a_{1n}x_n &= b_1 \\ a_{21}x_1 + a_{22}x_2 + \cdots + a_{2n}x_n &= b_2 \\ &\vdots \\ a_{m1}x_1 + a_{m2}x_2 + \cdots + a_{mn}x_n &= b_m \end{aligned}$$

이다. 따라서 총 m개의 제약조건이 있는 셈이다. 라그랑주 함수를 얻기 위해 각 제약조건마다 라그랑주 승수 λ_i를 부여한다. 모든 λ_i를 모은 벡터를 라그랑주 승수 벡터 $\boldsymbol{\lambda}$라 하자. $\boldsymbol{\lambda}$를 이용하여 라그랑주 함수를 표현하면

$$\mathcal{L}(\mathrm{x}, \boldsymbol{\lambda}) = \frac{1}{2}\mathrm{x}^\top \mathrm{P}\mathrm{x} + \boldsymbol{\lambda}^\top(\mathrm{b} - \mathrm{A}\mathrm{x})$$

이다. 국소최적해의 첫 번째 조건으로부터

$$\nabla_{\mathrm{x}}\mathcal{L} = \mathrm{P}\mathrm{x} - \mathrm{A}^\top \boldsymbol{\lambda} = 0$$

이어야 하므로

$$\mathrm{P}\mathrm{x} = \mathrm{A}^\top \boldsymbol{\lambda}, \text{ 즉 } \mathrm{x}^* = \mathrm{P}^{-1}\mathrm{A}^\top \boldsymbol{\lambda}^*$$

이다. 두 번째 조건인 제약조건

$$Ax^* = b$$

에 앞서 구한 x^*를 대입하면

$$AP^{-1}A^\top \lambda^* = b$$

이므로

$$\lambda^* = (AP^{-1}A^\top)^{-1}b$$

이다. 따라서

$$x^* = P^{-1}A^\top \lambda^* = P^{-1}A^\top (AP^{-1}A^\top)^{-1}b$$

로 구해진다.

예제 5.6

앞선 예제와 유사하지만 이차형식이 아닌 크기를 최소화하는 문제를 생각해보자. 즉, $x \in \mathbb{R}^n$, $A \in \mathbb{R}^{m \times n}$ (단 $m < n$), $b \in \mathbb{R}^m$에 대해

$$\begin{aligned} \min_{x} \quad & \|x\| \\ \text{subject to} \quad & Ax = b \end{aligned}$$

를 풀어보자. 앞서 1.9.2절에서 살펴본 연립 일차방정식의 세 가지 경우 중 마지막 경우가 바로 이 문제에 해당한다.

미분을 좀 더 용이하게 하기 위해 $\|x\|$의 최소화를 $\|x\|^2$의 최소화로 바꾸어 생각한다. 즉,

$$\begin{aligned} \min_{x} \quad & \frac{1}{2}\|x\|^2 \\ \text{subject to} \quad & Ax = b \end{aligned}$$

$\|x\|$은 항상 양수이기 때문에 원래의 최소화 문제와 동일하다. 이 문제는 예제 5.5에서 $P = I$인 경우이다. 따라서 해는

$$x^* = A^\top (AA^\top)^{-1}b$$

로 구할 수 있다.

예제 5.7

최적화하고자 하는 변수가 확률인 경우, 확률값을 모두 합해 1이 되는 제약조건이 필요하다. 그러한 간단한 예를 들어보자.

최적화 대상이 n개의 확률값 $p_i\ (i=1,\ldots,n)$라 하자. p_i를 모은 $\mathrm{p}=[p_1 \cdots p_n]^\top$는 하나의 PMF를 나타낸다. 양수 $a_i\ (i=1,\ldots,n)$에 대해 $\sum_{i=1}^{n} a_i \log p_i$를 최소화하는 문제를 생각해보자. 최적화문제는

$$\begin{aligned} \min_{\mathrm{p}} \quad & \sum_{i=1}^{n} a_i \log p_i \\ \text{subject to} \quad & \sum_{i=1}^{n} p_i = 1 \end{aligned}$$

로 쓸 수 있다.

라그랑주 함수는

$$\mathcal{L}(\mathrm{p},\lambda) = \sum_{i=1}^{n} a_i \log p_i + \lambda\left(1 - \sum_{i=1}^{n} p_i\right)$$

로 쓸 수 있다. 국소최적해의 첫 번째 조건으로부터

$$\nabla_{p_i}\mathcal{L} = \frac{a_i}{p_i} - \lambda = 0$$

즉

$$p_i^* = \frac{a_i}{\lambda^*}$$

이다. 두 번째 조건으로부터

$$\sum_{i=1}^{n} p_i^* = \frac{1}{\lambda^*}\sum_{i=1}^{n} a_i = 1$$

이므로

$$\lambda^* = \sum_{i=1}^{n} a_i$$

이다. 따라서

$$p_i^* = \frac{a_i}{\sum_{i=1}^{n} a_i}$$

이다.

참고로, 가우시안 혼합모델(Gaussian mixture model)의 학습 공식을 유도하는 과정에서 이같은 형태의 최적화 문제가 등장한다.

5.4 제약조건이 부등식으로 주어지는 구속 최적화

부등식 형태의 제약조건이 k개 있는 최소화 문제를 생각해보자.

$$\begin{aligned} \min_{\mathbf{x}} \quad & f(\mathbf{x}) \\ \text{subject to} \quad & g_j(\mathbf{x}) \leq 0 \quad (j=1,\ldots,k) \end{aligned}$$

만약 주어진 문제의 부등호의 방향이 이와 반대라면 전체 식에 -1을 곱해서 부등호의 방향을 바꿀 수 있다.

등식의 제약조건이 주어지는 경우와 마찬가지로 라그랑주 승수법을 사용할 수 있다. 각 제약조건마다 음이 아닌 라그랑주 승수 $\mu_j \geq 0$ $(j=1,\ldots,k)$를 할당하여 라그랑주 함수를 다음과 같이 얻는다.

$$\mathcal{L}(\mathbf{x},\boldsymbol{\mu}) := f(\mathbf{x}) + \sum_{j=1}^{k} \mu_j g_j(\mathbf{x})$$

여기서 $\boldsymbol{\mu} = [\mu_1 \cdots \mu_k]^\top$ 이다. 부등호의 방향을 고려하기 위해 라그랑주 승수를 0 또는 양수로 한정한 것에 주의하자. 그러면 $\mathbf{x} = \mathbf{x}^*$ 가 국소최적해가 될 필요조건은 다음과 같으며(엄밀히 말하자면 이는 완벽한 표현은 아니다. 좀 더 자세한 내용은 5.6절을 참조하자.), 이를 카루시-쿤-터커(Karush-Kuhn-Tucker) 조건, 혹은 줄여서 KKT 조건이라 부른다.

1) $\nabla_{\mathbf{x}} \mathcal{L}(\mathbf{x},\boldsymbol{\mu})\big|_{\mathbf{x}=\mathbf{x}^*} = \mathbf{0}_n$, 즉 $\nabla f(\mathbf{x}^*) + \sum_{j=1}^{k} \mu_j \nabla g_j(\mathbf{x}^*) = \mathbf{0}_n$

2) $g_j(\mathbf{x}^*) \leq 0, \ \ j=1,\ldots,k$

3) $\mu_j g_j(\mathbf{x}^*) = 0, \ \ j=1,\ldots,k$

4) $\mu_j \geq 0, \ \ j=1,\ldots,k$

첫 번째 조건은 앞서 5.3절에서의 첫 번째 조건과 같은 것이다. 두 번째 조건은 제약조건을 만족해야 한다는 것이므로 역시 쉽게 이해될 수 있다. 세 번째 조건은 각 제약조건별로 라그랑주 승수가 0이거나 제약조건의 함수가 0이어야 함을 의미한다. 즉, $g_j(\mathbf{x}^*)$이 0이 아닌 음수라면 해당 라그랑주 승수인 μ_j는 0이어야 한다는 것이다. 네 번째 조건은 라그랑주 함수를 정의할 때 부여했던 조건이다.

[그림 5.5]를 통해 첫 번째와 세 번째 조건을 이해해 보자. 제약조건이 1개만 있는 것으로 가정해보자. 제약조건을 만족하는 영역이 목적함수 $f(\mathbf{x})$의 국소최적해를 포함하는지 여부에 따라 두 가지 경우를 생각해 볼 수 있다. 첫째, 그림 왼쪽과 같이 제약조건을 만족하는 영역이 목적함수의 국소최적해 $\mathbf{x}=\mathbf{x}^*$를 포함하는 경우, 그 국소최적해가 바로 구속 최적화 문제의 최적해가 된다. 그 위치에서 목적함수의 미분, 즉 $\nabla f(\mathbf{x})|_{\mathbf{x}=\mathbf{x}^*}$은 영벡터가 되고 제약조건 함수 $g(\mathbf{x}^*)$는 음수이다. 둘째, 그림의 오른쪽과 같이 제약조건을 만족하는 영역이 목적함수의 국소최적해를 포함하지 않는 경우, $g(\mathbf{x})=0$의 곡선 상의 점 중에서 $f(\mathbf{x})$가 가장 작아지는 위치인 $\mathbf{x}=\mathbf{x}^*$를 찾는 것이 목표가 된다. 그 위치에서 $g(\mathbf{x})$의 미분값과 $f(\mathbf{x})$의 미분값은 서로 반대 방향이다. 이를 수식으로 표현하면

$$\nabla f(\mathbf{x})|_{\mathbf{x}=\mathbf{x}^*}+\mu\nabla g(\mathbf{x})|_{\mathbf{x}=\mathbf{x}^*}=\mathbf{0}_n$$

또는 간단히 표현하면

$$\nabla f(\mathbf{x}^*)+\mu\nabla g(\mathbf{x}^*)=\mathbf{0}_n$$

라 할 수 있다. 그런데 첫 번째 경우에 대해 $\mu=0$이라 하면 $\nabla f(\mathbf{x})|_{\mathbf{x}=\mathbf{x}^*}=\mathbf{0}_n$이므로 마찬가지로 윗 식으로 표현 가능하다. 따라서 위 식은 두 경우를 모두 포함할 수 있으며 이는 곧 첫 번째 KKT 조건이다. 그리고 첫 번째 경우 $\mu=0$이므로 $\mu g(\mathbf{x}^*)=0$이 되고 두 번째 경우 $g(\mathbf{x}^*)=0$이므로 역시 $\mu g(\mathbf{x}^*)=0$가 된다. 이렇게 해서 세 번째 KKT 조건을 얻는다.

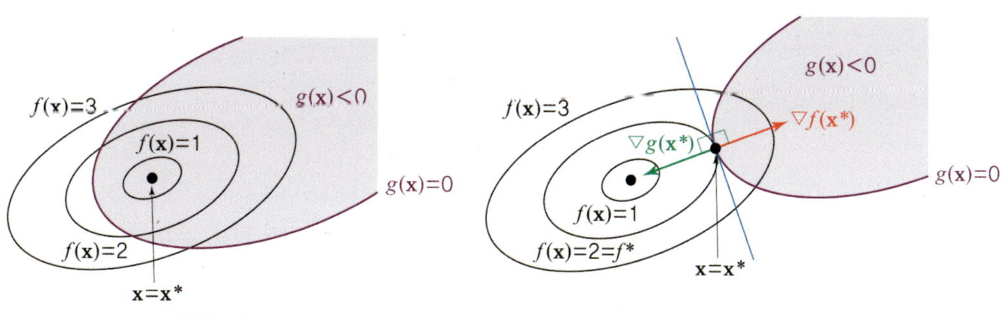

그림 5.5 제약조건이 부등식으로 주어지는 구속 최적화의 두 가지 경우

예제 5.8

다음의 최적화 문제를 생각해보자.

$$\begin{aligned} \min_{x,y} \quad & x^2+y^2+xy-x+2y \\ \text{subject to} \quad & x\geq 0,\ y\geq 0 \end{aligned}$$

제약조건의 부등호의 방향을 바꾸면

$$\min_{x,y} \quad x^2+y^2+xy-x+2y$$
$$\text{subject to} \quad -x \le 0, \ \ -y \le 0$$

로 쓸 수 있다. 라그랑주 승수 $\mu_1 \ge 0$와 $\mu_2 \ge 0$를 이용하면 라그랑주 함수는

$$\mathcal{L}(x,y,\mu_1,\mu_2) = x^2+y^2+xy-x+2y-\mu_1 x-\mu_2 y$$

이다. 이를 x와 y 각각으로 미분한 것이 0이어야 하므로

$$\frac{\partial \mathcal{L}}{\partial x} = 2x+y-1-\mu_1 = 0 \tag{5.4}$$

$$\frac{\partial \mathcal{L}}{\partial y} = 2y+x+2-\mu_2 = 0 \tag{5.5}$$

그리고

$$\mu_1 x = 0$$

$$\mu_2 y = 0$$

를 만족해야 한다. 이 조건에 따라 다음의 4가지 경우로 나누어 생각할 수 있다.

i) $x=0,\ y=0$인 경우
식 (5.4)로부터 $\mu_1 =-1$를 얻는데, 라그랑주 상수는 음이 아니어야 하므로 해가 될 수 없다.

ii) $x=0,\ \mu_2=0$인 경우
식 (5.5)로부터 $y=-1$을 얻는데, 이는 제약조건에 맞지 않으므로 해가 될 수 없다.

iii) $\mu_1=0,\ \mu_2=0$인 경우
식 (5.4)와 식 (5.5)로부터

$$2x+y-1=0$$
$$x+2y+2=0$$

이고 이를 풀면 $x=4/3,\ y=-5/3$이다. 제약조건에 맞지 않으므로 해가 될 수 없다.

iv) $\mu_1=0,\ y=0$인 경우
식 (5.4)로부터 $x=1/2$을 얻으며, 식 (5.5)로부터 $\mu_2=5/2$를 얻는다. 모든 조건에 맞으므로 구하고자 하는 해이다. 즉,

$$x^* = \frac{1}{2},\ y^* = 0,\ \mu_1^* = 0,\ \mu_2^* = \frac{5}{2}$$

5.5 일반적인 구속 최적화

이제 제약조건에 등식 및 부등식이 모두 존재하는 일반적인 경우를 생각해보자.

$$\begin{aligned} \min_{\mathbf{x}} \quad & f(\mathbf{x}) \\ \text{subject to} \quad & h_i(\mathbf{x}) = 0 \quad (i = 1, \ldots, m) \\ & g_j(\mathbf{x}) \le 0 \quad (j = 1, \ldots, k) \end{aligned}$$

라그랑주 승수법을 적용하여 라그랑주 함수를 다음과 같이 쓸 수 있다.

$$\mathcal{L}(\mathbf{x}, \boldsymbol{\lambda}, \boldsymbol{\mu}) := f(\mathbf{x}) + \sum_{i=1}^{m} \lambda_i h_i(\mathbf{x}) + \sum_{j=1}^{k} \mu_j g_j(\mathbf{x})$$

여기서 $\lambda_i \ (i = 1, \ldots, m)$는 등식의 제약조건에 대한 라그랑주 승수이고, $\mu_i \ge 0 \ (i = 1, \ldots, k)$는 부등식의 제약조건에 대한 라그랑주 승수이다. $\mathbf{x} = \mathbf{x}^*$ 가 국소최적해가 될 필요조건, 즉 KKT 조건은 다음과 같다. 이 조건들은 앞서 5.2절과 5.3절에서 살펴본 조건들을 모두 모은 것과 같다.

1) $\nabla_{\mathbf{x}} \mathcal{L}(\mathbf{x}, \boldsymbol{\lambda}, \boldsymbol{\mu})\big|_{\mathbf{x}=\mathbf{x}^*} = \mathbf{0}_n$, 즉 $\nabla f(\mathbf{x}^*) + \sum_{i=1}^{m} \lambda_i \nabla h_i(\mathbf{x}^*) + \sum_{j=1}^{k} \mu_j \nabla g_j(\mathbf{x}^*) = \mathbf{0}_n$

2) $h_i(\mathbf{x}^*) = 0, \ \ i = 1, \ldots, m$

3) $g_j(\mathbf{x}^*) \le 0, \ \ j = 1, \ldots, k$

4) $\mu_j g_j(\mathbf{x}^*) = 0, \ \ j = 1, \ldots, k$

5) $\mu_j \ge 0, \ \ j = 1, \ldots, k$

예제 5.9

다음의 최적화 문제를 생각해보자.

$$\begin{aligned} \min_{x_1, x_2} \quad & x_1^2 + x_2^2 \\ \text{subject to} \quad & 2x_1 - x_2 = 1 \\ & x_1 \geqq 0 \\ & x_2 \leqq 0 \\ & x_1^2 + x_2^2 \leqq 4 \end{aligned}$$

제약조건을 다시 정리하면

$$\begin{aligned} \min_{x_1,x_2} \quad & x_1^2+x_2^2 \\ \text{subject to} \quad & 2x_1-x_2-1=0 \\ & -x_1 \leqq 0 \\ & x_2 \leqq 0 \\ & x_1^2+x_2^2-4 \leqq 0 \end{aligned}$$

라그랑주 함수는

$$\mathcal{L}(x_1,x_2,\lambda,\mu_1,\mu_2,\mu_3)=x_1^2+x_2^2+\lambda(2x_1-x_2-1)-\mu_1x_1+\mu_2x_2+\mu_3(x_1^2+x_2^2-4)$$

이다. 네 번째 KKT 조건으로부터

$$\begin{aligned} \mu_1x_1&=0 \\ \mu_2x_2&=0 \\ \mu_3(x_1^2+x_2^2-4)&=0 \end{aligned} \tag{5.6}$$

이다. 이 중 첫 번째 식으로부터 $\mu_1=0$이거나 $x_1=0$, 그리고 두 번째 식으로부터 $\mu_2=0$이거나 $x_2=0$이다. 이에 따라 네 가지 상황이 가능하다.

i) $x_1=x_2=0$인 경우

첫 번째 제약조건인 $2x_1-x_2=1$을 만족하지 않으므로 해가 아니다.

ii) $x_1=0$, $\mu_1\neq 0$이고 $x_2\neq 0$, $\mu_2=0$인 경우

첫 번째 제약조건에서 $x_1=0$이므로 $x_2=-1$을 얻는다. $(x_1,x_2)=(0,-1)$은 모든 제약 조건을 만족한다. 이 해에 대해 목적함수값은 $x_1^2+x_2^2=1$이다.

iii) $x_1\neq 0$, $\mu_1=0$이고 $x_2=0$, $\mu_2\neq 0$인 경우

첫 번째 제약조건에서 $x_2=0$이면 $x_1=\frac{1}{2}$을 얻는다. $(x_1,x_2)=(\frac{1}{2},0)$은 모든 제약 조건을 만족한다. 이 해에 대해 목적함수값은 $x_1^2+x_2^2=\frac{1}{4}$이다.

iv) $x_1\neq 0$, $\mu_1=0$이고 $x_2\neq 0$, $\mu_2=0$인 경우

식 (5.6)의 세 번째 식으로부터 $\mu_3=0$이거나 $x_1^2+x_2^2=4$이다. 후자인 경우, 이를 첫 번째 제약조건 $2x_1-x_2=1$과 연립하면 복소수의 해가 얻어지므로 이는 우리가 원하는 해가 아니다. 그렇다면 $\mu_3=0$이라는 의미이다.

첫 번째 KKT 조건으로부터

$$\frac{\partial\mathcal{L}}{\partial x_1}=2x_1+2\lambda-\mu_1+2\mu_3x_1=0$$

$$\frac{\partial\mathcal{L}}{\partial x_2}=2x_2-\lambda+\mu_2+2\mu_3x_2=0$$

을 얻으며 여기에 $\mu_1 = \mu_2 = \mu_3 = 0$을 대입하면

$$\frac{\partial \mathcal{L}}{\partial x_1} = 2x_1 + 2\lambda = 0$$

$$\frac{\partial \mathcal{L}}{\partial x_2} = 2x_2 - \lambda = 0$$

이며, 여기서 λ를 소거하면 $x_1 = -2x_2$를 얻는다. 이를 첫 번째 제약조건 $2x_1 - x_2 = 1$과 연립하면 $(x_1, x_2) = (\frac{2}{5}, -\frac{1}{5})$를 얻는다. 이에 대해 목적함수값은 $x_1^2 + x_2^2 = \frac{1}{5}$이다.

이 네 가지 경우 중 가장 작은 목적함수값은 네 번째 경우에서 얻는다. 따라서 최적해는

$$x_1^* = \frac{2}{5},\ x_2^* = -\frac{1}{5}$$

이며 이 때 목적함수의 값은 $\frac{1}{5}$이다.

이 문제를 아래와 같이 그림으로 표현할 수 있다. 주어진 문제에서 목적함수를 최소화하는 것은 $x_1 x_2$ 평면에서 제약조건을 만족하는 가장 작은 원을 찾는 것이며, 그 원의 반지름의 제곱이 목적함수의 최소값이다. 제약조건은 $2x_1 - x_2 = 1$로 표현되는 직선(첫번째 제약조건) 중 두 축 및 4사분면(두 번째와 세 번째 제약조건)에 해당하고 반지름이 2인 원의 내부(네 번째 제약조건)라는 의미이다. 네 번째 제약조건은 다른 조건들로부터 자동으로 만족됨을 확인할 수 있다. 위에서 살펴본 i)부터 iv)의 네 경우 중 ii)와 iii)은 각각 x_2축과 x_1축 위의 해를 의미하며 iv)는 직선과 접하는 원을 그렸을 때에 해당함을 볼 수 있다. 이 들 중 직선과 접하는 원이 가장 반지름이 작으므로 이 경우가 최적해에 해당한다.

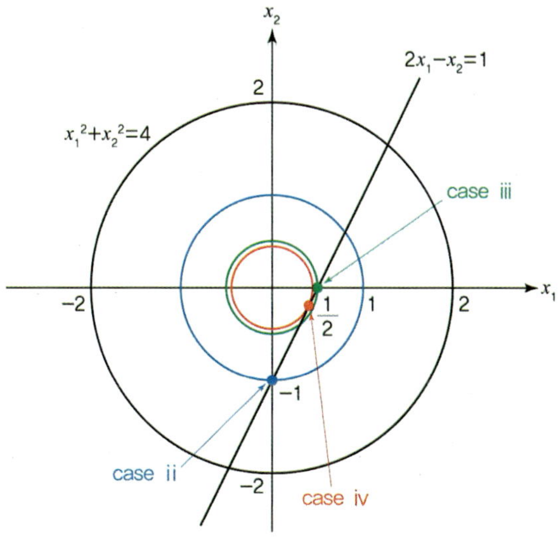

5.6 쌍대성

최적화에서 **쌍대성(duality)**이란 어떤 최적화 문제를 원문제(primal problem)와 쌍대문제(dual problem)의 두 가지 관점으로 볼 수 있다는 것이다. 쌍대문제를 함께 살펴봄으로써 얻을 수 있는 이점이 몇 가지가 있다. 첫째, 원문제가 제약조건을 가지고 있지만 쌍대문제에서는 제약조건이 없거나 단순해져서 닫힌 형태의 최적해를 구할 수 있는 경우가 있다. 이것이 쌍대문제를 살펴보는 가장 큰 이유라 할 수 있다. 둘째, 쌍대문제를 푸는 알고리즘이 더 효율적인 경우가 있을 수 있다. 지금까지 설명한 라그랑주 승수 기법과 KKT 조건은 쌍대성과 관련이 있으며, 본 절에서는 이에 대해 좀 더 엄밀히 설명하고자 한다.

원문제(primal problem)가 다음과 같은 최소화 문제라 하자.

$$\begin{aligned} \min_{\mathbf{x}} \quad & f(\mathbf{x}) \\ \text{subject to} \quad & h_i(\mathbf{x}) = 0 \quad (i = 1, \dots, m) \\ & g_j(\mathbf{x}) \le 0 \quad (j = 1, \dots, k) \end{aligned}$$

실현가능집합을 D, 이 문제의 최적해를 $\mathbf{x}^*$, 최적해에 대한 목적함수의 값을 $p^* := f(\mathbf{x}^*)$라 하자.

제약조건을 만족하는지 판단하는 지시함수(indicator function) I_0와 I_-을 다음과 같이 정의한다. 제약조건을 만족하면 0, 아니면 무한대의 값을 출력하는 함수들이다.

$$I_0[u] := \begin{cases} 0, & u = 0 \\ \infty, & u \ne 0 \end{cases}$$

$$I_-[u] := \begin{cases} 0, & u \le 0 \\ \infty, & u > 0 \end{cases}$$

이들을 이용하면 원문제를 아래와 같이 제약조건이 없는 문제로 바꾸어 쓸 수 있다.

$$\min_{\mathbf{x}} J(\mathbf{x}) := f(\mathbf{x}) + \sum_{i=1}^{m} I_0[h_i(\mathbf{x})] + \sum_{j=1}^{k} I_-[g_j(\mathbf{x})]$$

즉, 어떤 제약조건이 만족되지 않으면 지시함수가 무한대의 값을 출력하기 때문에 최소화에 실패하게 되며, 따라서 $J(\mathbf{x})$를 최소화하는 것은 제약조건이 있는 원문제를 최소화하는 것과 같다.

지시함수는 미분이 불가능하기 때문에 $J(\mathbf{x})$를 직접 최소화하는 것은 어렵다. 따라서 $I_0[h_i(\mathbf{x})]$를 $\lambda_i h_i(\mathbf{x})$로 대체하고, $\mu_j \geq 0$을 이용하여 $I_{-}[g_j(\mathbf{x})]$를 $\mu_j g_j(\mathbf{x})$로 대체하는 것을 생각해보자. 이는 [그림 5.6]에 보인 것과 같이 각 지시함수를 그보다 작거나 같은 값으로 대체하는 것이다. 다시 말해 $\lambda_i u \leq I_0[u]$이고 $\mu_j u \leq I_{-}[u]$이다.

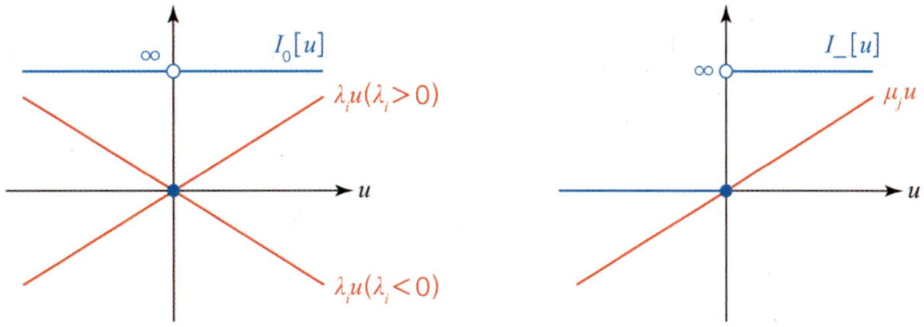

그림 5.6 지시함수를 선형함수로 대체하는 효과

대체한 결과는 바로 라그랑주 함수이다.

$$\mathcal{L}(\mathbf{x}, \boldsymbol{\lambda}, \boldsymbol{\mu}) := f(\mathbf{x}) + \sum_{i=1}^{m} \lambda_i h_i(\mathbf{x}) + \sum_{j=1}^{k} \mu_j g_j(\mathbf{x})$$

특별히, 라그랑주 함수의 하한

$$\widetilde{\mathcal{L}}(\boldsymbol{\lambda}, \boldsymbol{\mu}) := \inf_{\mathbf{x} \in D} \mathcal{L}(\mathbf{x}, \boldsymbol{\lambda}, \boldsymbol{\mu}) = \inf_{\mathbf{x} \in D} \left(f(\mathbf{x}) + \sum_{i=1}^{m} \lambda_i h_i(\mathbf{x}) + \sum_{j=1}^{k} \mu_j g_j(\mathbf{x}) \right)$$

를 **라그랑주 쌍대함수(Lagrangian dual function)**라 정의한다. 원문제가 볼록(convex)하든 볼록하지 않든 상관없이 쌍대함수는 항상 오목(concave)하다는 장점이 있다.(증명은 생략한다.) 따라서 원문제를 직접 푸는 것보다 쌍대함수를 해결하는게 더 수월할 수 있다.

제한조건을 만족하는 $\mathbf{x} = \mathbf{x}'$에 대해 $h_i(\mathbf{x}') = 0$이고 $g_j(\mathbf{x}') \leq 0$이므로

$$\sum_{i=1}^{m} \lambda_i h_i(\mathbf{x}') + \sum_{j=1}^{k} \mu_j g_j(\mathbf{x}') \leq 0$$

이다. 양변에 $f(\mathbf{x}')$를 더하면

$$\mathcal{L}(\mathbf{x}', \boldsymbol{\lambda}, \boldsymbol{\mu}) = f(\mathbf{x}') + \sum_{i=1}^{m} \lambda_i h_i(\mathbf{x}') + \sum_{j=1}^{k} \mu_j g_j(\mathbf{x}') \leq f(\mathbf{x}')$$

이다. 따라서

$$\widetilde{\mathcal{L}}(\boldsymbol{\lambda},\boldsymbol{\mu}) = \inf_{\mathbf{x}\in D} \mathcal{L}(\mathbf{x},\boldsymbol{\lambda},\boldsymbol{\mu}) \leqq \mathcal{L}(\mathbf{x}',\boldsymbol{\lambda},\boldsymbol{\mu}) \leqq f(\mathbf{x}')$$

가 성립한다. 이는 모든 실현가능해 $\mathbf{x}'$에 대해 성립하므로, 최적해 $\mathbf{x}^*$에 대해서도 성립한다. 즉, 모든 λ_i와 $\mu_j \geq 0$에 대해

$$\widetilde{\mathcal{L}}(\boldsymbol{\lambda},\boldsymbol{\mu}) \leqq p^*$$

가 성립하여, 쌍대함수 $\widetilde{\mathcal{L}}(\boldsymbol{\lambda},\boldsymbol{\mu})$는 p^*의 하계(lower bound)가 된다.

찾고자 하는 최적의 목적함수값 p^*의 하계가 쌍대함수로 주어지는데, 쌍대함수는 λ_i와 $\mu_j \geq 0$에 따라 달라진다. 따라서 하계의 값이 바뀔텐데, 그 중 가장 좋은 하계는 어떻게 얻을 수 있을까? 원문제 대신 쌍대함수를 풀고자 하는 관점에서 "가장 좋다"는 것은 쌍대함수가 실제 p^*에 최대한 가까울 때라 할 수 있다. 즉, 하계 중 가장 큰 값을 찾고자 하는 것이다. 따라서 다음과 같은 문제를 푸는 것과 같다.

$$\begin{aligned} \max_{\boldsymbol{\lambda},\boldsymbol{\mu}} \quad & \widetilde{\mathcal{L}}(\boldsymbol{\lambda},\boldsymbol{\mu}) \\ \text{subject to} \quad & \mu_j \geq 0 \quad (j = 1,\ldots,k) \end{aligned}$$

이 문제를 원문제에 대한 **쌍대문제(dual problem)**라 한다. 쌍대문제의 최적값, 즉 최적해 $(\boldsymbol{\lambda}^*,\boldsymbol{\mu}^*)$에 대한 $\widetilde{\mathcal{L}}$의 값을 d^*라 할 때, 라그랑주 쌍대함수가 p^*의 하계이므로 $d^* \leq p^*$가 항상 성립한다. 이를 약한 쌍대성(weak duality)라 한다. 그리고 둘 사이의 차이인 $p^* - d^*$를 최적성 쌍대성 간격(optimality duality gap)이라 한다. 즉, 일반적으로 말하면 원문제와 쌍대문제의 최적값은 같지 않을 수 있다는 것이다.

만약 주어진 문제에 대해 $d^* = p^*$가 성립한다면 원문제를 푸는 것과 쌍대문제를 푸는 것은 동등할 것이며 원문제를 풀기 어려울 때 쌍대문제를 활용함으로써 동일한 최적해를 구할 수 있을 것이다. 이처럼 $d^* = p^*$인 경우, 다시 말해 쌍대성 간격이 0인 경우 **강한 쌍대성(strong duality)**이 성립한다고 말한다. 어떤 조건 하에서 강한 쌍대성이 성립할까? 여러 가지 경우가 있지만 대표적인 조건으로 슬레이터(Slater)의 조건[30]을 들 수 있다. 이는 다음과 같이 기술할 수 있다.

- 볼록 최적화 문제에서, 등식 제한조건을 만족하고 부등식 제한조건을 엄격하게 만족하는(strictly satisfied) 파라미터 $\mathbf{x}$가 존재하면, 즉 어떤 $\mathbf{x}$에 대해

30) 미국의 수학자 Morton L. Slater의 이름을 딴 것이다.

$$h_i(\mathbf{x}) = 0 \ \ (i = 1, ..., m)$$

$$g_j(\mathbf{x}) < 0 \ \ (j = 1, ..., k)$$

이면 강한 쌍대성이 성립한다(즉, 볼록성 및 슬레이터 조건 ⇒ 강한 쌍대성).

여기서 부등식을 엄격하게 만족한다는 것은 등호가 아닌 부등호를 만족한다는 것이다. 추가로, 어떤 j에 대해 $g_j(\mathbf{x})$가 아핀(affine) 함수인 경우에는, 즉 $g_j(\mathbf{x}) = a\mathbf{x} + b$ 형태인 경우에는 엄격하게 만족할 필요가 없다. 아핀 함수가 아닌 $g_j(\mathbf{x})$에 대해서만 $g_j(\mathbf{x}) < 0$을 만족하면 된다.

이제 쌍대성과 KKT 조건과의 관계에 대해서 알아보자. 먼저 다음의 명제가 성립한다.

- $\mathbf{x}^*$와 $(\boldsymbol{\lambda}^*, \boldsymbol{\mu}^*)$가 각각 원문제와 쌍대문제의 해이고 강한 쌍대성을 만족한다면, KKT 조건이 성립한다(즉, 최적해 및 강한 쌍대성 ⇒ KKT 조건 성립).

  즉, 앞서 기술한 KKT 조건은 최적해와 강한 쌍대성에 대한 필요조건이다. 제한조건이 없는 경우에는 미분값이 0인 것이 최적해에 대한 필요조건이었는데, 제한조건이 있는 경우에는 강한 쌍대성이라는 것이 추가로 포함되어 있는 것이다.

만약 주어진 최적화문제가 볼록 최적화문제라면 다음의 명제가 성립한다.

- 볼록 최적화 문제에 대해 어떤 해가 KKT 조건을 만족한다면 그 해는 최적해이며 강한 쌍대성이 성립한다(즉, KKT 조건 성립 ⇒ 최적해 및 강한 쌍대성).

앞서 슬레이터 조건과 볼록성이 만족되면 강한 쌍대성이 성립한다고 했기 때문에, 그 경우 위의 두 명제를 합치면

- 볼록 최적화 문제에서 슬레이터 조건이 만족되는 경우, $\mathbf{x}^*$와 $(\boldsymbol{\lambda}^*, \boldsymbol{\mu}^*)$가 KKT 조건을 만족한다는 것과 이들이 최적해라는 것은 필요충분조건이다.

예제 5.10

예제 5.6에서 다룬 다음의 최소화문제를 다시 한번 살펴보자.

$$\min_{\mathbf{x}} \ \frac{1}{2}\|\mathbf{x}\|^2$$
$$\text{subject to } \ \mathbf{A}\mathbf{x} = \mathbf{b}$$

라그랑주 함수는

$$\mathcal{L}(\mathbf{x}, \lambda) = \frac{1}{2}\|\mathbf{x}\|^2 + \boldsymbol{\lambda}^\top(\mathbf{b} - \mathbf{A}\mathbf{x})$$

로 쓸 수 있다. 이는 $\mathbf{x}$에 대한 이차함수이므로 극소값이 하나만 존재한다. 5.3절에서 서술한 첫 번째 조건인

$$\nabla f(\mathbf{x}^*) + \boldsymbol{\lambda}^\top \nabla h(\mathbf{x}^*) = \mathbf{x}^* - (\boldsymbol{\lambda}^\top \mathbf{A})^\top = 0$$

을 만족하는 $\mathbf{x}^*$에 대해 라그랑주 함수가 하한을 갖는다. 따라서

$$\mathbf{x}^* = \mathbf{A}^\top \boldsymbol{\lambda} \qquad (5.7)$$

를 얻는다. 이를 라그랑주 함수에 대입하면 라그랑주 함수의 하한, 즉 라그랑주 쌍대함수를 얻는다.

$$\widetilde{\mathcal{L}}(\lambda) = \mathcal{L}(\mathbf{x}^*, \lambda) = \frac{1}{2}(\mathbf{A}^\top\boldsymbol{\lambda})^\top(\mathbf{A}^\top\boldsymbol{\lambda}) + \boldsymbol{\lambda}^\top(\mathbf{b} - \mathbf{A}(\mathbf{A}^\top\boldsymbol{\lambda})) = -\frac{1}{2}\boldsymbol{\lambda}^\top\mathbf{A}\mathbf{A}^\top\boldsymbol{\lambda} + \boldsymbol{\lambda}^\top\mathbf{b}$$

따라서 쌍대문제는 다음과 같이 정리할 수 있다.

$$\max_{\lambda} \ -\frac{1}{2}\boldsymbol{\lambda}^\top\mathbf{A}\mathbf{A}^\top\boldsymbol{\lambda} + \boldsymbol{\lambda}^\top\mathbf{b}$$

여기서 목적함수는 이차식이며 제한조건이 없기 때문에 이 쌍대문제는 볼록 최대화문제임을 알 수 있다. 이차식이기 때문에 최적해는 유일하게 얻어지며 이는 곧 전역 최적해이다. 이 최적해는 미분하여 0이 되는 것으로 식을 세우면 구할 수 있다. 즉,

$$\nabla_\lambda\left(-\frac{1}{2}\boldsymbol{\lambda}^\top\mathbf{A}\mathbf{A}^\top\boldsymbol{\lambda} + \boldsymbol{\lambda}^\top\mathbf{b}\right) = -\mathbf{A}\mathbf{A}^\top\boldsymbol{\lambda} + \mathbf{b} = 0$$

따라서

$$\boldsymbol{\lambda}^* = (\mathbf{A}\mathbf{A}^\top)^{-1}\mathbf{b}$$

이다. 이를 식 (5.7)에 대입하면

$$\mathbf{x}^* = \mathbf{A}^\top(\mathbf{A}\mathbf{A}^\top)^{-1}\mathbf{b} = \mathbf{A}^+\mathbf{b}$$

를 최종적으로 얻는다.

이 예제의 경우 식 (5.7)에 제한조건 $A\mathbf{x} = \mathbf{b}$를 대입하면 최종 해를 구할 수 있기 때문에 쌍대문제를 굳이 정리하여 풀 필요는 없다. 쌍대문제를 활용하여 최적화문제를 수월하게 푸는 예를 다음의 예제에서 보인다.

예제 5.11 지지벡터기계

지지벡터기계(support vector machine, SVM)는 분류 문제를 해결하는 전통적인 기계학습 기법이다. 클래스가 2개인 분류 문제를 생각해보자. n차원 입력데이터 $\mathbf{x}_i$ $(i=1,...,N)$과 각 데이터의 정답 레이블 t_i $(i=1,...,N)$이 주어져 있다고 하자. 첫 번째 클래스의 경우 $t_i=1$이고 두 번째 클래스의 경우 $t_i=-1$이다. SVM의 학습은 데이터 공간에서 클래스를 구분하는 결정경계(decision boundary)에 해당하는 초평면(hyperplane)을 최적화하는 과정이다. 본 예제는 하나의 초평면으로 학습데이터가 100% 분류 가능한 경우에 국한한다. 초평면의 식은

$$d(\mathbf{x}) = \mathbf{w}^\top \mathbf{x} + b = 0$$

으로 주어지며 최적화할 파라미터는 초평면의 수직벡터(normal vector)인 $\mathbf{w}$와 상수항 b이다. $d(\mathbf{x}) > 0$인 경우 첫 번째 클래스, $d(\mathbf{x}) < 0$인 경우 두 번째 클래스로 분류한다. 최적화의 목표는 학습데이터를 100% 분류하는 것 뿐만 아니라 각 클래스에서 결정경계와 가장 가까운 데이터 사이의 거리, 즉 마진(margin)을 최대화하는 것이다. 아래 그림은 마진의 개념을 보여준다.

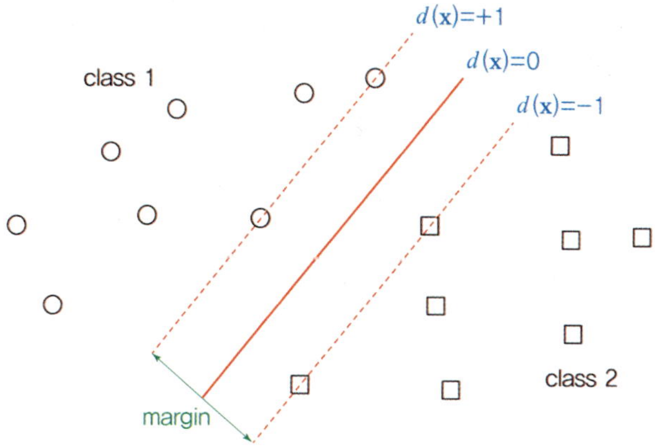

초평면으로부터 특정데이터 $\mathbf{x}_i$까지의 거리는 $\dfrac{|d(\mathbf{x}_i)|}{\|\mathbf{w}\|}$로 주어진다. 따라서 초평면에서 가장 가까운 데이터 $\mathbf{x}_1$까지의 거리의 2배로 정의되는 마진은 $\dfrac{2|d(\mathbf{x}_1)|}{\|\mathbf{w}\|}$으로 계산된다. 그런데 초평면의 식은 상수배를 해도 변함이 없기 때문에 $\mathbf{w}$와 b를 같은 스케일로 조정하면 $|d(\mathbf{x}_1)|=1$이 되도록 할 수 있다. 그러면 마진은 $\dfrac{2}{\|\mathbf{w}\|}$로 간단히 쓸 수 있다. 이를 최대화하는 것은 $\dfrac{\|\mathbf{w}\|^2}{2}$를 최소화하는 것과 같다.

학습데이터를 100% 분류하는 것이 목표이므로 첫 번째 클래스의 데이터에 대해

$$d(\mathbf{x}_i) = \mathbf{w}^\top \mathbf{x}_i + b \geq 1$$

가 되어야 하고 두 번째 클래스의 데이터에 대해서는

$$d(\mathbf{x}_i) = \mathbf{w}^\top \mathbf{x}_i + b \leq -1$$

가 되어야 한다. 이 둘을 합치면

$$t_i(\mathbf{w}^\top \mathbf{x}_i + b) \geq 1$$

라 쓸 수 있다.

따라서 최적화하고자 하는 원문제는 다음과 같이 정리할 수 있다.

$$\begin{aligned} &\min_{\mathbf{w},b} \quad \frac{1}{2}\|\mathbf{w}\|^2 \\ &\text{subject to} \quad 1 - t_i(\mathbf{w}^\top \mathbf{x}_i + b) \leq 0 \quad (i = 1, \ldots, N) \end{aligned}$$

이에 대한 라그랑주 함수는 라그랑주 상수 $\mu_i \geqq 0$를 이용하여 다음과 같이 쓸 수 있다.

$$\begin{aligned} \mathcal{L}(\mathbf{w}, b, \boldsymbol{\mu}) &= \frac{1}{2}\|\mathbf{w}\|^2 + \sum_{i=1}^{N} \mu_i \left\{1 - t_i(\mathbf{w}^\top \mathbf{x}_i + b)\right\} \\ &= \frac{1}{2}\mathbf{w}^\top \mathbf{w} + \sum_{i=1}^{N} \mu_i - \sum_{i=1}^{N} \mu_i t_i \mathbf{w}^\top \mathbf{x}_i - b\sum_{i=1}^{N} \mu_i t_i \end{aligned}$$

원문제의 목적함수가 이차식이기 때문에 볼록 최적화 문제이다. 또한 모든 부등식 제한조건이 $\mathbf{w}$에 대한 아핀 함수로 표현되기 때문에 슬레이터 조건을 만족하며 강한 쌍대성이 성립한다. 따라서 KKT 조건을 만족하는 $\mathbf{w}^*$, b^*, $\boldsymbol{\mu}^*$를 구하면 그것이 바로 최적해이다.

KKT 조건을 구해보면,

1-1) $\nabla_{\mathbf{w}} \mathcal{L}(\mathbf{w}, b, \boldsymbol{\mu})\big|_{\mathbf{w}=\mathbf{w}^*} = \mathbf{0}$로부터 $\mathbf{w}^* = \sum_{i=1}^{N} \mu_i t_i \mathbf{x}_i$

1-2) $\nabla_b \mathcal{L}(\mathbf{w}, b, \boldsymbol{\mu})\big|_{b=b^*} = 0$로부터 $\sum_{i=1}^{N} \mu_i t_i = 0$

2) $1 - t_i(\mathbf{w}^{*\top} \mathbf{x}_i + b^*) \leq 0 \quad (i = 1, \ldots, N)$

3) $\mu_i \left\{1 - t_i(\mathbf{w}^{*\top} \mathbf{x}_i + b^*)\right\} = 0 \quad (i = 1, \ldots, N)$

라 쓸 수 있다. 마지막 조건이 의미하는 것은

$$\mu_i = 0 \text{ 또는 } t_i(\mathbf{w}^{*\top} \mathbf{x}_i + b^*) = 1$$

이다. 마진의 경계를 $\mathbf{w}^\top \mathbf{x}_i + b = t_i = \pm 1$로 잡았기 때문에 이 경계에 있는 데이터들 이외에는 $\mu_i = 0$이라는 의미이다. 마진의 경계에 있어서 $\mu_i \neq 0$인 데이터들을 지지벡터(support vector)라 부른다. 그리고 조건 1-1으로부터 $\mathbf{w}$를 구하는 것은 μ_i를 구하는 것과 같음을 알 수 있다. 따라서 라그랑주 함수에 조건 1-1과 1-2를 대입하여 라그랑주 쌍대함수를 구할 수 있다.

라그랑주 함수의 첫 번째 항에 조건 1-1을 대입하면

$$\frac{1}{2}\mathbf{w}^{*\top}\mathbf{w}^{*}=\frac{1}{2}\left(\sum_{i=1}^{N}\mu_i t_i \mathbf{x}_i\right)^{\top}\left(\sum_{j=1}^{N}\mu_j t_j \mathbf{x}_j\right)=\frac{1}{2}\sum_{i=1}^{N}\sum_{j=1}^{N}\mu_i\mu_j t_i t_j \mathbf{x}_i^{\top}\mathbf{x}_j$$

를 얻는다. 두 시그마의 인덱스를 구분하기 위해 두 번째 시그마의 인덱스를 다르게 한 것에 유의하자. 라그랑주 함수의 세 번째 항에 조건 1-1을 대입하면

$$\sum_{i=1}^{N}\mu_i t_i \mathbf{w}^{*\top}\mathbf{x}_i=\sum_{i=1}^{N}\mu_i t_i\left(\sum_{j=1}^{N}\mu_j t_j \mathbf{x}_j\right)^{\top}\mathbf{x}_i=\sum_{i=1}^{N}\sum_{j=1}^{N}\mu_i\mu_j t_i t_j \mathbf{x}_j^{\top}\mathbf{x}_i=\sum_{i=1}^{N}\sum_{j=1}^{N}\mu_i\mu_j t_i t_j \mathbf{x}_i^{\top}\mathbf{x}_j$$

여기에서도 두 시그마의 인덱스를 다르게 하여 구분하였다. 라그랑주 함수의 네 번째 항은 조건 1-2에 의해 0이다. 따라서, 라그랑주 쌍대함수는

$$\widetilde{\mathcal{L}}(\boldsymbol{\mu})=-\frac{1}{2}\sum_{i=1}^{N}\sum_{j=1}^{N}\mu_i\mu_j t_i t_j \mathbf{x}_i^{\top}\mathbf{x}_j+\sum_{i=1}^{N}\mu_i$$

이다. 그러므로 쌍대문제는

$$\begin{aligned}\max_{\boldsymbol{\mu}}\quad & \sum_{i=1}^{N}\mu_i-\frac{1}{2}\sum_{i=1}^{N}\sum_{j=1}^{N}\mu_i\mu_j t_i t_j \mathbf{x}_i^{\top}\mathbf{x}_j\\ \text{subject to}\quad & \sum_{i=1}^{N}\mu_i t_i=0\\ & \mu_i\ge 0\ \ (i=1,\dots,N)\end{aligned}$$

이다. 목적함수가 이차식이기 때문에 유일한 최적해가 존재하며 이차계획법(quadratic programming)에 의해 풀 수 있다. 쌍대문제를 풀어 μ_i^*를 얻으면 조건 1-1로부터 $\mathbf{w}^*$를 구할 수 있다. 그리고 조건 3에서 지지벡터에 대해 성립하는 $t_i(\mathbf{w}^{*\top}\mathbf{x}_i+b^*)=1$을 이용하여 b^*를 구할 수 있다.

5.7 다목적함수 최적화

목적함수가 둘 이상인 경우를 다목적함수 최적화 문제라 한다. 예를 들어 목적함수가 2개인 경우,

$$\min_{\mathbf{x}} f_1(\mathbf{x})$$
$$\min_{\mathbf{x}} f_2(\mathbf{x})$$

와 같이 쓸 수 있다. 이를 [그림 5.7]에 표현하였다. $\mathbf{x}$값에 따라 변하는 목적함수 값을 각각 가로

축과 세로축으로 나타낸 것이다. 크게 두 영역으로 나눌 수 있는데, 두 목적함수값의 쌍이 가질 수 있는 영역(feasible region)과 그렇지 못한 영역(infeasible region)이다. 일반적으로 두 목적함수는 서로 상충(trade-off) 관계에 있다. 즉, f_1을 감소시키는 방향으로 $\mathbf{x}$값을 변화시키다 보면 반대로 f_2는 증가하는 것이다. 예를 들어, 동영상을 압축할 때 파일 크기와 화질 저하는 상충관계로써, 압축율을 높여 파일 크기를 줄이면 대개 화질 저하가 심해지고 화질 저하를 줄이려면 압축율을 낮추어야 하기 때문에 파일 크기가 커진다. 따라서 두 목적함수를 동시에 한없이 감소시키기는 불가능하여 해가 존재할 수 없는 영역이 생긴다. 두 영역의 경계를 파레토 곡선(Pareto curve) 또는 파레토 전선(Pareto front)이라 한다. 그림에 나타난 것과 같이 파레토 곡선이 볼록한 형태를 띈다면 이 곡선 상의 모든 점들이 최적화 문제의 최적해가 된다. 왜냐하면 곡선 상의 임의의 두 점 $\mathbf{x}_1$과 $\mathbf{x}_2$를 비교해보면 $f_1(\mathbf{x}_1) < f_1(\mathbf{x}_2)$ 및 $f_2(\mathbf{x}_1) > f_2(\mathbf{x}_2)$가 되어 두 점은 우열을 가릴 수 없다. 따라서 이 경우 파레토 곡선 상의 점들은 다목적함수 최적화 문제의 해 집합(solution set)이 된다. 수학적으로는 해 집합 전체를 구하는 것이 최종 목표가 되며, 공학적으로는 이 중 하나를 선택하는 것이 일반적이다.

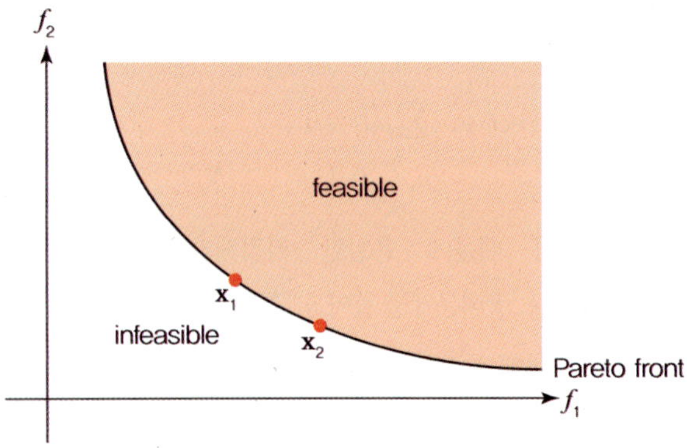

그림 5.7 다목적함수 최적화 문제

다목적함수 최적화 문제를 해결하는 방법 중 하나는 목적함수를 선형조합하여 새로운 목적함수를 만들고 이를 최소화하는 것이다. 즉,

$$\min_{\mathbf{x}} f(\mathbf{x}) = \alpha_1 f_1(\mathbf{x}) + \alpha_2 f_2(\mathbf{x}) + \cdots$$

여기서 선형조합의 계수인 $\alpha_1, \alpha_2, \ldots$는 적절히 정해주어야 한다. 이 새로운 목적함수를 최소화하는 것은 목적함수 평면(또는 공간)에서 특정 기울기를 갖는 직선(또는 평면)과 파레토 곡선이

접하는 점을 찾는 것과 같다(그림 5.8). 따라서 선형조합의 계수에 따라 찾을 수 있는 해가 바뀌게 된다.

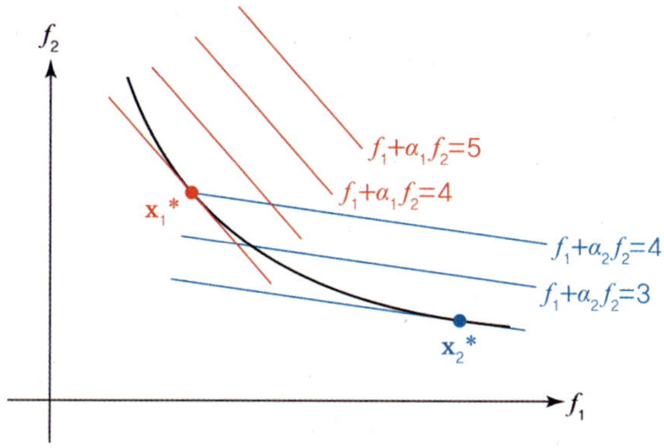

그림 5.8 선형조합에 의한 다목적함수 최적화의 해결

이 방법의 단점은 파레토 곡선이 오목한(concave) 경우 해를 찾기 어렵다는 것이다. [그림 5.9]에 보인 것과 같이, 파레토 곡선 상에 오목한 부분이 존재할 때 이 부분에도 파레토 최적해(x_2^*)가 존재하지만 목적함수의 선형조합으로 표현되는 직선은 더 작은 값을 갖도록 다른 해(x_1^*)로 최적화 될 수 있기 때문이다.

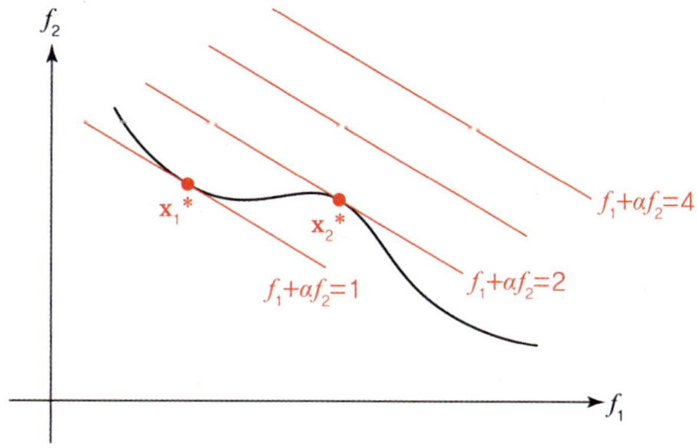

그림 5.9 파레토 곡선이 오목한 경우 선형조합에 의한 다목적함수 최적화

이 외에도 다양한 수학적 방법들이 존재하며, 진화 알고리즘(evolutionary algorithm)이나 유전자 알고리즘(genetic algorithm)과 같은 확률적 최적화 기법들도 종종 이용된다.

예제 5.12 **가중치 감소법**

신경회로망의 학습에서는 손실함수의 최소화 뿐만 아니라 추가적인 정규화 항을 사용하는 경우가 종종 있다. 예를 들어 가중치감소(weight decay)는 신경회로망의 가중치가 너무 큰 값을 가지는 경우 과도학습(overfitting)을 일으키는 경향이 있다는 경험에 기반하여, 가중치가 너무 커지지 않도록 하는 목표를 추가하는 것이다. 회귀문제가 주어졌다고 하자. 정답과 신경회로망의 출력 사이의 제곱합오차를 최소화하는 것을 중요한 목적함수로 두고, 가중치감소를 추가적인 목적함수로 두어 다음과 같이 다목적함수 최적화 문제로 표현할 수 있다.

$$\min_{\mathbf{w}} \sum_{i=1}^{n} (y_i - f(\mathbf{x}_i;\mathbf{w}))^2$$
$$\min_{\mathbf{w}} \|\mathbf{w}\|^2$$

여기서 $\mathbf{x}_i$는 i번째 데이터의 입력벡터, y_i는 i번째 데이터의 정답, $f(\cdot;\mathbf{w})$는 가중치벡터 $\mathbf{w}$를 갖는 신경회로망 모델의 출력을 의미한다.

이 문제를 풀기 위해 두 목적함수의 가중치 합을 새로운 하나의 목적함수로 쓸 수 있다. 즉,

$$\min_{\mathbf{w}} \sum_{i=1}^{n} (y_i - f(\mathbf{x}_i;\mathbf{w}))^2 + \lambda\|\mathbf{w}\|^2$$

이때 가중치 λ는 사용자가 정해주어야 하는 하이퍼파라미터이다. 이 문제를 풀기 위해 기존에 신경회로망을 학습하는데 널리 쓰이는 경사하강법을 적용할 수 있다. 신경회로망을 구현한 대부분의 라이브러리에서는 윗 식에 대한 경사하강법을 포함하고 있다.

CHAPTER 06

베이지안 추론(Bayesian Inference)

색맹은 일반적으로 유전적 원인에 의해 발생하기 때문에 특정 집단의 색맹에 대한 통계는 유전학 관점에서 연구 대상이 될 수 있다. 한 연구자가 어느 집단에 대해 색맹을 가진 사람들의 비율을 조사하고자 한다고 했을 때, 전수조사를 하는 것이 가장 정확한 방법이지만 조사 대상이 적지 않기 때문에 실제로 수행하기는 어렵다. 따라서 일부 표본을 조사하는 것으로 집단 전체에서 색맹의 비율을 추정하는 방법을 택한다. 이 경우, 어떻게 하면 표본의 조사 결과로부터 집단 전체의 색맹 비율을 정확하게 추정할 수 있을지가 관건이다.

이처럼 무작위성(randomness)이 있는 데이터로부터 모집단의 특성에 대해 판단을 내리는 다양한 방법들을 **통계적 추론**(statistical inference)이라 한다. 앞서 2.8절에서 표본평균과 표본분산이 불편추정량이 되는지 확인한 것은 표본으로부터 얻은 평균과 분산을 통해 모집단의 평균과 분산을 정확히 추정하기 위한 것으로, 이 역시 통계적 추론의 기법으로 볼 수 있다. 이처럼 파라미터의 값을 알아내고자 하는 것뿐만 아니라, 3장에서 살펴본 것과 같이 파라미터의 값에 대해 가설검정하는 것 역시 통계적 추론의 접근 방식 중 하나이다. 본 장에서는 파라미터의 값 또는 분포를 알아내는 통계적 추론 방법들에 대해 알아본다.

통계적 추론에는 두 가지 방식이 존재한다. 하나는 고전적 추론이며 다른 하나는 베이지안 추론(Bayesian inference)이다. 고전적 추론에서는 찾고자 하는 파라미터의 값을 알지는 못하지만 고정된 값으로 생각한다. 예를 들어 앞서 살펴본 색맹 비율의 예에서, 무작위로 선택한 100명의 표본 중 5명이 색맹으로 나타났을 때 전체 집단에서의 색맹의 비율을 5/100=0.05로 추정할 수 있을 것이다.(단, 이 경우, 100명의 표본을 무작위로 다시 선택한다면 결과는 바뀔 수도 있다.) 이런 맥락에서 고전적 추론을 빈도주의적 접근(frequentist approach)이라고 부르기도 한다.

반면, 베이지안 추론은 고전적 추론과 달리, 찾고자 하는 파라미터가 고정된 것이 아니라 확률분포를 갖는 확률변수라 간주한다. 따라서 주어진 데이터 뿐만 아니라 파라미터에 대한 사전 정보를 활용한다. 사전 정보와 데이터로부터 얻는 정보를 결합하기 위해 활용되는 것이 바로 식 (2.4)의 베이즈 정리이며, 이 때문에 '베이지안'이라 불리는 것이다.

본 장에서는 파라미터를 추정하는 대표적인 두 가지 원칙인 최대가능도와 최대사후확률 기법, 그리고 파라미터의 사후 분포 추정 기법에 대해 살펴본다.

6.1 사후확률

베이지안 추론 기법의 원리를 이해하기 위해, 베이즈 정리를 활용하여 사후확률값을 추론하는 간단한 예제들을 살펴보자.

예제 6.1

두 공장 A와 B에서 제품을 생산한다. A 공장의 생산능력은 하루 400개, B 공장의 생산능력은 하루 100개이다. 각 공장에서 조사해보니 A 공장에서 생산한 제품 중 5%는 불량품이며, B 공장의 제품에서 불량품의 비율은 10%이다. 두 공장에서 생산된 제품이 모이는 본사에서 임의로 하나의 제품을 검사하여 불량품으로 판명이 났을 때 이것이 A 공장에서 제조되었을 확률을 구해보자.

제품 하나를 무작위로 선택했을 때 이것이 각 공장에서 생산된 것일 확률은

$$\Pr(A) = \frac{400}{400+100} = 0.8$$
$$\Pr(B) = \frac{100}{400+100} = 0.2$$

이다. 각 공장에서 불량품(F)의 확률은 다음과 같이 조건부 확률로 쓸 수 있다.

$$\Pr(F|A) = 0.05$$
$$\Pr(F|B) = 0.1$$

구하고자 하는 것은 $\Pr(A|F)$이며, 이는 베이즈 정리를 통해

$$\Pr(A|F) = \frac{\Pr(F|A)\Pr(A)}{\Pr(F)} = \frac{\Pr(F|A)\Pr(A)}{\Pr(F|A)\Pr(A)+\Pr(F|B)\Pr(B)} = \frac{0.05\times0.8}{0.05\times0.8+0.1\times0.2} = 0.67$$

로 계산할 수 있다. 추가로,

$$\Pr(B|F) = 1-0.67 = 0.33$$

로 얻을 수 있다.

$\Pr(A)$와 $\Pr(B)$는 데이터가 주어지기 전, 즉 사전에 알고 있는 각 공장에 대한 확률이므로 사전확률에 해당한다. 이에 반해, 구하고자 하는 $\Pr(A|F)$는 데이터가 주어진 이후 공장 A에 대한 확률인 사후확률이다. $\Pr(F|A)$와 $\Pr(F|B)$는 공장이 정해졌을 때 불량품이 얼마나 발생할지를 나타내는 가능도이다.

사전확률에 따르면 A 공장에서 4배 많은 제품을 생산하고 있다. 따라서 더 이상의 아무런 정보가 없다면 불량품은 A 공장에서 나왔을 확률이 0.8이다. 그런데 각 공장에서 불량품이 나올 확률인 가능도는 5% 및 10%로, A 공장의 불량품 비율이 B 공장의 절반밖에 되지 않는다. 따라서 사전확률과 가능도의 정보를 합치면 불량품이 A 공장에서 나왔을 확률이 0.8보다 작은 0.67로 구해진 것이다.

이 예제와 유사하지만 확률분포를 이용하는 예제를 살펴보자.

예제 6.2

어느 고객센터에 걸려오는 전화상담 건수 X가 파라미터 λ를 갖는 포아송분포를 따른다. 즉,

$$\Pr(X=x|\lambda)=e^{-\lambda}\frac{\lambda^x}{x!}$$

그리고 분당 평균 4통 또는 6통의 전화가 걸려오는 것으로 알고 있다. 즉, 분포의 파라미터가 $\lambda=4$ 또는 $\lambda=6$이다. 그리고 $\lambda=4$일 가능성이 70%, $\lambda=6$일 가능성이 30%라 생각한다. 어느 날 1분 동안 8통의 전화가 걸려왔을 때, 이를 바탕으로 $\lambda=4$일 확률 및 $\lambda=6$일 확률을 구해보자.

8통의 전화가 걸려왔을 때 포아송분포의 파라미터 λ가 4일 사후확률은 베이즈 정리를 통해

$$\begin{aligned}\Pr(\lambda=4|X=8)&=\frac{\Pr(X=8|\lambda=4)\Pr(\lambda=4)}{\Pr(X=8)}\\&=\frac{\Pr(X=8|\lambda=4)\Pr(\lambda=4)}{\Pr(X=8|\lambda=4)\Pr(\lambda=4)+\Pr(X=8|\lambda=6)\Pr(\lambda=6)}\end{aligned}$$

로 쓸 수 있다. 먼저 λ에 대한 사전확률은

$$\Pr(\lambda=4)=0.7$$
$$\Pr(\lambda=6)=0.3$$

이다. 가능도는

$$\Pr(X=8|\lambda=4)=e^{-4}\cdot\frac{4^8}{8!}=0.030$$

$$\Pr(X=8|\lambda=6)=e^{-6}\cdot\frac{6^8}{8!}=0.103$$

따라서 사후확률은

$$\Pr(\lambda=4|X=8)=\frac{0.030\times0.7}{0.030\times0.7+0.103\times0.3}=0.403$$
$$\Pr(\lambda=6|X=8)=\frac{0.103\times0.3}{0.030\times0.7+0.103\times0.3}=0.597$$

로 계산할 수 있다.

데이터가 주어지기 전 사전 정보는 $\lambda=4$일 확률이 0.7로 $\lambda=6$일 확률 0.3보다 더 높다. 그러나 얻은 데이터는 오히려 $\lambda=6$에 가까운 값인 8이다. 따라서 데이터가 주어진 이후 $\lambda=4$일 확률은 0.403으로 사전확률인 0.7보다 크게 낮아진 반면, $\lambda=6$일 확률은 0.3에서 0.597로 크게 높아졌다.

사전확률, 가능도, 사후확률을 확률분포로 표현할 수도 있다. 이 경우 각각을 사전분포(prior distribution), 가능도함수(likelihood function), 사후분포(posterior distribution)라 부른다. 관측한 확률변수를 X, 추정하고자 하는 확률변수를 Y라 하자. X와 Y가 모두 이산확률변수인 경우 세 확률이 모두 PMF로 표현되며 베이즈 정리는

$$p_{Y|X}(y|x)=\frac{p_{X|Y}(x|y)p_Y(y)}{p_X(x)}$$

로 쓸 수 있다. 여기서 식 (2.5)와 마찬가지로 분모를 합의 꼴로 표현하면

$$p_{Y|X}(y|x)=\frac{p_{X|Y}(x|y)p_Y(y)}{p_X(x)}=\frac{p_{X|Y}(x|y)p_Y(y)}{\sum_{y'=-\infty}^{\infty}p_{X|Y}(x|y')p_Y(y')}$$

로 쓸 수 있다. X와 Y가 모두 연속확률변수이고 세 확률이 모두 PDF로 표현되는 경우 베이즈 정리는

$$f_{Y|X}(y|x)=\frac{f_{X|Y}(x|y)f_Y(y)}{f_X(x)}=\frac{f_{X|Y}(x|y)f_Y(y)}{\int_{-\infty}^{\infty}f_{X|Y}(x|y')f_Y(y')dy'}$$

로 쓸 수 있다. 두 확률변수 중 하나는 이산, 다른 하나는 연속인 경우에도 베이즈 정리는 성립한다. X는 이산확률변수이고 Y는 연속확률변수인 경우에는

$$f_{Y|X}(y|x)=\frac{p_{X|Y}(x|y)f_Y(y)}{p_X(x)}$$

로 쓸 수 있고, 반대로 X는 연속확률변수이고 Y는 이산확률변수인 경우

$$p_{Y|X}(y|x) = \frac{f_{X|Y}(x|y)p_Y(y)}{f_X(x)}$$

로 쓸 수 있다.

아래의 예제는 확률분포로 표현된 베이즈 정리를 이용하여 사후분포를 계산하는 과정을 보여준다.

예제 6.3

$X|Y=y \sim \text{Geometric}(y)$, 즉 연속확률변수 Y의 값이 y로 주어졌을 때 이산확률변수 X의 확률인 가능도는 파라미터가 y인 기하분포를 따른다.

$$p_{X|Y}(x|y) = y(1-y)^{x-1},\ \ x = 1,2,...$$

그리고 Y의 사전분포는

$$f_Y(y) = 2y,\ \ 0 \le y \le 1$$

로 가정한다. 관측 데이터가 $X=1$로 주어졌을 때 Y의 사후분포 $f_{Y|X}(y|x)$을 구해보자.

베이즈 정리를 통해

$$f_{Y|X}(y|1) = \frac{p_{X|Y}(1|y)f_Y(y)}{p_X(1)} = \frac{p_{X|Y}(1|y)f_Y(y)}{\int_0^1 p_{X|Y}(1|y')f_Y(y')dy'}$$

로 쓸 수 있다. 관측 데이터가 주어진 상황에서 가능도는

$$p_{X|Y}(1|y) = y(1-y)^{1-1} = y$$

베이즈 정리의 분모는

$$p_X(1) = \int_0^1 p_{X|Y}(1|y')f_Y(y')dy' = \int_0^1 y' \times 2y'dy' = 2\left[\frac{1}{3}y'^3\right]_0^1 = \frac{2}{3}$$

따라서 사후분포는

$$f_{Y|X}(y|1) = \frac{y \times 2y}{\frac{2}{3}} = 3y^2,\ \ 0 \le y \le 1$$

로 계산할 수 있다. 사후분포를 전 구간에 대해 더하면 1이 되어야 한다. 다음과 같이 이를 확인할 수 있다.

$$\int_0^1 f_{Y|X}(y|1)dy = \int_0^1 3y^2 dy = 3\left[\frac{1}{3}y^3\right]_0^1 = 1$$

관측데이터가 $X=5$인 경우 같은 과정을 반복하면 다음과 같다.

$$p_{X|Y}(5|y)=y(1-y)^4$$

$$p_X(5)=\int_0^1 p_{X|Y}(5|y')f_Y(y')dy'=\int_0^1 y'(1-y')^4\times 2y'dy'=\frac{2}{105}$$

$$f_{Y|X}(y|5)=\frac{y(1-y)^4\times 2y}{\frac{2}{105}}=105y^2(1-y)^4,\ \ 0\le y\le 1$$

아래 그림은 사전분포와 두 사후분포를 그래프로 비교한다.

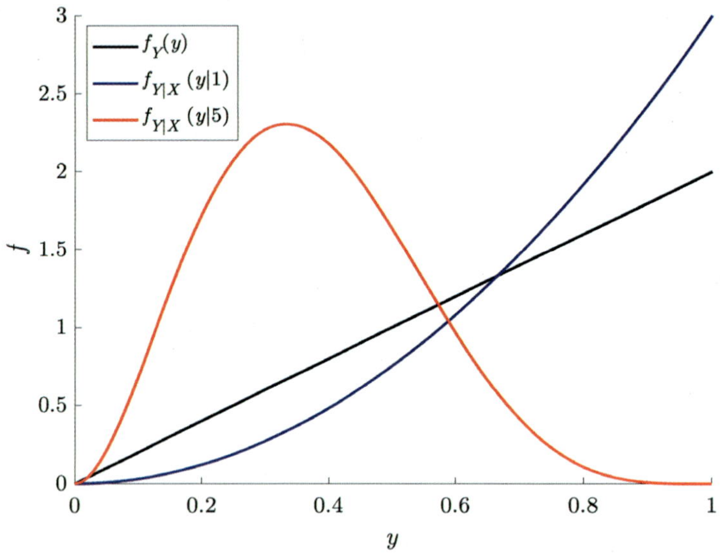

검은색 그래프로 표현된 사전분포를 보면 데이터가 주어지기 전에는 Y가 큰 값을 가질 확률이 점점 더 클 것으로 가정하고 있다. 주어진 데이터($X=1$)는 이와 일치하는 상황을 내포한다. 왜냐하면 X의 가능도인 기하분포는 [그림 2.6]에 나타낸 것과 같이 1에 대해 최대 확률을 갖고 이후 점점 작아지는 모습이며 파라미터가 클수록 1이 얻어질 확률이 더 커지는데, 실제로 얻은 데이터의 값이 1이라는 것은 파라미터인 Y가 클 가능성이 높다는 것을 의미하기 때문이다. 따라서 사전분포에 이러한 정보를 반영한 결과인 파란색 그래프는 Y가 클 확률이 더욱 높아진 형태가 된 것이다. 반면, 데이터가 $X=5$로 주어진 경우는 이와 반대되는 상황이다. 기하분포에서 파라미터값이 작을수록 $X=5$가 얻어질 확률이 커진다. 따라서 데이터($X=5$)가 주는 정보는 파라미터인 Y가 작을 가능성이 높다는 것이다. 이 정보가 사전분포와 합쳐진 결과가 붉은색 그래프이며, Y가 작을 확률이 크게 증가한 것을 볼 수 있다.

6.2 확률모델 추정

기계학습에서 분류문제의 해결 방법 중 하나는 각 클래스의 데이터의 확률분포를 따로따로 모델링하는 것이다.[31] 각 클래스의 데이터가 2.2절에서 소개한 PMF와 PDF처럼 그 형태를 알고 있는 확률분포 중 하나를 따르는 것으로 가정하고, 확률분포의 파라미터를 데이터로부터 추정한다. 이 과정을 모델 학습이라 할 수 있다. 새로운 테스트 데이터가 주어지면 각 클래스의 확률모델로부터 데이터의 확률을 구하고, 가장 높은 확률을 보이는 클래스를 선택함으로써 데이터의 인식 결과를 얻는다. 가우시안혼합모델(Gaussian mixture model, GMM)이나 은닉마르코프모델(hidden Markov model, HMM) 등이 이러한 방식에 해당한다.

데이터를 x, 확률분포 모델의 파라미터를 θ라 하자. 앞 절에서 소개한 예제와 같이, 데이터가 주어진 상황에서 파라미터에 대한 확률을 최대화시키는 최적의 파라미터 θ^*를 찾는 것이 자연스러운 선택이다. 데이터가 주어졌을 때 파라미터의 확률분포를 $p(\theta|x)$로 쓸 때[32], 이 문제는

$$\theta^*_{MAP} = \underset{\theta}{\operatorname{argmax}}\, p(\theta|x)$$

로 쓸 수 있다. $p(\theta|x)$는 사후분포이므로 이 문제를 **최대사후확률(maximum a posterior, MAP)**에 의한 파라미터 추정이라고 하며 이 최적화문제의 해를 MAP 추정량(MAP estimate)이라 한다. 확률분포가 최대가 되는 위치를 찾는 것이므로 결국 확률분포 $p(\theta|x)$의 최빈값(mode)을 찾는 것이다. 즉, MAP 추정량은 사후분포의 최빈값이다.

식 (2.4)의 베이즈 정리를 이용하면

$$p(\theta|x) = \frac{p(x|\theta)p(\theta)}{p(x)}$$

로 쓸 수 있다. 여기서 분모는 θ와 무관하므로 상수로 볼 수 있다. 그러면 MAP 추정량은

$$\theta^*_{MAP} = \underset{\theta}{\operatorname{argmax}}\, p(x|\theta)p(\theta) \tag{6.1}$$

31) 분류문제의 다른 해결 방법은 신경회로망과 같이 결정경계를 찾는 방법이다.

32) 지금까지 이산분포는 $p(x)$, 연속분포는 $f(x)$로 구분하여 표기하였으나, 이제부터는 이를 굳이 구분하지 않고 모두 $p(x)$로 표기한다. 그리고 확률변수를 첨자로 표기하던 것을 생략하기로 한다. 즉, $p_X(x)$와 $f_X(x)$를 모두 간단히 $p(x)$로 표기한다.

라 할 수 있다. 즉, 모델 파라미터의 확률과 파라미터가 주어졌을 때 데이터의 확률의 곱을 최대화하는 것으로 바꿀 수 있다.

나아가 모델 파라미터의 확률분포 $p(\theta)$가 균등분포, 즉 모든 파라미터에 대해 다 같다고 가정하면 최적화 문제는

$$\theta^*_{ML} = \underset{\theta}{\operatorname{argmax}}\, p(x|\theta)$$

로 귀결된다. 즉, 가능도를 최대화하는 최적화 문제가 되며, 이것이 바로 **최대가능도(maximum likelihood, ML)** 추정 방법이다. 그리고 이렇게 얻은 값을 ML 추정량(ML estimate)이라 한다. 가능도는 데이터의 확률분포로부터 바로 얻을 수 있기 때문에 이 최적화 문제는 MAP 추정에 비해 쉽게 해결 가능하다. 따라서 데이터를 확률모델로 모델링할 때 널리 쓰이는 방법으로써, 정규분포모델, 가우시안혼합모델, 은닉마르코프모델 등의 파라미터를 최적화하는 것이 그 예이다.

N개의 데이터 $x_i\ (i=1,\ldots,N)$가 주어졌다고 하자. 각 데이터가 같은 분포를 가지며 서로 독립적으로 얻어진 것이라고 가정하자. 이를 줄여서 **i.i.d. (independent and identically distributed)** 라 한다. 그러면 데이터 전체의 확률분포는 각 데이터의 확률분포의 곱으로 표현할 수 있다. 즉,

$$p(x_1,\ldots,x_N|\theta) = \prod_{i=1}^{N} p(x_i|\theta)$$

그리고, 로그함수는 단조증가함수(monotonically increasing function)이기 때문에, 가능도를 최대화하는 θ를 찾는 것과 가능도의 로그값, 즉 로그가능도(log-likelihood)를 최대화하는 θ를 찾는 것은 같은 문제이다. 따라서 데이터 전체에 대한 θ의 ML 추정량은

$$\begin{aligned}\theta^*_{ML} &= \underset{\theta}{\operatorname{argmax}}\, \log \prod_{i=1}^{N} p(x_i|\theta) \\ &= \underset{\theta}{\operatorname{argmax}} \sum_{i=1}^{N} \log p(x_i|\theta)\end{aligned}$$

로 표현 가능하다.

식 (6.1)의 MAP 추정 문제도 마찬가지로 로그를 활용하면

$$\theta^*_{MAP} = \underset{\theta}{\mathrm{argmax}} \log \prod_{i=1}^{N} p(x_i|\theta) p(\theta)$$
$$= \underset{\theta}{\mathrm{argmax}} \left\{ \sum_{i=1}^{N} \log p(x_i|\theta) + \log p(\theta) \right\}$$

로 표현 가능하다.

ML 및 MAP 추정 문제는 5장에서 살펴본 최적화 해결 방식을 적용할 수 있다. 예를 들어 목적함수인 가능도 또는 사후확률을 미분하여 0이 되는 극값을 찾는 방식을 적용한다. 여기에는 목적함수가 볼록하다는 가정이 깔려있다. 2차미분을 계산하여 이를 확인할 수 있겠으나, 보통의 경우 이는 생략한다.

먼저 간단한 예제를 살펴본다.

예제 6.4 이항분포의 ML 추정

동전을 100번 던져 앞면이 60번 나왔다. 이 동전을 한 번 던져 앞면이 나올 확률 θ를 ML 추정을 통해 구해보자.

로그가능도는 이항분포로부터

$$\log \Pr(60\text{번 앞면}|\theta) = \log\left\{\binom{100}{60}\theta^{60}(1-\theta)^{40}\right\}$$
$$= \log\binom{100}{60} + 60\log\theta + 40\log(1-\theta)$$

이다. ML 추정을 위해 로그가능도를 θ로 미분하여 0으로 놓는다.

$$\frac{d}{d\theta}\log \Pr(60\text{번 앞면}|\theta) = \frac{60}{\theta} - \frac{40}{1-\theta} = 0$$

이를 풀면 $\theta^* = 0.6$을 얻는다.

확률분포 중에서 가장 널리 쓰이는 것은 정규분포이다. 아래에서 정규분포에 대한 다양한 추정 문제를 살펴보자.

주어진 1차원 데이터를 정규분포로 모델링하고자 한다. 분산은 1임을 가정하고 평균을 나타내는 파라미터 μ를 추정하는 문제를 생각해보자. 하나의 데이터에 대한 가능도는 정규분포의 식을 이용하여

$$p(x|\mu) = \frac{1}{\sqrt{2\pi}} e^{-(x-\mu)^2/2} \tag{6.2}$$

로 쓴다. 로그를 취해 로그가능도를 구하면

$$\begin{aligned}\log p(x|\mu) &= \log\left\{\frac{1}{\sqrt{2\pi}}e^{-(x-\mu)^2/2}\right\}\\ &= -\log\sqrt{2\pi} - \frac{(x-\mu)^2}{2}\end{aligned}$$

그러면 N개의 데이터에 대한 로그가능도는

$$\sum_{i=1}^{N}\log p(x_i|\mu) = -N\log\sqrt{2\pi} - \frac{1}{2}\sum_{i=1}^{N}(x_i-\mu)^2$$

로 쓸 수 있다. 첫 번째 항은 상수항이므로 ML 추정을 위해 최대화할 것은 두 번째 항이다. 즉

$$\mu_{ML}^{*} = \underset{\mu}{\operatorname{argmax}} - \frac{1}{2}\sum_{i=1}^{N}(x_i-\mu)^2$$

이다. 이를 풀기 위해 미분하여 0이 되는 값을 찾는다.

$$\frac{d}{d\mu}\left\{-\frac{1}{2}\sum_{i=1}^{N}(x_i-\mu)^2\right\} = \sum_{i=1}^{N}(x_i-\mu) = 0$$

이를 풀면

$$\mu_{ML}^{*} = \frac{1}{N}\sum_{i=1}^{N}x_i$$

를 얻는다. 즉, 정규분포의 평균을 의미하는 μ의 ML 추정량은 데이터에 대한 평균으로 구할 수 있다는 것이다.

이번에는 평균과 분산을 모두 추정하는 문제를 생각해보자. 이번에는 처음부터 N개의 데이터에 대한 가능도로부터 시작해보자.

$$p(x_1,\dots,x_N|\mu,\sigma) = \prod_{i=1}^{N}p(x_i|\mu,\sigma) = \prod_{i=1}^{N}\frac{1}{\sqrt{2\pi}\,\sigma}e^{-(x_i-\mu)^2/2\sigma^2} = \left(\frac{1}{\sqrt{2\pi}\,\sigma}\right)^{N}\exp\left[-\sum_{i=1}^{N}\frac{(x_i-\mu)^2}{2\sigma^2}\right]$$

따라서 로그가능도는

$$L := \log p(x_1,\dots,x_N|\mu,\sigma) = -N\log\sqrt{2\pi} - N\log\sigma - \sum_{i=1}^{N}\frac{(x_i-\mu)^2}{2\sigma^2}$$

이다. 이를 μ로 미분하여 0이 되는 값을 찾으면 앞서 얻은 결과와 같다.

$$\mu_{ML}^{*} = \frac{1}{N}\sum_{i=1}^{N} x_i$$

이번에는 로그가능도를 σ로 미분하여 0이 되는 σ를 찾아보자.

$$\frac{\partial L}{\partial \sigma} = -\frac{N}{\sigma} + \sum_{i=1}^{N}\frac{(x_i-\mu)^2}{\sigma^3} = 0$$

이를 풀면

$$\sigma_{ML}^{*2} = \frac{1}{N}\sum_{i=1}^{N}(x_i-\mu)^2$$

를 얻는다. 여기서 μ에는 먼저 얻은 μ_{ML}^{*}을 사용하면 된다.

분산이 1인 1차원 정규분포의 평균에 대해 이번에는 MAP 추정을 해보자. 로그를 취한 MAP 최적화 문제는

$$\mu_{MAP}^{*} = \underset{\mu}{\operatorname{argmax}}\left\{\sum_{i=1}^{N}\log p(x_i|\mu) + \log p(\mu)\right\}$$

로 쓸 수 있다. 이를 해결하기 위해서는 사전분포 $p(\mu)$가 필요한데, 평균이 μ_0이고 표준편차가 σ_0인 정규분포로 가정하자. μ의 값은 μ_0가 될 확률이 가장 크고 μ_0에서 멀어질수록 그 확률이 낮아짐을 가정하는 것이다. 가능도의 파라미터(여기서는 μ)와 구분하기 위해 μ_0와 σ_0와 같은 사전분포의 파라미터를 하이퍼파라미터(hyperparameter)라 부른다.

$$p(\mu) = \frac{1}{\sqrt{2\pi}\,\sigma_0} e^{-(\mu-\mu_0)^2/2\sigma_0^2} \tag{6.3}$$

그러면 MAP 추정 문제는

$$\mu_{MAP}^{*} = \underset{\mu}{\operatorname{argmax}}\left\{-N\log\sqrt{2\pi} - \frac{1}{2}\sum_{i=1}^{N}(x_i-\mu)^2 - \log\sqrt{2\pi}\,\sigma_0 - \frac{(\mu-\mu_0)^2}{2\sigma_0^2}\right\}$$

으로 쓸 수 있다. 첫 번째와 세 번째 항은 상수이므로 두 번째와 네 번째 항을 미분하여 0이 되는 μ의 값을 찾는다. 즉,

$$\frac{d}{d\mu}\left\{-\frac{1}{2}\sum_{i=1}^{N}(x_i-\mu)^2-\frac{(\mu-\mu_0)^2}{2\sigma_0^2}\right\}=\sum_{i=1}^{N}(x_i-\mu)-\frac{\mu-\mu_0}{\sigma_0^2}=0$$

이를 풀면

$$\mu_{MAP}^{*}=\frac{\sigma_0^2\sum_{i=1}^{N}x_i+\mu_0}{N\sigma_0^2+1} \tag{6.4}$$

를 얻는다.

이 추정값이 σ_0의 값에 따라서 어떻게 변하는지 살펴보자. σ_0가 0으로 수렴하면 μ^*는 μ_0로 수렴한다. σ_0가 매우 작은 경우 사전확률이 μ_0에 강하게 쏠려있으며, 이는 μ가 μ_0라는 믿음 또는 가정이 매우 강하다는 것이며, μ^*의 추정에 데이터의 영향이 상대적으로 작다는 것을 의미한다. 반대로 σ_0가 매우 큰 경우 μ^*는 $\frac{1}{N}\sum_{i=1}^{N}x_i$이 된다. σ_0가 크다는 것은 사전분포가 균등분포에 가까워진다는 것을 의미하기 때문에 사전정보가 파라미터 추정에 미치는 영향이 약해지며, 결국 ML의 경우와 같은 결과를 얻게 되는 것이다.

$w:=\frac{N\sigma_0^2}{N\sigma_0^2+1}$로 정의하여 식 (6.4)를 다시 쓰면

$$\mu_{MAP}^{*}=\frac{N\sigma_0^2}{N\sigma_0^2+1}\frac{\sum_{i=1}^{N}x_i}{N}+\frac{1}{N\sigma_0^2+1}\mu_0=w\cdot\mu_{ML}^{*}+(1-w)\cdot\mu_0$$

로 정리할 수 있다. 여기서 w는 0과 1 사이의 값을 가지기 때문에, MAP 추정량은 ML 추정량과 사전 정보인 μ_0의 가중치합으로 얻어진다. 데이터가 주어지기 전, 즉 $N=0$일 때는 $w=0$이므로 MAP 추정량은 사전 정보와 같아지고, 데이터의 수가 늘어날수록 w는 점점 커져서 ML 추정량에 대한 가중치가 점점 더 커지며, 데이터의 수가 무한대가 되면 $w=1$이 되어 MAP 추정량은 ML 추정량과 같아진다.

1차원 정규분포의 분산 σ^2에 대해 MAP 추정을 수행해보자. 평균 μ는 이미 알고 있다고 하자. 먼저, 하나의 데이터에 대한 가능도는

$$p(x|\sigma^2)=\frac{1}{\sqrt{2\pi}\,\sigma}e^{-(x-\mu)^2/2\sigma^2}$$

이다. σ^2는 0보다 크므로 σ^2에 대한 사전분포로는 0보다 큰 구간에서 정의되는 분포를 사용해야 한다. 특별히, 두 파라미터 α_0와 β_0를 갖는 역감마분포 $\text{IGamma}(\alpha_0, \beta_0)$로 가정하자.

$$p(\sigma^2) = \frac{\beta_0^{\alpha_0}}{\Gamma(\alpha_0)}\left(\frac{1}{\sigma^2}\right)^{\alpha_0+1} e^{-\beta_0/\sigma^2}$$

그러면 MAP 추정을 위해 최대화할 대상은

$$\begin{aligned}\sum_{i=1}^{N}\log p(x_i|\sigma^2) + \log p(\sigma^2) &= \sum_{i=1}^{N}\log\left\{\frac{1}{\sqrt{2\pi}\,\sigma}e^{-(x_i-\mu)^2/2\sigma^2}\right\} + \log\left\{\frac{\beta_0^{\alpha_0}}{\Gamma(\alpha_0)}\left(\frac{1}{\sigma^2}\right)^{\alpha_0+1}e^{-\beta_0/\sigma^2}\right\}\\ &= -N\log\sqrt{2\pi} - N\log\sigma - \frac{1}{2\sigma^2}\sum_{i=1}^{N}(x_i-\mu)^2 + \log\frac{\beta_0^{\alpha_0}}{\Gamma(\alpha_0)}\\ &\quad -2(\alpha_0+1)\log\sigma - \frac{\beta_0}{\sigma^2}\end{aligned}$$

이를 σ로 미분하여 0으로 놓으면

$$-\frac{N}{\sigma} + \frac{1}{\sigma^3}\sum_{i=1}^{N}(x_i-\mu)^2 - \frac{2(\alpha_0+1)}{\sigma} + \frac{2\beta_0}{\sigma^3} = 0$$

이므로 이를 풀면

$$\sigma_{MAP}^{*2} = \frac{\sum_{i=1}^{N}(x_i-\mu)^2 + 2\beta_0}{N + 2(\alpha_0+1)} \tag{6.5}$$

를 얻는다. 데이터가 무한히 많아지면, 즉 $N\to\infty$ 이면 MAP 추정량은 ML 추정량으로 수렴한다.

$$\sigma_{MAP}^{*2} \xrightarrow{N\to\infty} \frac{1}{N}\sum_{i=1}^{N}(x_i-\mu)^2 = \sigma_{ML}^{*2}$$

종종 σ^2 대신 $\lambda := 1/\sigma^2$를 추정하기도 하는데, λ를 정밀도(precision)라 부른다. λ를 이용하여 가능도를 다시 쓰면

$$p(x|\lambda) = \sqrt{\frac{\lambda}{2\pi}}\, e^{-\lambda(x-\mu)^2/2}$$

λ의 사전확률분포를 감마분포 $\text{Gamma}(\alpha_0, \beta_0)$로 가정하자.

$$p(\lambda) = \frac{\beta_0^{\alpha_0}}{\Gamma(\alpha_0)} \lambda^{\alpha_0 - 1} e^{-\beta_0 \lambda}$$

로그사후분포는

$$\begin{aligned}\sum_{i=1}^{N} \log p(x_i|\lambda) + \log p(\lambda) &= \sum_{i=1}^{N} \log\left\{\sqrt{\frac{\lambda}{2\pi}}\, e^{-\lambda(x_i-\mu)^2/2}\right\} + \log\left\{\frac{\beta_0^{\alpha_0}}{\Gamma(\alpha_0)} \lambda^{\alpha_0-1} e^{-\beta_0\lambda}\right\} \\ &= \frac{N}{2}\log\lambda - \frac{N}{2}\log 2\pi - \frac{\lambda}{2}\sum_{i=1}^{N}(x_i-\mu)^2 + \log\frac{\beta_0^{\alpha_0}}{\Gamma(\alpha_0)} \\ &\quad + (\alpha_0 - 1)\log\lambda - \beta_0\lambda\end{aligned}$$

이를 λ로 미분하여 0으로 놓으면

$$\frac{N}{2\lambda} - \frac{1}{2}\sum_{i=1}^{N}(x_i-\mu)^2 + \frac{\alpha_0 - 1}{\lambda} - \beta_0 = 0$$

이므로

$$\lambda_{MAP}^{*} = \frac{N + 2(\alpha_0 - 1)}{\sum_{i=1}^{N}(x_i - \mu)^2 + 2\beta_0}$$

를 얻는다.

n차원 벡터 형태의 데이터를 N개 수집하였을 때 각각을 $\mathbf{x}_i$ $(i = 1, \dots, N)$라 하자. 이 데이터셋의 분포를 식 (2.17)로 정의되는 n차원 정규분포로 모델링하고자 한다. 정규분포의 파라미터에 대해 ML 추정을 해보자.

하나의 데이터 $\mathbf{x}_i$에 대한 PDF $p(\mathbf{x}_i)$는

$$p(\mathbf{x}_i) = \frac{1}{(2\pi)^{n/2}|\boldsymbol{\Sigma}|^{1/2}} \exp\left\{-\frac{1}{2}(\mathbf{x}_i - \boldsymbol{\mu})^{\top}\boldsymbol{\Sigma}^{-1}(\mathbf{x}_i - \boldsymbol{\mu})\right\}$$

로 주어진다. 모든 데이터에 대한 로그가능도를 계산하면

$$\begin{aligned}L &= \sum_{i=1}^{N} \log p(\mathbf{x}_i) \\ &= \sum_{i=1}^{N} \log(2\pi)^{-n/2} + \sum_{i=1}^{N} \log|\boldsymbol{\Sigma}|^{-1/2} - \frac{1}{2}\sum_{i=1}^{N}(\mathbf{x}_i - \boldsymbol{\mu})^{\top}\boldsymbol{\Sigma}^{-1}(\mathbf{x}_i - \boldsymbol{\mu}) \\ &= -\frac{n}{2}\sum_{i=1}^{N}\log 2\pi + \frac{N}{2}\log|\boldsymbol{\Sigma}^{-1}| - \frac{1}{2}\sum_{i=1}^{N}(\mathbf{x}_i - \boldsymbol{\mu})^{\top}\boldsymbol{\Sigma}^{-1}(\mathbf{x}_i - \boldsymbol{\mu})\end{aligned}$$

를 얻는다. 마지막 등호에서 두 번째 항을 얻는 과정에서는 어떤 행렬의 행렬식과 그 역행렬의 행렬식은 역수관계임을 이용하였다.

최적의 $\boldsymbol{\mu}$와 $\boldsymbol{\Sigma}$를 찾기 위해 로그가능도의 미분을 영벡터 또는 영행렬로 만드는 $\boldsymbol{\mu}$와 $\boldsymbol{\Sigma}$을 찾는다. 먼저 $\boldsymbol{\mu}$에 대해 로그가능도를 미분하여 영벡터로 놓자.

$$\frac{\partial L}{\partial \boldsymbol{\mu}} = 0$$

로그가능도의 세 번째 항만 $\boldsymbol{\mu}$와 관련이 있으므로 이에 대한 미분만 구하면 된다. 그리고 이 항은 대칭행렬에 대한 이차형식의 형태이므로 이차형식의 미분에 대한 결과인 식 (4.14)를 이용하면

$$\begin{aligned}\frac{\partial L}{\partial \boldsymbol{\mu}} &= \frac{\partial}{\partial \boldsymbol{\mu}}\left\{-\frac{1}{2}\sum_{i=1}^{N}(\mathbf{x}_i-\boldsymbol{\mu})^\top \boldsymbol{\Sigma}^{-1}(\mathbf{x}_i-\boldsymbol{\mu})\right\}\\ &= \sum_{i=1}^{N}\boldsymbol{\Sigma}^{-1}(\mathbf{x}_i-\boldsymbol{\mu})\\ &= \boldsymbol{\Sigma}^{-1}\left(\sum_{i=1}^{N}\mathbf{x}_i-N\boldsymbol{\mu}\right)\end{aligned}$$

이것이 영벡터이어야 하므로 $\sum_{i=1}^{N}\mathbf{x}_i = N\boldsymbol{\mu}$이며 따라서

$$\boldsymbol{\mu}_{ML}^{*} = \frac{1}{N}\sum_{i=1}^{N}\mathbf{x}_i$$

이다. 즉, 데이터에 대한 평균을 구하면 분포의 중심위치를 구할 수 있다는 것이다.

다음, 로그가능도를 $\boldsymbol{\Sigma}^{-1}$로 미분하여 영행렬로 놓자.

$$\frac{\partial L}{\partial \boldsymbol{\Sigma}^{-1}} = \mathrm{O}$$

로그가능도의 두 번째 및 세 번째 항이 $\boldsymbol{\Sigma}^{-1}$과 관련있으므로

$$\frac{\partial L}{\partial \boldsymbol{\Sigma}^{-1}} = \frac{\partial}{\partial \boldsymbol{\Sigma}^{-1}}\left\{\frac{N}{2}\log|\boldsymbol{\Sigma}^{-1}|\right\} + \frac{\partial}{\partial \boldsymbol{\Sigma}^{-1}}\left\{-\frac{1}{2}\sum_{i=1}^{N}(\mathbf{x}_i-\boldsymbol{\mu})^\top \boldsymbol{\Sigma}^{-1}(\mathbf{x}_i-\boldsymbol{\mu})\right\}$$

첫 번째 미분항은 행렬식의 미분에 대한 결과인 식 (4.11)을 활용하여 계산할 수 있다. 즉

$$\frac{\partial}{\partial \boldsymbol{\Sigma}^{-1}}\left\{\frac{N}{2}\log|\boldsymbol{\Sigma}^{-1}|\right\}=\frac{N}{2}\times\frac{1}{|\boldsymbol{\Sigma}^{-1}|}\times|\boldsymbol{\Sigma}^{-1}|(\boldsymbol{\Sigma}^{-1})^{-\top}=\frac{N}{2}\boldsymbol{\Sigma}$$

이 과정에서 $\boldsymbol{\Sigma}$가 대칭행렬임을 이용하였다. 두 번째 미분항은 이차형식의 미분 결과인 식 (4.15)를 이용하면

$$\frac{\partial}{\partial \boldsymbol{\Sigma}^{-1}}\left\{-\frac{1}{2}\sum_{i=1}^{N}(\mathbf{x}_i-\boldsymbol{\mu})^\top\boldsymbol{\Sigma}^{-1}(\mathbf{x}_i-\boldsymbol{\mu})\right\}=-\frac{1}{2}\sum_{i=1}^{N}(\mathbf{x}_i-\boldsymbol{\mu})(\mathbf{x}_i-\boldsymbol{\mu})^\top$$

따라서

$$\frac{\partial L}{\partial \boldsymbol{\Sigma}^{-1}}=\frac{N}{2}\boldsymbol{\Sigma}-\frac{1}{2}\sum_{i=1}^{N}(\mathbf{x}_i-\boldsymbol{\mu})(\mathbf{x}_i-\boldsymbol{\mu})^\top=0$$

이며 이로부터

$$\boldsymbol{\Sigma}_{ML}^{*}=\frac{1}{N}\sum_{i=1}^{N}(\mathbf{x}_i-\boldsymbol{\mu})(\mathbf{x}_i-\boldsymbol{\mu})^\top$$

이다. 이 결과는 식 (1.15)에서 정의한 공분산행렬과 계수만 조금 다른 것을 확인할 수 있다.

6.3 사후분포와 켤레 사전분포

앞 절에서 ML 추정과 MAP 추정을 알아보았다. 두 기법 모두 추정의 결과는 확률모델의 파라미터가 하나의 값 또는 표현식으로 주어지는 점 추정(point estimate)이다. 반면 베이지안 추론의 궁극적 목표는 확률모델의 파라미터에 대한 사후확률분포 자체를 얻는 것이다. 즉,

$$p(\theta|x_1,\dots,x_N)=\frac{p(x_1,\dots,x_N|\theta)p(\theta)}{p(x_1,\dots,x_N)}=\frac{p(x_1,\dots,x_N|\theta)p(\theta)}{\int p(x_1,\dots,x_N|\theta')p(\theta')d\theta'}$$

를 얻고자 하는 것이다.

앞서 살펴본 1차원 정규분포 $N(\mu,1)$의 평균 μ을 MAP 추정하는 문제를 다시 살펴보자. 이번에는 하나의 최적 추정량을 구하지 않고 사후확률분포 자체를 구하고자 한다. 사후분포는

$$p(\mu|x_1,\dots,x_N)=\frac{p(x_1,\dots,x_N|\mu)p(\mu)}{\int p(x_1,\dots,x_N|\mu')p(\mu')d\mu'}=c\cdot p(x_1,\dots,x_N|\mu)p(\mu)$$

로 표현할 수 있다. 여기서 c는 사후분포를 전 구간에서 적분했을 때 1이 되도록 하는 정규화 상수, 즉 $c:=\frac{1}{\int p(x_1,\dots,x_N|\mu')p(\mu')d\mu'}$이며, 수식을 단순화하기 위해 사용하였다. 데이터는 i.i.d.이므로

$$p(x_1,\dots,x_N|\mu)=\prod_{i=1}^{N}p(x_i|\mu)$$

이고, 가능도인 식 (6.2)와 사전분포인 식 (6.3)을 이용하면,

$$\begin{aligned}
p(\mu|x_1,\dots,x_N)&=c\cdot\prod_{i=1}^{N}p(x_i|\mu)p(\mu)\\
&=c\cdot\prod_{i=1}^{N}\frac{1}{\sqrt{2\pi}}\exp\left[-\frac{(x_i-\mu)^2}{2}\right]\cdot\frac{1}{\sqrt{2\pi}\,\sigma_0}\exp\left[-\frac{(\mu-\mu_0)^2}{2\sigma_0^2}\right]\\
&=\underbrace{\left(c\cdot\frac{1}{\sqrt{2\pi}}\cdot\frac{1}{\sqrt{2\pi}\,\sigma_0}\right)}_{:=c'}\exp\left[-\frac{1}{2}\left\{\sum_{i=1}^{N}(x_i-\mu)^2+\frac{(\mu-\mu_0)^2}{\sigma_0^2}\right\}\right]\\
&=\underbrace{c'\cdot\exp\left[-\frac{1}{2}\left\{\sum_{i=1}^{N}x_i^2+\frac{\mu_0^2}{\sigma_0^2}-\frac{\left(\sum_{i=1}^{N}x_i+\frac{\mu_0}{\sigma_0^2}\right)^2}{N+\frac{1}{\sigma_0^2}}\right\}\right]}_{:=c''}\\
&\quad\times\exp\left[-\frac{1}{2}\left\{N\mu^2+\frac{\mu^2}{\sigma_0^2}-2\mu\sum_{i=1}^{N}x_i-2\mu\frac{\mu_0}{\sigma_0^2}+\frac{\left(\sum_{i=1}^{N}x_i+\frac{\mu_0}{\sigma_0^2}\right)^2}{N+\frac{1}{\sigma_0^2}}\right\}\right]\\
&=c''\cdot\exp\left[-\frac{1}{2}\left(N+\frac{1}{\sigma_0^2}\right)\left(\mu-\frac{\sum_{i=1}^{N}x_i+\frac{\mu_0}{\sigma_0^2}}{N+\frac{1}{\sigma_0^2}}\right)^2\right]
\end{aligned}$$

로 정리할 수 있다. 이 과정에서 μ와 무관한 항을 c'와 c''로 놓았다. 최종식은 정규분포의 꼴임을 알 수 있다. 따라서 사후분포는

$$p(\mu|x_1,\ldots,x_N)=\frac{1}{\sqrt{2\pi}\,\sigma_N}e^{-(\mu-\mu_N)^2/2\sigma_N^2} \tag{6.6}$$

로 쓸 수 있으며 여기서 평균 μ_N과 분산 σ_N^2는

$$\mu_N := \frac{\sum_{i=1}^{N}x_i+\frac{\mu_0}{\sigma_0^2}}{N+\frac{1}{\sigma_0^2}}=\frac{\sigma_0^2\sum_{i=1}^{N}x_i+\mu_0}{N\sigma_0^2+1}$$

$$\sigma_N^2 := \frac{1}{N+\frac{1}{\sigma_0^2}}=\frac{\sigma_0^2}{N\sigma_0^2+1}$$

이다. μ_N은 식 (6.4)의 MAP 추정치와 같은 것을 볼 수 있다. MAP 추정에서는 사후분포를 최대화하는 하나의 추정치만을 얻지만, 베이지안 추정의 경우 μ_N에 대한 불확실성을 정규분포로 표현하며 불확실성의 정도가 σ_N^2에 반영된 사후분포 전체를 구하는 것이다. 데이터가 늘어날수록 σ_N^2은 작아지는데, 이는 불확실성이 점차 줄어드는 것을 의미한다. 데이터가 매우 많아지면, 즉 $N\to\infty$ 이면

$$\lim_{N\to\infty}\mu_N=\lim_{N\to\infty}\frac{\sigma_0^2\sum_{i=1}^{N}x_i+\mu_0}{N\sigma_0^2+1}=\frac{1}{N}\sum_{i=1}^{N}x_i$$

$$\lim_{N\to\infty}\sigma_N^2=\lim_{N\to\infty}\frac{\sigma_0^2}{N\sigma_0^2+1}=0$$

이다. 즉, 불확실성은 없어지고 사후분포는 $\mu_N=\mu_{ML}^*$에서만 0이 아닌 값을 갖는 델타함수(delta function)로 수렴한다.

$$\lim_{N\to\infty}p(\mu|x_1,\ldots,x_N)=\delta(\mu-\mu_{ML}^*)$$

데이터가 무한히 많아지면 ML 추정, MAP 추정, 베이지안 추정은 모두 $\frac{1}{N}\sum_{i=1}^{N}x_i$로 수렴하는 것을 확인할 수 있다.

하나의 예를 들어보자. $\mu=8$이고 $\sigma^2=1$인 정규분포에서 데이터가 생성된다. 단, 데이터를

관측하는 연구자 입장에서는 정규분포라는 것만 알고 μ와 σ^2의 값은 알지 못한다. 사전확률을 $\mu_0 = 5$이고 $\sigma_0^2 = 1$인 정규분포라 가정하였다. 데이터의 수를 1, 5, 10으로 늘려가며 식 (6.6)과 같이 사후분포를 얻어 [그림 6.1]에 나타내었다. 데이터가 주어지지 않을 때는 사후분포가 사전분포와 같아지며, 사전분포에서 가정한 것과 같이 평균이 5인 정규분포의 형태를 가진다. 그러나 데이터가 주어지면 데이터의 정보와 사전분포의 정보가 합쳐진 형태를 띄게 된다. 데이터의 수가 많아질수록 사후분포의 평균은 실제 데이터의 평균인 8로 점점 다가가는데, 이는 데이터에서 얻는 정보의 영향이 점점 크다는 것을 의미한다. 또한 사후분포의 폭은 점점 작아지는 것을 볼 수 있다. 이는 사후분포의 평균이 실제 데이터의 평균과 같다는 확신이 점점 강해지는 것으로 해석할 수 있다.

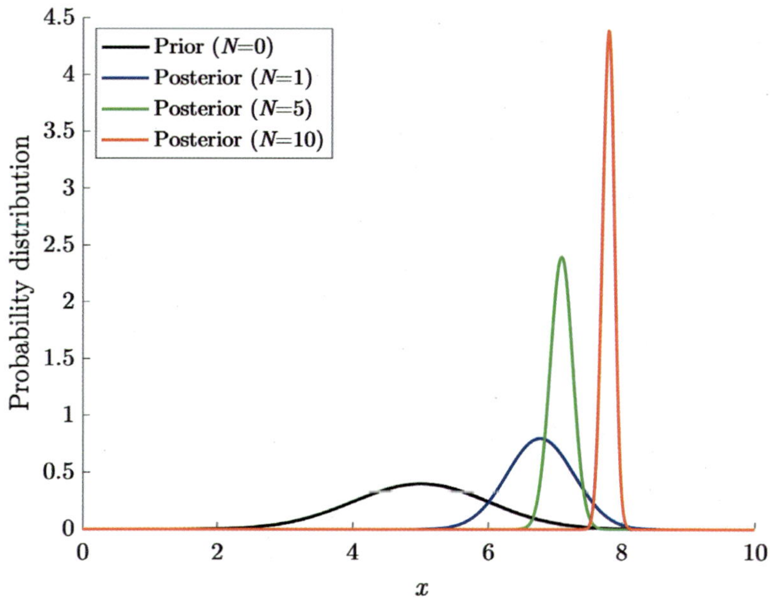

그림 6.1 데이터의 수에 따른 정규분포 형태의 사후분포

지금까지 살펴보았듯이 베이지안 추론을 위해 사후분포를 구하고자 할 때에는 적절한 사전분포의 형태를 가정해야 한다. 어떤 확률분포를 선택해야 할까? 앞에서 정규분포의 평균 μ의 사후분포를 구하는 문제에서는 사전분포가 정규분포의 형태를 갖는 것으로 가정하였다. 그 결과, 사후분포가 다시 정규분포의 형태를 갖는 것으로 유도할 수 있었다. 하지만 이처럼 사후분포를 수식으로 유도하는 것이 모든 사전분포에 대해 가능한 것은 아니다. 이와 관련한 개념으로 켤레 사전분포라는 것이 있다.

사전분포와 사후분포가 같은 확률분포 계열(family)인 경우 이들을 **켤레분포(conjugate distributions)**라 하며, 그 사전분포는 가능도함수의 **켤레 사전분포(conjugate prior)**라 부른다. 켤레 사전분포를 사용할 때의 장점은 사후분포가 닫힌 형태의 수식으로 얻어질 수 있다는 것이다. 특히, 사후분포는 사전분포와 같은 분포의 형태를 갖게 되며, 분포의 파라미터만 다르다. 앞에서 μ의 사전분포를 정규분포 형태를 가정한 것 역시 켤레 사전분포를 사용한 것이며, 그 결과 사후분포를 사전분포와 같은 형태인 정규분포의 수식으로 유도할 수 있었고, 사후분포의 파라미터는 사전분포의 하이퍼파라미터와 데이터의 정보가 합쳐진 모습으로 표현되었다.

가능도를 베르누이분포 $\mathrm{Bernoulli}(\theta)$로 모델링한 경우를 살펴보자. 1이 관측될 확률을 θ, 0이 관측될 확률을 $1-\theta$라 하자. N개의 데이터를 얻었을 때 이 중 k번은 1을, $N-k$번은 0을 관측하였다. 이를 $k=\sum_{i=1}^{N} x_i$로 쓸 수 있다. 가능도는

$$p(x_1, \ldots, x_N | \theta) = \theta^k (1-\theta)^{N-k}$$

이다. 베르누이분포에 대한 켤레 사전분포는 베타분포이다. 즉,

$$p(\theta) = \frac{1}{B(\alpha_0, \beta_0)} \theta^{\alpha_0 - 1} (1-\theta)^{\beta_0 - 1}$$

사후분포를 유도해보자. 정규화를 위한 상수를 $c := \frac{1}{\int p(x_1, \ldots, x_N | \theta') p(\theta') d\theta'}$로 놓으면,

$$\begin{aligned} p(\theta | x_1, \ldots, x_N) &= c \cdot p(x_1, \ldots, x_N | \theta) p(\theta) \\ &= c' \cdot \theta^k (1-\theta)^{N-k} \times \theta^{\alpha_0 - 1} (1-\theta)^{\beta_0 - 1} \\ &= c' \cdot \theta^{\alpha_0 + k - 1} (1-\theta)^{\beta_0 + N - k - 1} \end{aligned}$$

로 계산할 수 있다. 여기서 $c' := \frac{c}{B(\alpha_0, \beta_0)}$이다. 마지막 식은 베타분포의 형태이다. 즉,

$$\theta | x_1, \ldots, x_N \sim B(\alpha_N, \beta_N) = B(\alpha_0 + k, \beta_0 + N - k) = B(\alpha_0 + \sum_{i=1}^{N} x_i, \beta_0 + N - \sum_{i=1}^{N} x_i)$$

을 의미한다. 따라서 정규화 상수는

$$c = \frac{1}{B\left(\alpha_0 + \sum_{i=1}^{N} x_i, \beta_0 + N - \sum_{i=1}^{N} x_i\right)}$$

임을 알 수 있다. 이 과정을 통해 사전분포를 베타분포로 하였을 때의 잇점을 확인할 수 있다. 즉, 각 데이터가 베르누이분포를 통해 생성될 때, 여러 데이터에 대한 가능도는 베타분포와 유사한 형태의 수식이 되며, 이를 베타분포로 정의된 사전분포와 곱하면 다시 베타분포를 얻게 되는 것이다.

ML 추정량을 계산해보자. 가능도를 θ로 미분하여 0으로 놓으면,

$$\begin{aligned}\frac{d}{d\theta}p(x_1,\dots,x_N|\theta) &= k\theta^{k-1}(1-\theta)^{N-k} - (N-k)\theta^k(1-\theta)^{N-k-1} \\ &= \theta^{k-1}(1-\theta)^{N-k-1}\{k(1-\theta)-(N-k)\theta\} \\ &= 0\end{aligned}$$

이를 만족하는 θ는 0, 1, $\frac{k}{N}$인데, 0과 1이 아니라고 가정하면

$$\theta^*_{ML} = \frac{k}{N} = \frac{1}{N}\sum_{i=1}^{N} x_i$$

을 얻는다.(로그가능도를 미분하여 0으로 놓아도 같은 결과를 얻는다.) 따라서 사후분포를 ML 추정량을 이용하여 다시 쓰면

$$\theta|x_1,\dots,x_N \sim B(\alpha_0 + N\theta^*_{ML}, \beta_0 + N(1-\theta^*_{ML}))$$

라 할 수 있나. 즉, 사후분포는 데이터의 수와 무관하게 베타분포를 따르지만, 그 파라미터는 데이터 수에 따라 달라진다. 데이터가 없을 때에는 사전분포의 파라미터 α_0와 β_0를 갖지만 데이터의 정보를 반영하면 파라미터는 $\alpha_N = \alpha_0 + N\theta^*_{ML}$와 $\beta_N = \beta_0 + N(1-\theta^*_{ML})$로 바뀐다. N이 매우 크면 $\alpha_0 \ll N\theta^*_{ML}$ 및 $\beta_0 \ll N(1-\theta^*_{ML})$이므로 사전분포의 영향은 거의 없어지고 데이터의 영향이 지배적이 된다. 이 경우 $\alpha_N \approx N\theta^*_{ML}$이고 $\beta_N \approx N(1-\theta^*_{ML})$이며, <표 2.2>를 참조하여 사후분포의 평균과 분산을 구하면

$$\mathbb{E}[\theta|x_1,\dots,x_N] = \frac{\alpha_N}{\alpha_N + \beta_N} \rightarrow \theta^*_{ML}$$

$$\begin{aligned}\mathrm{Var}[\theta|x_1,\ldots,x_N] &= \frac{\alpha_N\beta_N}{(\alpha_N+\beta_N)^2(\alpha_N+\beta_N+1)} \\ &= \frac{(\alpha_0+N\theta^*_{ML})(\beta_0+N(1-\theta^*_{ML})}{(\alpha_0+\beta_0+N)^2(\alpha_0+\beta_0+N+1)} \\ &\to 0\end{aligned}$$

와 같이 수렴한다. 즉, N이 매우 크면 사후분포는 ML 추정량에서만 값을 갖는 델타함수로 수렴한다. 이는 앞서 살펴본 정규분포의 경우와 같은 결과이다.

데이터의 수에 따라 달라지는 사전분포와 데이터의 영향을 사후분포의 평균의 관점에서도 확인할 수 있다. 사후분포의 평균은

$$\begin{aligned}\mathbb{E}[\theta|x_1,\ldots,x_N] &= \frac{\alpha_N}{\alpha_N+\beta_N} \\ &= \frac{\alpha_0+N\theta^*_{ML}}{\alpha_0+\beta_0+N} \\ &= \underbrace{\frac{N}{\alpha_0+\beta_0+N}}_{:=w}\cdot\theta^*_{ML}+\underbrace{\frac{\alpha_0+\beta_0}{\alpha_0+\beta_0+N}}_{:=1-w}\cdot\underbrace{\frac{\alpha_0}{\alpha_0+\beta_0}}_{=\mathbb{E}[\theta]}\end{aligned}$$

로 정리할 수 있다. 즉, ML 추정량과 사전분포의 기댓값의 가중합으로 주어진다. 데이터의 수가 많아질수록 가중치 w의 값은 1에 가까워진다.

추가로 MAP 추정량을 구해보자. 사후분포의 최빈값을 구하는 것이므로 사후분포를 θ로 미분하여 0으로 놓는다.

$$\begin{aligned}\frac{d}{d\theta}p(\theta|x_1,\ldots,x_N) = c'\cdot\Big\{&(\alpha_0+k-1)\theta^{\alpha_0+k-2}(1-\theta)^{\beta_0+N-k-1} \\ &-(\beta_0+N-k-1)\theta^{\alpha_0+k-1}(1-\theta)^{\beta_0+N-k-2}\Big\}=0\end{aligned}$$

θ가 0과 1이 아니라 가정하고 양변을 $c'\cdot\theta^{\alpha_0+k-2}(1-\theta)^{\beta_0+N-k-2}$로 나누면

$$(\alpha_0+k-1)(1-\theta)-(\beta_0+N-k-1)\theta=0$$

이고 이 식으로부터 θ를 구하면

$$\theta^*_{MAP}=\frac{\alpha_0+k-1}{\alpha_0+\beta_0+N-2}$$

이다.(사후분포의 로그를 미분하여 0으로 놓아도 같은 결과를 얻는다.) 또한 MAP 추정량은 사

후분포의 최빈값과 같으므로 베타분포 $\mathrm{Beta}(\alpha_N, \beta_N)$의 최빈값인 $\dfrac{\alpha_N - 1}{\alpha_N + \beta_N - 2}$으로 구해도 마찬가지 결과를 얻는다. 그리고, MAP 추정량을 다시 정리하면

$$\theta^*_{MAP} = \underbrace{\frac{N}{\alpha_0 + \beta_0 + N - 2}}_{:= v} \cdot \underbrace{\frac{k}{N}}_{= \theta^*_{ML}} + \underbrace{\frac{\alpha_0 + \beta_0 - 2}{\alpha_0 + \beta_0 + N - 2}}_{:= 1 - v} \cdot \underbrace{\frac{\alpha_0 - 1}{\alpha_0 + \beta_0 - 2}}_{= \mathrm{mode}[\theta]}$$

로 쓸 수 있다. 즉, ML 추정량과 사전분포의 최빈값의 가중합으로 표현 가능하다. N이 무한대로 가면 θ^*_{MAP} 역시 θ^*_{ML}로 수렴한다.

한 가지 남은 문제는 사전분포의 하이퍼파라미터를 어떻게 정하는가이다. [그림 2.14]에서 보인 것과 같이 사전분포로써 베타분포는 $\alpha_0 > \beta_0$가 크면 오른쪽으로 치우친 분포가 되어 θ가 큰 값이 될 확률이 높아지며, $\alpha_0 < \beta_0$인 경우는 θ가 작은 값이 될 확률이 커진다. 따라서 추정하고자 하는 파라미터 θ가 0.5보다 클지 작을지에 대한 사전 정보에 따라 α_0와 β_0의 상대적 크기를 정할 수 있다. 또한, 두 하이퍼파라미터가 커지면 점점 더 뾰족한 분포가 된다. 따라서 불확실성이 큰 경우에는 α_0와 β_0를 작은 값으로, 반대의 경우에는 큰 값으로 정할 수 있다. 데이터가 매우 많아지면 사전분포의 영향이 작아지므로 α_0와 β_0의 영향 역시 작아진다.

만약 켤레가 아닌 다른 사전분포를 사용하면 어떻게 될까? 사전분포를 정규분포로 가정해보자.

$$p(\theta) = \frac{1}{\sqrt{2\pi}\,\sigma_0} e^{-(\theta - \theta_0)^2 / 2\sigma_0^2}$$

여기서 θ_0와 σ_0는 하이퍼파라미터이다. 그러면 사후분포는

$$\begin{aligned} p(\theta | x_1, \dots, x_N) &= c \cdot p(x_1, \dots, x_N | \theta) p(\theta) \\ &= c \cdot \theta^k (1 - \theta)^{N-k} \times e^{-(\theta - \theta_0)^2 / 2\sigma_0^2} \\ &= \frac{\theta^k (1 - \theta)^{N-k} e^{-(\theta - \theta_0)^2 / 2\sigma_0^2}}{\int \theta'^k (1 - \theta')^{N-k} e^{-(\theta' - \theta_0)^2 / 2\sigma_0^2} d\theta'} \end{aligned}$$

이다. 여기서 $c' := \dfrac{c}{\sqrt{2\pi}\,\sigma_0}$이다. 이는 우리가 알고 있는 확률분포의 형태가 아니며, 분모의 적분을 닫힌 형태로 구할 수 없다. 그렇다고 해서 이 사후분포가 틀린 것은 아니다. 다만, 사후분포를 활용할 때 정확한 값을 구하기 어렵기 때문에 근사화 방법들을 사용해야 한다. 라플라스 근사화 기법, 몬테카를로(Monte Carlo) 샘플링 기법, 마르코프체인 몬테카를로(Markov chain Monte Carlo, MCMC) 기법, 변분추론(variational inference) 기법 등이 그 예이다.

예제 6.5

어느 축구선수가 올해 시즌에서 페널티킥을 성공시킬 확률을 모델링하는 문제를 생각해보자. 페널티킥의 성공 여부에 대한 가능도는 성공 확률을 파라미터 θ로 하는 베르누이분포 $\mathrm{Bernoulli}(\theta)$로 표현할 수 있다.

지금까지 이 선수는 두 번의 페널티킥을 시도하여 두 번 모두 성공시켰다. 즉, $N=2$이고 $k=2$이다. 이를 기반으로 페널티킥 성공확률 θ를 추정하면

$$\theta^*_{ML} = \frac{k}{N} = \frac{2}{2} = 1$$

이다. 그러나 겨우 두 번의 시도를 통해 얻은 추정치이기 때문에 그다지 큰 의미를 둘 수는 없을 것이다. 이를 보완하기 위해 지난 시즌에서의 결과를 사전 정보로 반영하기로 한다. 지난 시즌 이 선수는 10번의 페널티킥 기회가 있었으며 이 중 4번을 성공하였다. 위에서 살펴본 것과 같이 베르누이분포를 갖는 가능도에 대한 켤레 사전분포는 베타분포이므로, 지난 시즌의 페널티킥 성적을 베타분포 $\mathrm{Beta}(\alpha_0,\beta_0)$로 가정한다.

하이퍼파라미터 α_0와 β_0를 직관적으로 해석하는 한 가지 방법은

$$\alpha_0=\text{성공횟수}+1,\ \beta_0=\text{실패횟수}+1$$

로 보는 것이다. 이렇게 하면 앞에서 설명한 하이퍼파라미터의 설정 방법, 즉 α_0와 β_0의 상대적 크기와 두 하이퍼파라미터의 절대적 크기의 의미와 일맥상통하는 결과를 얻게 된다. 또한 한 번도 시도하지 않아 성공횟수와 실패횟수가 모두 0인 경우에는 $\alpha_0=\beta_0=1$이 되며, $\mathrm{Beta}(1,1)=\mathrm{Uniform}(0,1)$이므로 사전정보가 없다는 의미가 되며 이 역시 직관적 해석과 일치한다. 따라서, 사전분포를 $\mathrm{Beta}(5,7)$로 놓을 수 있다.

사후분포는 베타분포이며 파라미터는 $\alpha_N=5+2=7$ 및 $\beta_N=7$로 얻는다. 다음 그림에 사전분포, 가능도, 사후분포를 비교하여 나타낸다. 사후분포는 사전분포와 가능도가 절충된 결과임을 확인할 수 있다.

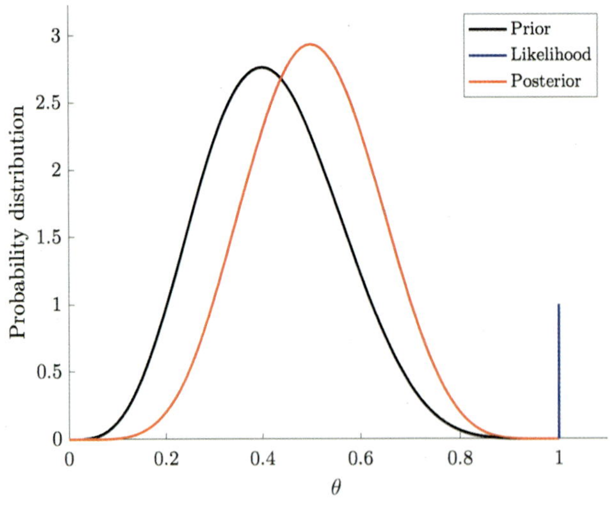

가능도가 정규분포 $N(\mu,\sigma^2)$이고 σ^2는 알고 있지만 μ를 모르는 경우에 대해 사후분포를 얻어보자. N개의 데이터가 주어졌다고 하자. 사후분포는

$$p(\mu|x_1,\ldots,x_N) = c \cdot p(x_1,\ldots,x_N|\mu)p(\mu)$$

이다. 여기서 c는 정규화상수이다. N개의 데이터에 대한 가능도는

$$\begin{aligned} p(x_1,\ldots,x_N|\mu) &= \prod_{i=1}^{N} p(x_i|\mu) \\ &= \prod_{i=1}^{N} \frac{1}{\sqrt{2\pi}\,\sigma} \exp\left\{-\frac{(x_i-\mu)^2}{2\sigma^2}\right\} \\ &= \left(\frac{1}{\sqrt{2\pi}\,\sigma}\right)^N \exp\left\{-\frac{1}{2\sigma^2}\sum_{i=1}^{N}(x_i-\mu)^2\right\} \end{aligned}$$

이다. 앞에서와 같이 μ의 사전분포가 정규분포라 하자. 간단히 표현하면 $\mu \sim N(\mu_0,\sigma_0^2)$이며, 식으로 표현하면

$$p(\mu) = \frac{1}{\sqrt{2\pi}\,\sigma_0} e^{-(\mu-\mu_0)^2/2\sigma_0^2}$$

이다. 이제 사후분포는

$$\begin{aligned} p(\mu|x_1,\ldots,x_N) &= c \cdot p(x_1,\ldots,x_N|\mu)p(\mu) \\ &\propto \left(\frac{1}{\sqrt{2\pi}\,\sigma}\right)^N \exp\left\{-\frac{1}{2\sigma^2}\sum_{i=1}^{N}(x_i-\mu)^2\right\} \frac{1}{\sqrt{2\pi}\,\sigma_0} \exp\left\{-\frac{1}{2\sigma_0^2}(\mu-\mu_0)^2\right\} \\ &\propto \exp\left[-\frac{1}{2}\left\{\frac{1}{\sigma^2}\sum_{i=1}^{N}(x_i-\mu)^2 + \frac{1}{\sigma_0^2}(\mu-\mu_0)^2\right\}\right] \\ &= \exp\left[-\frac{1}{2}\left\{\mu^2\left(\frac{N}{\sigma^2}+\frac{1}{\sigma_0^2}\right) - 2\mu\left(\frac{1}{\sigma^2}\sum_{i=1}^{N}x_i + \frac{\mu_0}{\sigma_0^2}\right) + \frac{1}{\sigma^2}\sum_{i=1}^{N}x_i^2 + \frac{\mu_0^2}{\sigma_0^2}\right\}\right] \\ &\propto \exp\left[-\frac{1}{2}\left\{\mu^2\left(\frac{N}{\sigma^2}+\frac{1}{\sigma_0^2}\right) - 2\mu\left(\frac{N\bar{x}}{\sigma^2}+\frac{\mu_0}{\sigma_0^2}\right)\right\}\right] \\ &\propto \exp\left[-\frac{1}{2}\left(\frac{N}{\sigma^2}+\frac{1}{\sigma_0^2}\right)\left(\mu - \frac{\frac{N\bar{x}}{\sigma^2}+\frac{\mu_0}{\sigma_0^2}}{\frac{N}{\sigma^2}+\frac{1}{\sigma_0^2}}\right)^2\right] \end{aligned}$$

로 정리할 수 있다. 여기서 $\bar{x} := \frac{1}{N}\sum_{i=1}^{N}x_i$는 표본평균이다. 이 분포는 평균이

$\dfrac{\dfrac{N\bar{x}}{\sigma^2}+\dfrac{\mu_0}{\sigma_0^2}}{\dfrac{N}{\sigma^2}+\dfrac{1}{\sigma_0^2}}=\dfrac{\sigma_0^2N\bar{x}+\sigma^2\mu_0}{\sigma_0^2N+\sigma^2}$ 이고 분산이 $\left(\dfrac{N}{\sigma^2}+\dfrac{1}{\sigma_0^2}\right)^{-1}=\dfrac{\sigma_0^2\sigma^2}{N\sigma_0^2+\sigma^2}$ 인 정규분포이다.

μ에 대한 MAP 추정량은 사후분포의 최빈값과 같으며 정규분포는 최빈값과 평균이 같다. 따라서,

$$\mu_{MAP}^*=\frac{\sigma_0^2N\bar{x}+\sigma^2\mu_0}{\sigma_0^2N+\sigma^2}=\underbrace{\frac{\sigma_0^2N}{\sigma_0^2N+\sigma^2}}_{:=w}\bar{x}+\underbrace{\frac{\sigma^2}{\sigma_0^2N+\sigma^2}}_{:=1-w}\mu_0$$

이다. 즉, ML 추정량(=표본평균)과 사전분포의 평균(=최빈값) 간의 가중치합으로 얻어진다. 특수한 경우로써 $\sigma^2=1$라 하면 식 (6.4)의 결과와 같다.

다음, 가능도가 정규분포 $N(\mu,\sigma^2)$이고 μ는 알고 있지만 σ^2를 모르는 경우에 대해 사후분포를 얻어보자. 사후분포는 정규화 상수 c를 이용하여 표현하면

$$p(\sigma^2|x_1,\ldots,x_N)=c\cdot p(x_1,\ldots,x_N|\sigma^2)p(\sigma^2)$$

이다. N개의 데이터에 대한 가능도는 앞에서와 같이

$$p(x_1,\ldots,x_N|\sigma^2)=\left(\frac{1}{\sqrt{2\pi}\,\sigma}\right)^N\exp\left\{-\frac{1}{2\sigma^2}\sum_{i=1}^N(x_i-\mu)^2\right\}$$

이다. σ^2의 사전분포로 역감마분포 $\mathrm{IGamma}(\alpha_0,\beta_0)$를 사용한다. 즉,

$$p(\sigma^2)=\frac{\beta_0^{\alpha_0}}{\Gamma(\alpha_0)}\left(\frac{1}{\sigma^2}\right)^{\alpha_0+1}e^{-\beta_0/\sigma^2}$$

이다. 사후분포는

$$\begin{aligned}p(\sigma^2|x_1,\ldots,x_N)&=c\cdot p(x_1,\ldots,x_N|\sigma^2)p(\sigma^2)\\&\propto\left(\frac{1}{\sqrt{2\pi}\,\sigma}\right)^N\exp\left\{-\frac{1}{2\sigma^2}\sum_{i=1}^N(x_i-\mu)^2\right\}\frac{\beta_0^{\alpha_0}}{\Gamma(\alpha_0)}\left(\frac{1}{\sigma^2}\right)^{\alpha_0+1}\exp\left(-\frac{\beta_0}{\sigma^2}\right)\\&\propto\left(\frac{1}{\sigma^2}\right)^{\frac{N}{2}+\alpha_0+1}\exp\left[-\frac{1}{\sigma^2}\left\{\beta_0+\frac{1}{2}\sum_{i=1}^N(x_i-\mu)^2\right\}\right]\\&\propto\left(\frac{1}{\sigma^2}\right)^{\alpha_N+1}\exp\left(-\frac{\beta_N}{\sigma^2}\right)\end{aligned}$$

으로 정리된다. 이는 역감마분포 $\mathrm{IGamma}(\alpha_N,\beta_N)$이며, 여기서

$$\alpha_N := \alpha_0 + \frac{N}{2}$$
$$\beta_N := \beta_0 + \frac{1}{2}\sum_{i=1}^{N}(x_i - \mu)^2$$

이다. σ^2의 MAP 추정량은 최빈값이므로 역감마분포 $\mathrm{IGamma}(\alpha,\beta)$의 최빈값이 $\frac{\beta}{\alpha+1}$임을 이용하여

$$\sigma^{*2}_{MAP} = \frac{\beta_N}{\alpha_N+1} = \frac{2\beta_0 + \sum_{i=1}^{N}(x_i-\mu)^2}{N+2(\alpha_0+1)}$$

로 얻는다. 이는 앞서 로그 사후분포를 최대화하여 얻은 결과인 식 (6.5)와 같음을 알 수 있다.

이번에는 가능도가 정규분포 $N(\mu,\sigma^2)$이고 파라미터 μ와 σ^2를 모두 모르는 상황을 생각해보자.[33] N개의 데이터가 주어졌을 때 사후분포는

$$p(\mu,\sigma^2|x_1,\dots,x_N) = c \cdot p(x_1,\dots,x_N|\mu,\sigma^2)p(\mu,\sigma^2)$$

이다. 가능도는

$$p(x_1,\dots,x_N|\mu,\sigma^2) = \left(\frac{1}{\sqrt{2\pi}\,\sigma}\right)^N \exp\left\{-\frac{1}{2\sigma^2}\sum_{i=1}^{N}(x_i-\mu)^2\right\}$$

이다. 사전분포는 두 파라미터 μ와 σ^2의 결합분포이다. 두 파라미터가 서로 독립이라고 가정하면

$$p(\mu,\sigma^2) = p(\mu)p(\sigma^2)$$

로 하여 각 파라미터의 사전분포를 정하여 사용할 수 있다. 앞 절에서와 같이 μ의 사전분포는 정규분포 $N(\mu_0,\sigma_0^2)$로, σ^2의 사전분포는 역감마분포 $\mathrm{IGamma}(\alpha_0,\beta_0)$로 각각 모델링해보자.

$$p(\mu) = \frac{1}{\sqrt{2\pi}\,\sigma_0}\exp\left\{-\frac{(\mu-\mu_0)^2}{2\sigma_0^2}\right\}$$

$$p(\sigma^2) = \frac{\beta_0^{\alpha_0}}{\Gamma(\alpha_0)}\left(\frac{1}{\sigma^2}\right)^{\alpha_0+1}\exp\left(-\frac{\beta_0}{\sigma^2}\right)$$

33) 여기서는 σ^2에 대해 사후분포를 유도하지만, 앞 절에서 언급했듯이 사전분포가 감마분포인 정밀도 $1/\sigma^2$에 대해 유도할 수도 있다.

그러면 사전분포는 이 두 분포의 곱으로 표현할 수 있다.

$$p(\mu,\sigma^2)=p(\mu)p(\sigma^2)=\frac{\beta_0^{\alpha_0}}{\sqrt{2\pi}\,\sigma_0\Gamma(\alpha_0)}\left(\frac{1}{\sigma^2}\right)^{\alpha_0+1}\exp\left\{-\frac{\beta_0}{\sigma^2}-\frac{(\mu-\mu_0)^2}{2\sigma_0^2}\right\} \tag{6.7}$$

이제 사후분포는

$$\begin{aligned} p(\mu,\sigma^2|x_1,\ldots,x_N) &\propto p(x_1,\ldots,x_N|\mu,\sigma^2)p(\mu)p(\sigma^2) \\ &\propto \left(\frac{1}{\sqrt{2\pi}\,\sigma}\right)^N \exp\left\{-\frac{1}{2\sigma^2}\sum_{i=1}^{N}(x_i-\mu)^2\right\} \\ &\quad\cdot\frac{\beta_0^{\alpha_0}}{\sqrt{2\pi}\,\sigma_0\Gamma(\alpha_0)}\left(\frac{1}{\sigma^2}\right)^{\alpha_0+1}\exp\left\{-\frac{\beta_0}{\sigma^2}-\frac{(\mu-\mu_0)^2}{2\sigma_0^2}\right\} \end{aligned}$$

으로 쓸 수 있다. 완전한 사후분포를 얻기 위해서는 이를 적분한 것으로 나누어 정규화하여야 한다. 그러나 이 적분은 닫힌 표현으로 얻어지지 않는다. 다시 말해, 식 (6.7)은 정규분포로 표현한 가능도의 켤레 사전분포가 아니라는 것이다.

이를 해결하는 방법으로 μ가 σ^2에 의존하는 형태를 가정할 수 있다. 즉,

$$p(\mu,\sigma^2)=p(\mu|\sigma^2)p(\sigma^2)$$

로 표현한다. $p(\sigma^2)$는 앞에서와 마찬가지로 역감마분포 $\text{IGamma}(\alpha_0,\beta_0)$로 한다. $p(\mu|\sigma^2)$는 정규분포로 하되 그 분산은 조건인 σ^2을 새로운 하이퍼파라미터 ν_0로 나눈 σ^2/ν_0로 한다.

$$p(\mu|\sigma^2)=\frac{1}{\sqrt{2\pi\sigma^2/\nu_0}}\exp\left\{-\frac{(\mu-\mu_0)^2}{2\sigma^2/\nu_0}\right\}$$

ν_0가 크면 $p(\mu|\sigma^2)$의 분산이 작아지며 μ가 μ_0라는 확신이 강해지는 것이다. 사전분포 전체는

$$\begin{aligned} p(\mu,\sigma^2) &= p(\mu|\sigma^2)p(\sigma^2) \\ &= \frac{\sqrt{\nu_0}\,\beta_0^{\alpha_0}}{\sqrt{2\pi}\,\sigma\Gamma(\alpha_0)}\left(\frac{1}{\sigma^2}\right)^{\alpha_0+1}\exp\left\{-\frac{2\beta_0+\nu_0(\mu-\mu_0)^2}{2\sigma^2}\right\} \\ &\propto \frac{1}{\sigma}\left(\frac{1}{\sigma^2}\right)^{\alpha_0+1}\exp\left\{-\frac{2\beta_0+\nu_0(\mu-\mu_0)^2}{2\sigma^2}\right\} \end{aligned}$$

로 정리된다. 이 분포를 정규-역감마분포(normal-inverse-gamma distribution)라 부르며, 총 4개의 하이퍼파라미터(μ_0, ν_0, α_0, β_0)를 갖는다. 사후분포는

$$\begin{aligned} p(\mu,\sigma^2|x_1,\dots,x_N) &\propto p(x_1,\dots,x_N|\mu,\sigma^2)p(\mu|\sigma^2)p(\sigma^2) \\ &\propto \left(\frac{1}{\sqrt{2\pi}\,\sigma}\right)^N \exp\left\{-\frac{1}{2\sigma^2}\sum_{i=1}^{N}(x_i-\mu)^2\right\} \\ &\quad\cdot \frac{\sqrt{\nu_0}\,\beta_0^{\alpha_0}}{\sqrt{2\pi}\,\sigma\Gamma(\alpha_0)}\left(\frac{1}{\sigma^2}\right)^{\alpha_0+1}\exp\left\{-\frac{2\beta_0+\nu_0(\mu-\mu_0)^2}{2\sigma^2}\right\} \\ &\propto \frac{1}{\sigma}\left(\frac{1}{\sigma^2}\right)^{\frac{N}{2}+\alpha_0+1}\exp\left\{-\frac{2\beta_0+\sum_{i=1}^{N}(x_i-\mu)^2+\nu_0(\mu-\mu_0)^2}{2\sigma^2}\right\} \end{aligned} \tag{6.8}$$

이다. 여기서

$$\begin{aligned} \sum_{i=1}^{N}(x_i-\mu)^2 &= \sum_{i=1}^{N}(x_i-\bar{x}+\bar{x}-\mu)^2 \\ &= \sum_{i=1}^{N}(x_i-\bar{x})^2+\sum_{i=1}^{N}(\bar{x}-\mu)^2+2\sum_{i=1}^{N}(x_i-\bar{x})(\bar{x}-\mu) \\ &= \sum_{i=1}^{N}(x_i-\bar{x})^2+N(\bar{x}-\mu)^2+2(\bar{x}-\mu)\underbrace{\sum_{i=1}^{N}(x_i-\bar{x})}_{=0} \\ &= \sum_{i=1}^{N}(x_i-\bar{x})^2+N(\bar{x}-\mu)^2 \end{aligned}$$

이고,

$$\begin{aligned} \nu_0(\mu-\mu_0)^2+N(\bar{x}-\mu)^2 &= (\nu_0+N)\left(\mu-\frac{\nu_0\mu_0+N\bar{x}}{\nu_0+N}\right)^2-\frac{(\nu_0\mu_0+N\bar{x})^2}{\nu_0+N}+\nu_0\mu_0^2+N\bar{x}^2 \\ &= (\nu_0+N)\left(\mu-\frac{\nu_0\mu_0+N\bar{x}}{\nu_0+N}\right)^2+\frac{\nu_0 N}{\nu_0+N}(\mu_0-\bar{x})^2 \end{aligned}$$

로 정리가 가능하다. 따라서 식 (6.8)은

$$\begin{aligned} p(\mu,\sigma^2|x_1,\dots,x_N) &\propto \frac{1}{\sigma}\left(\frac{1}{\sigma^2}\right)^{\frac{N}{2}+\alpha_0+1}\exp\left\{-\frac{2\beta_0+\sum_{i=1}^{N}(x_i-\mu)^2+\nu_0(\mu-\mu_0)^2}{2\sigma^2}\right\} \\ &\propto \frac{1}{\sigma}\left(\frac{1}{\sigma^2}\right)^{\frac{N}{2}+\alpha_0+1}\exp\left[-\frac{1}{2\sigma^2}\left\{2\beta_0+\sum_{i=1}^{N}(x_i-\bar{x})^2+\frac{\nu_0 N}{\nu_0+N}(\mu_0-\bar{x})^2\right.\right. \\ &\quad\left.\left.+(\nu_0+N)\left(\mu-\frac{\nu_0\mu_0+N\bar{x}}{\nu_0+N}\right)^2\right\}\right] \\ &\propto \frac{1}{\sigma}\left(\frac{1}{\sigma^2}\right)^{\alpha_N+1}\exp\left[-\frac{1}{2\sigma^2}\left\{2\beta_N+\nu_N(\mu-\mu_N)^2\right\}\right] \end{aligned}$$

으로 정리할 수 있다. 여기서

$$
\begin{aligned}
\mu_N &:= \frac{\nu_0\mu_0 + N\overline{x}}{\nu_0 + N} \\
\nu_N &:= \nu_0 + N \\
\alpha_N &:= \alpha_0 + \frac{N}{2} \\
\beta_N &:= \beta_0 + \frac{1}{2}\sum_{i=1}^{N}(x_i - \overline{x})^2 + \frac{\nu_0 N}{2(\nu_0 + N)}(\mu_0 - \overline{x})^2
\end{aligned}
$$

로 둔 것이다. 즉, 사후분포는 파라미터가 μ_N, ν_N, α_N, β_N인 정규-역감마분포이다. 정리하면, 정규분포 $N(\mu,\sigma^2)$를 가능도로 하고 μ와 σ^2를 모를 때, 이에 대한 켤레 사전분포를 정규-역감마분포 $\mathrm{NIGamma}(\mu_0,\nu_0,\alpha_0,\beta_0)$로 두면 얻는 사후분포 역시 정규-역감마분포 $\mathrm{NIGamma}(\mu_N,\nu_N,\alpha_N,\beta_N)$로 얻는다.

CHAPTER 07

푸리에 변환(Fourier Transform)

푸리에 변환[34]은 음성 신호와 같이 시간 상에서 변하는 신호 또는 영상과 같이 공간 상에서 변하는 신호를 주파수 측면에서 관찰할 수 있게 하는 도구이다. 특정 주파수 영역에 대해 조작을 가하는 전처리 과정, 주파수 관점에서 특징을 추출하는 과정 등에서 필요한 기법이다. 본 장에서는 푸리에 급수를 먼저 소개한 후 이를 확장하여 푸리에 변환을 정의한다. 또한 불연속 데이터에 대한 푸리에 변환과 2차원 푸리에 변환을 소개한다.

7.1 푸리에 급수

주기가 T_0, 즉 주파수가 $f_0 = 1/T_0$인 사인함수, 그리고 주파수가 f_0의 정수배, 즉 $kf_0\,(k=2,3,\ldots)$인 사인함수들을 생각해보자. 후자를 고조파(harmonics)라 부른다. 고조파들은 주기가 T_0/k이기 때문에 주기의 정수배인 T_0 단위로 관찰하더라도 반복되는 모습을 보인다. 따라서 이 사인함수들에 가중치를 곱해서 모두 더한 결과는 T_0를 주기로 갖게 된다(그림 7.1). 즉[35],

$$x(t) = \alpha_0 + 2\sum_{k=1}^{\infty} \alpha_k \cos\left(\frac{2\pi}{T_0}kt - \varphi_k\right) \tag{7.1}$$

34) Jean-Baptiste Joseph Fourier (1768-1830)은 프랑스의 수학자이자 물리학자이다. 푸리에 급수나 푸리에 변환 등 푸리에 분석 기법 발전의 토대를 쌓은 것을 기리기 위해 그의 이름이 붙여졌다.

35) 일반적으로 많이 쓰는 방식을 따르기 위해 식에서는 사인함수 대신 코사인함수를 사용하였다. 두 함수는 $\pi/2$ 만큼의 위상 차이를 제외하면 근본적으로 같다.

로 얻어지는 시간 t에 대한 함수(또는 신호) $x(t)$는 주기가 T_0인 주기함수가 된다. 여기서 α_0는 상수항, $\alpha_k\,(k=1,2,\ldots)$는 가중치, φ_k는 위상(phase)을 나타낸다. 뒷 항의 계수 2는 이후에 나타날 표현의 편의를 위해 붙인 것으로써 $2\alpha_k$가 가중치라고 간주해도 된다.

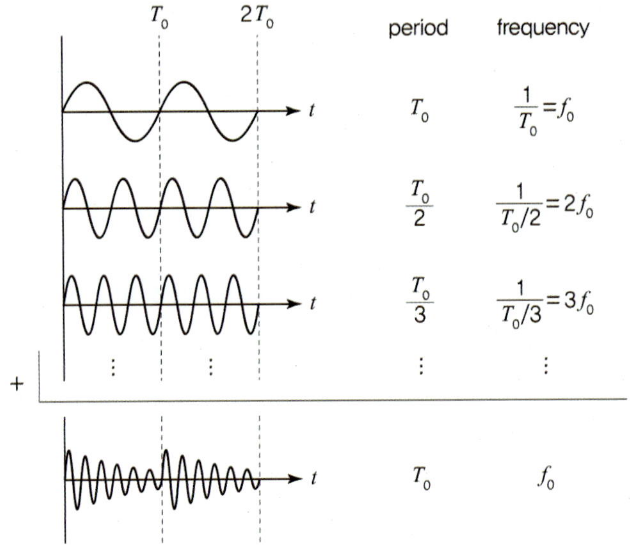

그림 7.1 사인 함수들의 합으로 표현되는 주기 신호

이를 뒤집어서 말하면, 주기가 T_0인 임의의 신호는 주기가 $T_0/k\,(k=1,2,\ldots)$인 사인함수들의 가중치 합으로 표현할 수 있다는 것이다. 이러한 표현 기법을 **푸리에 급수(Fourier series)**라 한다.

예제 7.1

$T_0=1$, $\alpha_0=0$인 경우에 대해, α_k를 바꾸어가며 그 결과를 관찰해보자.

- $x_1(t)$: $\alpha_k=0.5$로 만들어지는 신호
- $x_2(t)$: $\alpha_k=\dfrac{1}{2k}$로 만들어지는 신호
- $x_3(t)$: $\alpha_k=\dfrac{1}{2k^2}$로 만들어지는 신호
- $x_4(t)$: $\alpha_k=\begin{cases}\dfrac{1}{2k}, & k=\text{홀수}\\ 0, & k=\text{짝수}\end{cases}$ 로 만들어지는 신호

φ_k는 $\left[-\frac{\pi}{2}, \frac{\pi}{2}\right]$ 사이에서 무작위로 정하되 네 신호 모두 다 같은 값으로 설정한다. 즉, 네 신호는 모두 완벽히 같은 코사인 함수들의 조합으로 이루어져 있으며 다만 각 코사인 함수의 크기만 다른 것이다. 총 50개의 코사인 함수를 사용하여 만든 네 신호를 아래 그림에서 비교한다. 네 신호 모두 주기가 1인 주기신호인 것을 알 수 있다. 그러나 각 코사인 항에 곱해지는 계수의 상대적인 크기에 따라 생성된 신호의 모양은 매우 달라지는 것을 볼 수 있다.

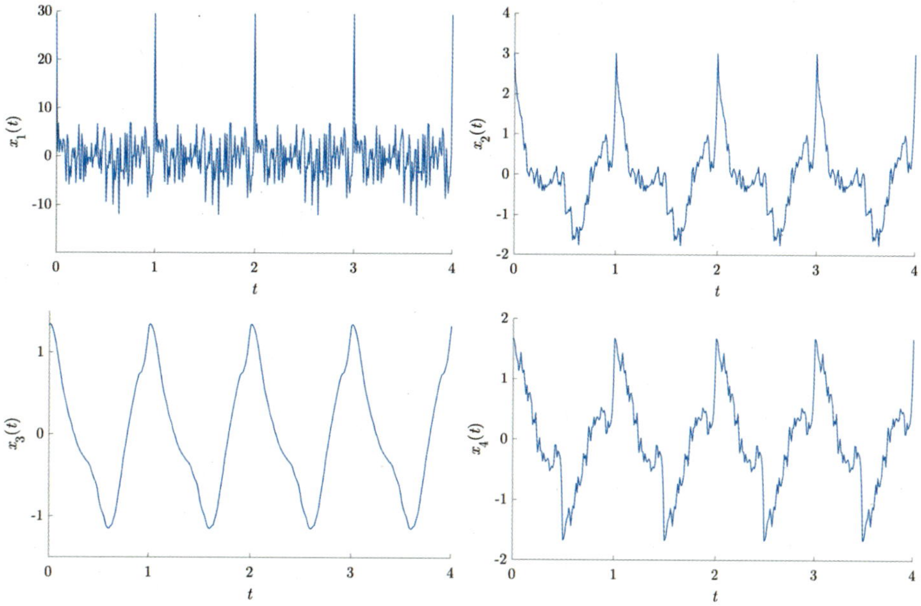

식 (7.1)에서 코사인 항은

$$\cos\left(\frac{2\pi}{T_0}kt - \varphi_k\right) = \cos(\varphi_k)\cos\left(\frac{2\pi}{T_0}kt\right) + \sin(\varphi_k)\sin\left(\frac{2\pi}{T_0}kt\right)$$

과 같이 다시 쓸 수 있다. 즉, 코사인과 사인 항으로도 표현할 수 있다는 것이다. 따라서 푸리에 급수의 또 다른 표현은 다음과 같이 주어진다.

$$x(t) = a_0 + 2\sum_{k=1}^{\infty}\left\{a_k\cos\left(\frac{2\pi}{T_0}kt\right) + b_k\sin\left(\frac{2\pi}{T_0}kt\right)\right\} \tag{7.2}$$

여기서 코사인 항과 사인 항의 계수는 다음과 같이 구할 수 있다.

$$a_k = \frac{1}{T_0}\int_{t_0}^{t_0+T_0} x(t)\cos\left(\frac{2\pi}{T_0}kt\right)dt$$

$$b_k = \frac{1}{T_0}\int_{t_0}^{t_0+T_0} x(t)\sin\left(\frac{2\pi}{T_0}kt\right)dt$$

이때 t_0는 임의의 상수이며, 적분을 임의의 위치에서 시작하여 한 주기에 대해 계산하면 된다는 의미이다.

또한, 식 (7.1)의 코사인 항은 지수함수를 활용하면

$$\cos\left(\frac{2\pi}{T_0}kt - \varphi_k\right) = \frac{1}{2}e^{j\left(\frac{2\pi}{T_0}kt - \varphi_k\right)} + \frac{1}{2}e^{-j\left(\frac{2\pi}{T_0}kt - \varphi_k\right)} = \frac{1}{2}e^{-j\varphi_k}e^{j\frac{2\pi}{T_0}kt} + \frac{1}{2}e^{j\varphi_k}e^{j\frac{2\pi}{T_0}(-k)t}$$

로 쓸 수 있다. 즉, k의 범위가 음수와 양수를 모두 갖는 지수 함수의 꼴로 표현할 수 있다는 것을 의미한다. 따라서 푸리에 급수의 세 번째 표현은 다음과 같이 주어진다.

$$x(t) = \sum_{k=-\infty}^{\infty} X_k e^{j\frac{2\pi}{T_0}kt} \tag{7.3}$$

여기서 계수는 다음과 같이 구할 수 있다.

$$X_k = \frac{1}{T_0}\int_{t_0}^{t_0+T_0} x(t)e^{-j\frac{2\pi}{T_0}kt}dt$$

주기의 역수는 주파수를 의미하므로, $f_0 = \frac{1}{T_0}$라 하면, 기본주파수의 배수인 kf_0의 주파수 성분을 포함하는 것을 알 수 있다.

계수 X_k는 복소수로 얻어진다. 따라서 크기(magnitude)와 위상(phase, 또는 각도)을 다음과 같이 얻을 수 있다.

$$|X_k| = \sqrt{\mathrm{Re}\{X_k\}^2 + \mathrm{Im}\{X_k\}^2}$$

$$\angle X_k = \tan^{-1}\frac{\mathrm{Im}\{X_k\}}{\mathrm{Re}\{X_k\}}$$

예제 7.2

다음 그림과 같은 사각파 형태의 주기신호에 대해 푸리에 급수를 구해보자.

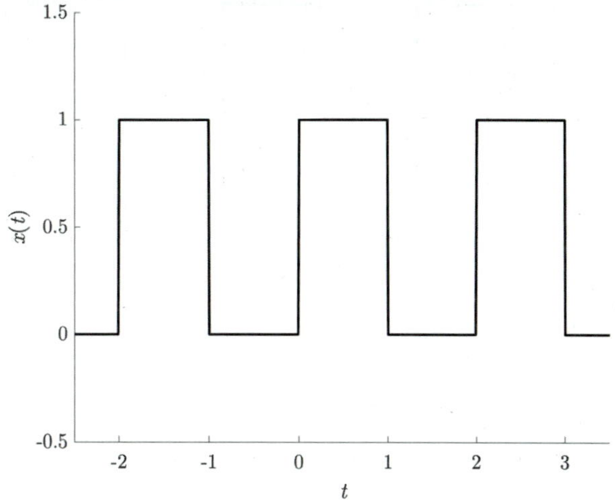

주기는 $T_0 = 2$이다. 적분 구간을 한 주기인 $t = 0$부터 $t = 2$까지로 설정할 수 있다.(시작위치를 다르게 설정해도 같은 결과를 얻는다.)

먼저 식 (7.2)의 형태로 표현해보자.

$$\begin{aligned}
a_0 &= \frac{1}{T_0}\int_{t_0}^{t_0+T_0} x(t)\,dt = \frac{1}{2}\int_0^2 x(t)\,dt = \frac{1}{2}\int_0^1 1\,dt \\
&= \frac{1}{2} \\
a_k &= \frac{1}{T_0}\int_{t_0}^{t_0+T_0} x(t)\cos\left(\frac{2\pi}{T_0}kt\right)dt = \frac{1}{2}\int_0^2 x(t)\cos(\pi kt)\,dt = \frac{1}{2}\int_0^1 \cos(\pi kt)\,dt \\
&= 0 \\
b_k &= \frac{1}{T_0}\int_{t_0}^{t_0+T_0} x(t)\sin\left(\frac{2\pi}{T_0}kt\right)dt = \frac{1}{2}\int_0^2 x(t)\sin(\pi kt)\,dt = \frac{1}{2}\int_0^1 \sin(\pi kt)\,dt \\
&= \begin{cases} \dfrac{1}{\pi k}, & k = \text{홀수} \\ 0, & k = \text{짝수} \end{cases}
\end{aligned}$$

따라서

$$\begin{aligned}
x(t) &= \frac{1}{2} + 2\sum_{k=1,3,5,\dots}^{\infty} \frac{1}{\pi k}\sin(\pi kt) \\
&= \frac{1}{2} + \frac{2}{\pi}\sin(\pi t) + \frac{2}{3\pi}\sin(3\pi t) + \frac{2}{5\pi}\sin(5\pi t) + \cdots
\end{aligned} \tag{7.4}$$

로 표현된다. 아래 그림은 이 무한합 중 일부를 합하였을 때 결과를 보여주고 있다. $k = 0$일 때는 $a_0 = 0.5$이며 이는 원래 신호의 평균값과 같다. 더 많은 항을 합할수록 $x(t)$에 가까워지는 모습을 확인할 수 있다.

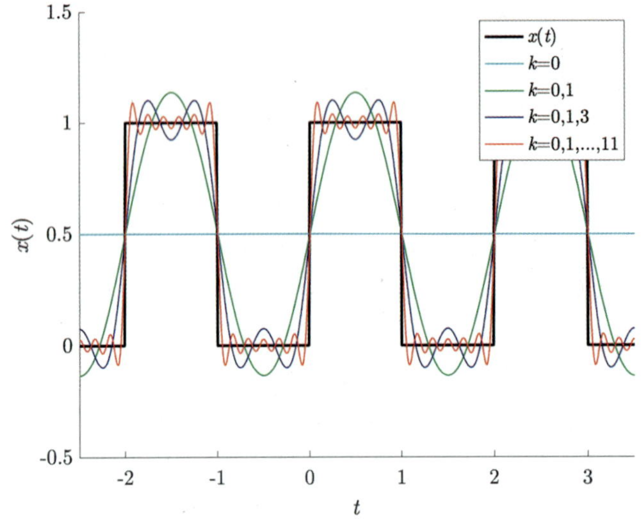

이번에는 식 (7.3)을 활용해보자. 푸리에 급수의 계수는

$$\begin{aligned} X_0 &= \frac{1}{T_0}\int_{t_0}^{t_0+T_0} x(t)\,dt = \frac{1}{2}\int_0^2 x(t)\,dt = \frac{1}{2}\int_0^1 1\,dt \\ &= \frac{1}{2} \\ X_k &= \frac{1}{T_0}\int_{t_0}^{t_0+T_0} x(t)\,e^{-j\frac{2\pi}{T_0}kt}\,dt = \frac{1}{2}\int_0^2 x(t)e^{-j\pi kt}dt = \frac{1}{2}\int_0^1 e^{-j\pi kt}dt = \frac{j}{2\pi k}(e^{-j\pi k}-1) \\ &= \begin{cases} -\dfrac{j}{\pi k}, & k = \text{홀수} \\ 0, & k = \text{짝수} \end{cases} \end{aligned}$$

따라서

$$\begin{aligned} x(t) &= \frac{1}{2} + \sum_{k=\ldots,-3,-1,1,3,\ldots} \frac{-j}{\pi k} e^{-j\pi kt} \\ &= \cdots + \frac{j}{3\pi}e^{-j3\pi t} + \frac{j}{\pi}e^{-j\pi t} + \frac{1}{2} - \frac{j}{\pi}e^{j\pi t} - \frac{j}{3\pi}e^{j3\pi t} - \cdots \end{aligned}$$

로 정리할 수 있다. 이 식을 다시 정리하면

$$\begin{aligned} x(t) &= \frac{1}{2} + \frac{j}{\pi}(e^{-j\pi t} - e^{j\pi t}) + \frac{j}{3\pi}(e^{-j3\pi t} - e^{j3\pi t}) + \cdots \\ &= \frac{1}{2} + \frac{j}{\pi}(-2j\sin(\pi t)) + \frac{j}{3\pi}(-2j\sin(3\pi t)) + \cdots \\ &= \frac{1}{2} + \frac{2}{\pi}\sin(\pi t) + \frac{2}{3\pi}\sin(3\pi t) + \cdots \end{aligned}$$

를 얻는다. 이는 앞서 식 (7.4)에서 얻은 결과와 같다.

X_k의 크기와 위상을 그래프로 표현하면 아래 그림과 같다. 크기는 $k=0$에서 가장 크고 k의 절대값이 커질수록 점점 작아지는 모습이며 k가 0이 아닌 짝수일 때는 크기가 0이다. 위상은 k가 짝수일 때는 0이

며 홀수인 양수일 때는 $-\pi/2$, 홀수인 음수일 때는 $\pi/2$로 나타난다.

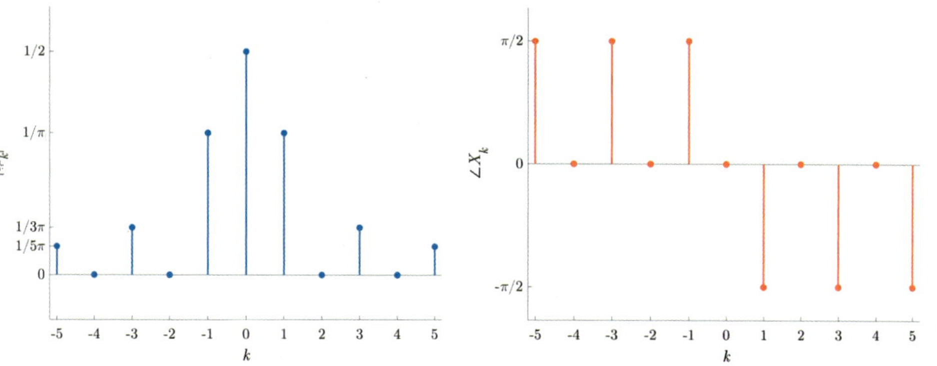

7.2 푸리에 변환

푸리에 급수에서 각 주파수 성분은 기본주파수 f_0의 배수를 주파수로 갖는다. 따라서 k번째 성분과 $k+1$번째 성분의 주파수 차이는 $f_0 = 1/T_0$이다. 만약 신호의 주기 T_0가 커지면 주파수 성분 사이의 간격 즉 f_0는 점점 작아진다. 만약 T_0가 무한대가 되면, 즉 다시 말해 신호가 주기가 없는 비주기 신호라면, 주파수 성분 사이의 간격은 0으로 수렴하게 된다. 즉, 연속적인 주파수의 성분들로 표현된다는 말이다. 이렇게 되면 푸리에 급수의 식에서 $k/T_0 = kf_0$를 연속 주파수 f로, k에 대한 이산 합을 적분으로, 그리고 주기 T_0가 무한대임을 반영해야 한다. 이렇게 얻어지는 것을 **푸리에 변환**(Fourier transform)이라 한다. 즉, 푸리에 변환은 푸리에 급수를 비주기 함수로 확장한 개념이라 할 수 있다.

신호 $x(t)$의 푸리에 변환은

$$X(f) = \int_{-\infty}^{\infty} x(t)\, e^{-j2\pi ft}\, dt \tag{7.5}$$

로 정의되며, 원 신호를 복원하기 위한 **푸리에 역변환**(inverse Fourier transform)은

$$x(t) = \int_{-\infty}^{\infty} X(f)\, e^{j2\pi ft}\, df \tag{7.6}$$

로 주어진다. $\Omega = 2\pi f$로 치환하면

$$x(t) = 1$$

에 대해

$$X(f) = \delta(f)$$

이다.

예제 7.4 복소지수함수의 푸리에 변환

복소지수함수(complex exponential function)

$$x(t) = e^{j2\pi f_0 t}$$

의 푸리에 변환은

$$X(f) = \delta(f - f_0)$$

이다. 이는 푸리에 역변환을 구하여 확인할 수 있다.

$$x(t) = \int_{-\infty}^{\infty} \delta(f - f_0)\, e^{j2\pi f t}\, df = e^{j2\pi f_0 t}$$

예제 7.5 코사인함수와 사인함수의 푸리에 변환

주기가 $T_0 = \dfrac{1}{f_0}$ 인 코사인함수

$$x(t) = \cos(2\pi f_0 t)$$

의 푸리에 변환을 구해보자.

코사인을 복소지수함수로 표현하면

$$x(t) = \cos(2\pi f_0 t) = \frac{1}{2}\left(e^{j2\pi f_0 t} + e^{-j2\pi f_0 t}\right)$$

이다. 따라서 $x(t)$의 푸리에 변환은 복수지수함수 $x_1(t) = e^{j2\pi f_0 t}$와 $x_2(t) = e^{j2\pi(-f_0)t}$를 푸리에변환하여 더하고 계수 1/2을 곱하면 된다. 따라서,

$$X(f) = \frac{1}{2}\{\delta(f - f_0) + \delta(f + f_0)\}$$

이다. 즉, $f = f_0$와 $f = -f_0$에서만 값이 존재하는 것이며, 이는 $x(t)$의 주파수가 f_0이기 때문이다.

사인함수

$$f_s = \frac{1}{T_s} \geq 2f_{\max}$$

이것에 대한 의미를 간단한 예를 들어 설명해보자. [그림 7.3]의 검은 실선과 같은 특정 주파수의 사인 함수가 있다고 하자. 파란 점으로 표현한 것과 같이 충분히 짧은 간격(T_s)마다 샘플링하였다면 복원 과정에서 이를 만족하는 사인함수는 원래 사인함수와 같을 것이다. T_s를 조금 더 크게 하여 사인함수의 최대와 최소 지점에서 샘플링을 했다고 하면, 이 값들을 만족하는 최소 주파수의 사인 함수 역시 원래 사인함수와 같을 것이다. 이는 사인함수의 매 주기마다 두 번씩 샘플링한 결과이며, 다시 말하면 샘플링 주파수가 원래 사인함수의 주파수의 2배인 셈이다. 그러나 그림에서 x표시된 것과 같이 주기마다 2번 미만의 샘플링을 한 후 이들을 지나는 사인함수를 복원하게 되면 빨간 선과 같은 결과를 얻어 원래 신호를 제대로 복원하지 못한다. 이를 다시 말하면, 원래 신호에는 매우 큰(이론적으로 무한대까지) 주파수 성분을 포함할 수 있지만, 샘플링의 결과는 샘플링 주파수의 2배에 해당하는 주파수 성분까지만 포함할 수 있다는 것이다.

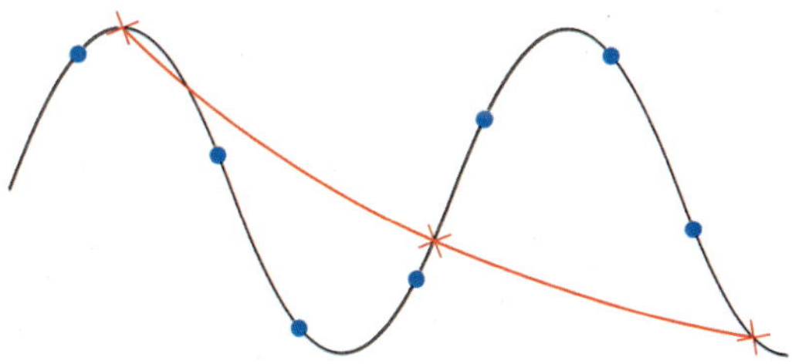

그림 7.3 샘플링 주기에 따른 복원 결과의 차이

셋째, 식 (7.7)의 샘플링 신호에 푸리에 변환을 적용하면 다음과 같은 결과를 얻는다.(증명은 생략한다.)

$$X_s(\Omega) = \frac{1}{T_s} \sum_{n=-\infty}^{\infty} X(\Omega - n\Omega_s)$$

여기서 $\Omega_s = 2\pi f_s = 2\pi / T_s$를 말한다. 이 식은 원 신호의 푸리에 변환인 $X(\Omega)$를 Ω축에서 매 Ω_s마다 반복함을 의미한다(그림 7.4).

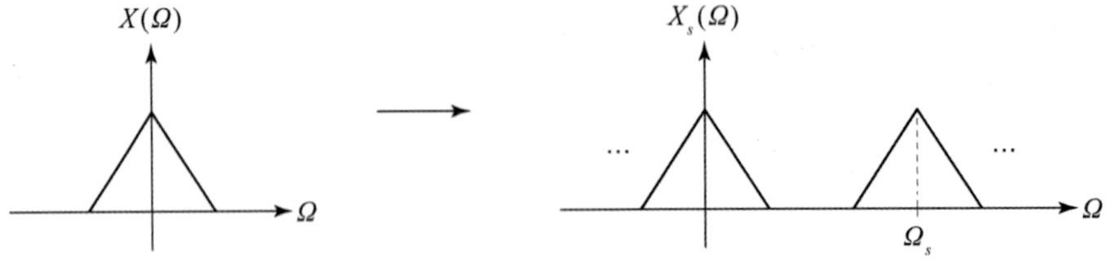

그림 7.4 샘플링의 결과에 대한 푸리에 변환

다음으로, 주파수 축에서 일정 주파수 간격으로 샘플링을 진행하였을 때 식 (7.6)으로 주어지는 역변환 결과에 대해서도 개념적으로 알아보자. 앞서 시간 축에서 샘플링한 효과와 같은 논리를 적용하는 것이다. 첫째, 식 (7.6)의 역변환에서 적분은 합으로 바뀌게 될 것이다. 둘째, 역변환 결과가 모든 시간 $-\infty < t < \infty$에 대해 정의되지 않고 유한한 시간 구간에 대해 얻어질 것이다. 애초에 시간 축에서 샘플링된 신호에 대한 것이라면 불연속적인 시간 간격에 대해 결과가 얻어지므로 결국 유한한 개수의 샘플을 얻게 될 것이다. 셋째, [그림 7.5]에 보인 것과 같이 역변환의 결과가 일정 시간마다 반복될 것이다.

그림 7.5 주파수에서 샘플링한 후 푸리에 역변환을 거쳤을 때 나타나는 반복 효과

이제 정식으로 이산 푸리에 변환을 정의해보자. 샘플링을 통해 이산 시간(discrete time) 인덱스 $n = 0, 1, \ldots, N-1$에 대해 정의된 길이 N의 신호 $x(n)$에 대해, **이산 푸리에 변환**(discrete Fourier transform, DFT) 및 **이산 푸리에 역변환**(inverse discrete Fourier transform, IDFT)은 각각 아래와 같이 정의된다.

$$X(k) = \sum_{n=0}^{N-1} x(n) e^{-j2\pi kn/N} \tag{7.8}$$

$$x(n) = \frac{1}{N} \sum_{k=0}^{N-1} X(k) e^{j2\pi kn/N} \tag{7.9}$$

주어진 신호와 푸리에 변환 결과 모두 길이 N을 갖는 것을 볼 수 있다. 시간 축과 주파수 축에서 샘플링을 다르게 할 수도 있기 때문에 수학적으로는 $x(n)$과 $X(k)$의 개수를 다르게 정의하는 것도 가능하지만 실제 응용에서는 같게 놓는 경우가 많다.

DFT를 활용할 때 실질적으로는 시간 축과 주파수 축에서 모두 N개의 샘플을 사용하지만, 수학적으로는 위에서 언급한 것과 같이 샘플링의 효과가 반복 구조를 일으킨다. 또한 원래 신호 $x(n)$이 실수인 경우 연속 푸리에 변환에서와 마찬가지로 켤레복소수의 대칭 구조가 나타난다. 이를 종합하면 [그림 7.6]과 같이 표현할 수 있다.

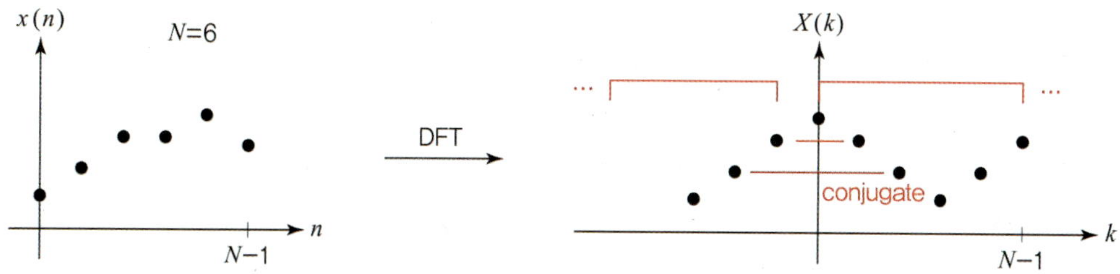

그림 7.6 이산 푸리에 변환의 결과로 나타나는 반복과 켤레복소수 구조

DFT의 연산과정은 반복적인 연산을 줄이는 등 효율적으로 구현할 수 있는 여지가 많다. 이렇게 계산 과정을 효율적으로 바꿔 구현한 것을 **고속 푸리에 변환**(fast Fourier transform, FFT)이라 하며, 여러 FFT 알고리즘이 존재한다. 즉, FFT는 DFT와 결과는 같고 단지 구현 방식만 다른 것이다. 그런 이유로 이 두 용어는 종종 혼동하여 사용된다.

예제 7.6

길이가 $N=4$인 신호 $x(0)=1$, $x(1)=2$, $x(2)=-1$, $x(3)=-2$에 대해 DFT를 구해보자. 식 (7.8)에 의해

$$X(0)=1\times e^{-j2\pi\times0\times0/4}+2\times e^{-j2\pi\times0\times1/4}-1\times e^{-j2\pi\times0\times2/4}-2\times e^{-j2\pi\times0\times3/4}=0$$

$$X(1)=1\times e^{-j2\pi\times1\times0/4}+2\times e^{-j2\pi\times1\times1/4}-1\times e^{-j2\pi\times1\times2/4}-2\times e^{-j2\pi\times1\times3/4}=2-4j$$

$$X(2)=1\times e^{-j2\pi\times2\times0/4}+2\times e^{-j2\pi\times2\times1/4}-1\times e^{-j2\pi\times2\times2/4}-2\times e^{-j2\pi\times2\times3/4}=0$$

$$X(3)=1\times e^{-j2\pi\times3\times0/4}+2\times e^{-j2\pi\times3\times1/4}-1\times e^{-j2\pi\times3\times2/4}-2\times e^{-j2\pi\times3\times3/4}=2+4j$$

로 계산할 수 있다. $x(n)$이 실수로 주어졌기 때문에 $X(1)$과 $X(3)$이 켤레복소수임을 확인할 수 있다.

$X(k)$에 대해 IDFT를 적용해보자. 식 (7.9)를 이용하면

$$x(0)=\frac{1}{4}\{0\times e^{j2\pi\times0\times0/4}+(2-j4)\times e^{j2\pi\times1\times0/4}+0\times e^{j2\pi\times2\times0/4}+(2+j4)\times e^{j2\pi\times3\times0/4}\}=1$$

$$x(1)=\frac{1}{4}\{0\times e^{j2\pi\times0\times1/4}+(2-j4)\times e^{j2\pi\times1\times1/4}+0\times e^{j2\pi\times2\times1/4}+(2+j4)\times e^{j2\pi\times3\times1/4}\}=2$$

$$x(2)=\frac{1}{4}\{0\times e^{j2\pi\times0\times2/4}+(2-j4)\times e^{j2\pi\times1\times2/4}+0\times e^{j2\pi\times2\times2/4}+(2+j4)\times e^{j2\pi\times3\times2/4}\}=-1$$

$$x(3)=\frac{1}{4}\{0\times e^{j2\pi\times0\times3/4}+(2-j4)\times e^{j2\pi\times1\times3/4}+0\times e^{j2\pi\times2\times3/4}+(2+j4)\times e^{j2\pi\times3\times3/4}\}=-2$$

로 계산할 수 있다. 원래의 $x(n)$이 구해짐을 확인할 수 있다.

예제 7.7

샘플링주파수를 8000 Hz로 하여 "아" 발음하는 것을 녹음하여 신호 $x(n)$을 얻었다. 길이는 $N=300$이다. 아래 그림에 $x(n)$을 나타내었다. 초당 8000개의 샘플이 얻어진 것이므로 샘플 사이의 간격은 1/8000초이다. 그림에서 $x(n)$은 주기신호임을 볼 수 있다. 이는 "아" 발음은 유성음이며, 유성음은 성대가 주기적으로 빠르게 떨리면서 만들어지는 소리이기 때문에 성대의 떨림의 주기를 갖는 주기신호가 된다. 대략 85개의 샘플마다 반복된다. 즉, 85/8000초가 주기이며, 반대로 말하면 초당 8000/85=94.1회 성대가 떨렸다는 것이다. 성대 떨림의 주파수를 보통 목소리의 톤이라 얘기하며, 94.1 Hz는 남자의 목소리 톤의 범위에 속한다.

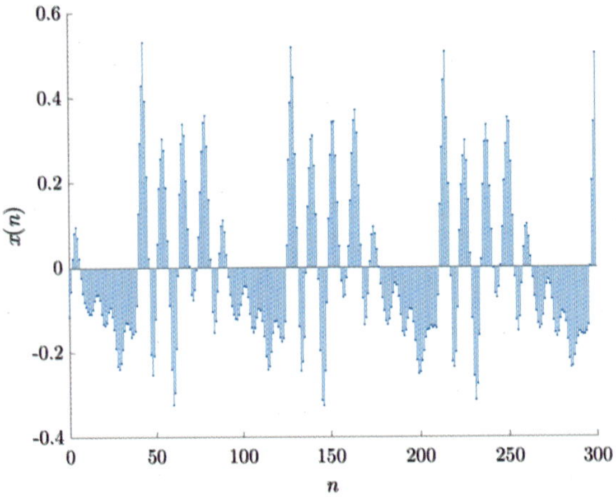

이 신호를 DFT한 결과 그 크기와 위상은 아래 그림과 같다. $k=0$을 제외하고 $k=1$부터 $k=299$까지가 대칭구조를 가진다. 중간인 $k=150$일 때 $X(150)=-0.377$인 실수값을 얻으며, 이를 대칭점으로 하여 크기는 좌우 대칭, 위상은 원점 대칭의 모습을 보인다. 즉, $X(149)=-0.363+j0.015$과 $X(151)=-0.363-j0.015$, $X(148)=-0.361+j0.006$와 $X(152)=-0.361-j0.006$ 등 $k=150$를 중심으로 좌우에 켤레복소수를 얻는다. 샘플링 정리에 의해 $x(n)$은 최대 8000/2=4000 Hz까지의 정보만을 포함하는데, 아래 그림이 대칭구조를 나타내는 것과 일맥상통하는 것이다.

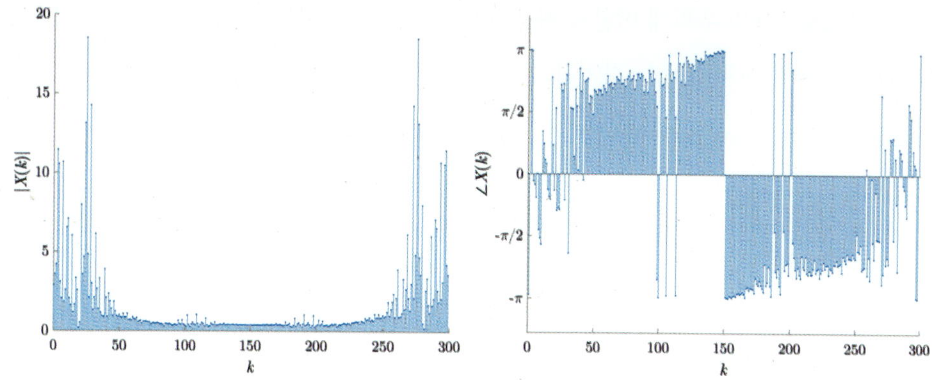

초당 8000번 샘플링하였으므로 그림에서 샘플 사이의 간격은 8000/300=26.7 Hz이다. 따라서 26.7 Hz보다 작은 주파수 차이는 파악할 수 없다는 것을 의미한다. 주파수 해상도를 높이고 세밀한 주파수 차이를 파악하고자 한다면 샘플의 개수 N을 늘려야 한다.

그리고, k가 0에 가까울수록 낮은 주파수를 의미하고, k가 150에 가까울수록 높은 주파수를 의미한다. 왼쪽 그래프를 보면 낮은 주파수에서 $|X(k)|$가 크고 높은 주파수에는 상대적으로 작은 것을 볼 수 있다. 이는 $x(n)$은 낮은 주파수에 에너지가 몰려있다는 것을 나타낸다.

7.4 2차원 푸리에 변환

지금까지 다룬 푸리에 변환은 1차원 신호에 대한 것이며, 이를 2차원 또는 그 이상의 차원에서 정의된 신호에 대해 확장할 수 있다. 예를 들어, 영상은 가로와 세로 방향의 2차원으로 이루어져 있으며 이에 대한 주파수 분석을 위해서는 2차원 푸리에 변환이 필요할 것이다.

s와 t 축에서 정의된 연속적인 2차원 신호 $x(s,t)$에 대한 2차원 푸리에 변환(2D Fourier transform)은 다음과 같이 주어진다.

$$X(u,v) = \int_{-\infty}^{\infty}\int_{-\infty}^{\infty} x(s,t)e^{-j2\pi us}e^{-j2\pi vt}\,ds\,dt = \int_{-\infty}^{\infty}\int_{-\infty}^{\infty} x(s,t)e^{-j2\pi(us+vt)}\,ds\,dt$$

입력의 차원이 2이므로 푸리에 변환의 결과도 각 차원의 주파수 u와 v에 대해 정의된다. 이 식은 또한 다음과 같이 쓸 수도 있다.

$$X(u,v) = \int_{-\infty}^{\infty}\left\{\int_{-\infty}^{\infty} x(s,t)e^{-j2\pi us}\,ds\right\}e^{-j2\pi vt}\,dt$$

즉, s축 방향으로 1차원 푸리에 변환을 적용한 후, 그 결과를 t축 방향으로 다시 한 번 1차원 푸리에 변환을 적용한 것과 같다는 것이다.

역변환은 다음과 같이 주어진다.

$$x(s,t)=\int_{-\infty}^{\infty}\int_{-\infty}^{\infty}X(u,v)\,e^{j2\pi us}\,e^{j2\pi vt}\,du\,dv=\int_{-\infty}^{\infty}\int_{-\infty}^{\infty}X(u,v)\,e^{j2\pi(us+vt)}\,du\,dv$$

이산시간에서 정의된 2차원 신호 $x(m,n)$에 대한 2차원 DFT와 2차원 IDFT는 각각 다음과 같이 주어진다.

$$X(l,k)=\sum_{m=0}^{M-1}\sum_{n=0}^{N-1}x(m,n)\,e^{-j\frac{2\pi ml}{M}}\,e^{-j\frac{2\pi nk}{N}}=\sum_{m=0}^{M-1}\sum_{n=0}^{N-1}x(m,n)\,e^{-j2\pi\left(\frac{ml}{M}+\frac{nk}{N}\right)}$$

$$x(m,n)=\frac{1}{MN}\sum_{l=0}^{M-1}\sum_{k=0}^{N-1}X(l,k)\,e^{j\frac{2\pi ml}{M}}\,e^{j\frac{2\pi nk}{N}}=\frac{1}{MN}\sum_{l=0}^{M-1}\sum_{k=0}^{N-1}X(l,k)\,e^{j2\pi\left(\frac{ml}{M}+\frac{nk}{N}\right)}$$

1차원의 경우와 마찬가지로, 2차원 DFT의 결과는 반복과 대칭의 구조를 갖는다. [그림 7.7]의 왼쪽에 이를 나타내었다. 가장 왼쪽 위 부분이 낮은 주파수에 해당하며 오른쪽 및 아래로 갈수록 높은 주파수의 성분을 나타낸다.

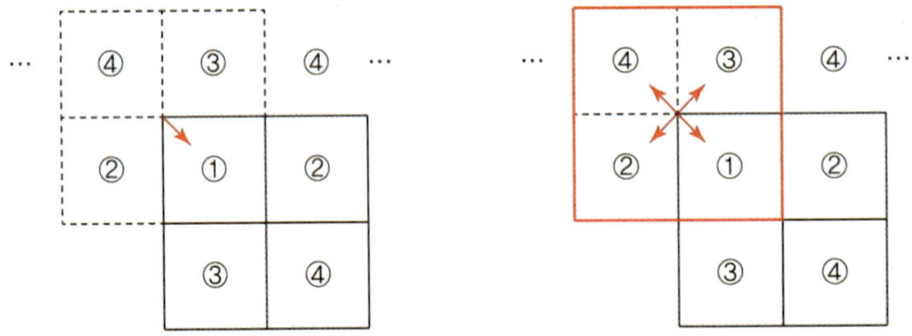

그림 7.7 왼쪽: 2차원 DFT 결과의 반복 및 대칭 구조, 오른쪽: 원 신호에 -1을 번갈아가며 곱한 것에 대한 2차원 DFT의 결과. 화살표 방향으로 갈수록 높은 주파수에 해당한다.

그런데 때로는 낮은 주파수의 성분을 중앙에 표현하고자 할 필요가 있다. 특히 대부분의 영상은 낮은 주파수 성분이 강하고 높은 주파수 성분은 약한 특성이 있는데, 이를 보다 효과적으로 보이기 위해 낮은 주파수 성분을 왼쪽 위 구석보다는 가운데에 위치하도록 하는 것이 가능하다. 원래 신호에 -1을 번갈아가며 곱한 경우 DFT의 결과는 전체 길이의 절반 만큼 평행이동한 것과 같다는 성질이 있다. 즉, 1차원 DFT와 2차원 DFT에 대해

$$x(n)(-1)^n \xrightarrow{\text{DFT}} X(k-\frac{N}{2})$$

$$x(m,n)(-1)^{m+n} \xrightarrow{\text{2D DFT}} X(l-\frac{M}{2},k-\frac{N}{2})$$

가 성립한다. 따라서 원래 2차원 신호에 -1을 번갈아 가며 곱한 것을 DFT를 취하면 저주파 성분이 가운데 오도록 평행이동하는 것이 가능하다. 이를 그림으로 표현하면 [그림 7.7]의 오른쪽에 빨간색으로 표시한 부분과 같다.

예제 7.8

다음과 같은 6×6 데이터를 생각해보자.

3	8	8	8	3	6
2	6	4	9	2	3
3	5	6	1	8	7
6	9	1	6	3	7
5	3	1	5	5	7
4	8	5	0	2	5

이를 2차원 DFT하면 아래의 결과를 얻는다. 켤레복소수의 대칭구조가 되는 부분끼리 같은 색깔로 표시하였다. 나머지는 실수값으로 얻어진다.

174	7–j5.20	–9–j1.73	–32	–9+j1.73	7+j5.20
1–j5.20	–12.5–j4.33	–2+j6.93	–2	–0.5–j4.33	–8+j27.71
15+j1.73	4+j3.46	4.5 j18.19	–14+j13.86	6–j17.32	–3.5+j16.45
10	–8+j13.86	–8+j6.93	16	–8–j6.93	–8–j13.86
15–j1.73	–3.5–j16.45	6+j17.32	–14–j13.86	4.5+j18.19	4–j3.46
1+j5.20	–8–j27.71	–0.5+j4.33	–2	–2–j6.93	–12.5+j4.33

원래의 데이터에 -1을 번갈아 곱해보자.

3	–8	8	–8	3	–6
–2	6	–4	9	–2	3
3	–5	6	–1	8	–7
–6	9	–1	6	–3	7
5	–3	1	–5	5	–7
–4	8	–5	0	–2	5

이를 2차원 DFT를 수행하면 아래의 결과를 얻는다. 주파수가 0인 DC성분 174가 중앙 위치로 이동하고 나머지 부분들도 절반씩 평행이동한 모습을 볼 수 있다.

16	−8−j6.93	−8−j13.86	10	−8+j13.86	−8+j6.93
−14−j13.86	4.5+j18.19	4−j3.46	15−j1.73	−3.5−j16.45	6+j17.32
−2	−2−j6.93	−12.5+j4.33	1+j5.20	−8−j27.71	−0.5+j4.33
−32	−9+j1.73	7+j5.20	174	7−j5.20	−9−j1.73
−2	−0.5−j4.33	−8+j27.71	1−j5.20	−12.5−j4.33	−2+j6.93
−14+j13.86	6−j17.32	−3.5+j16.45	15+j1.73	4+j3.46	4.5−j18.19

예제 7.9

아래와 같은 600x600 크기의 흑백영상에 대해 푸리에 변환을 적용해보자.

이 영상에 대한 2차원 DFT를 하여 크기와 위상을 구하면 아래 그림과 같다. 단, 크기는 편차가 매우 크기 때문에 로그를 취하여 나타내었다.

낮은 주파수 성분을 중앙으로 옮기기 위해 원래 이미지에 -1을 번갈아 곱한 후 2차원 DFT를 적용한 결과는 아래 그림과 같다.

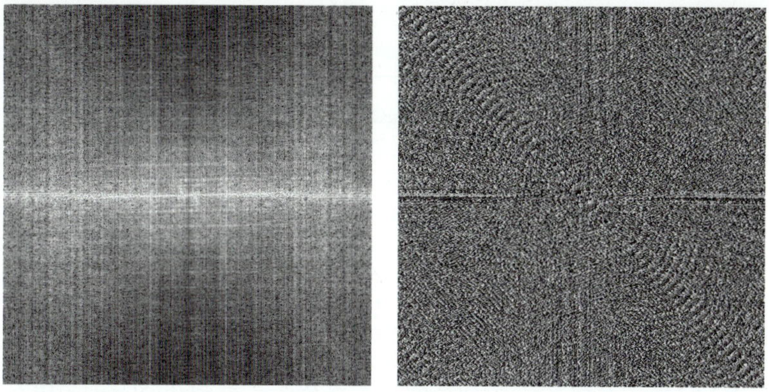

왼쪽 그림에서 낮은 주파수 성분이 높은 주파수 성분에 비해 더 큰 것을 볼 수 있는데, 이는 일반적인 사진에서 볼 수 있는 특징이다. 이웃하는 픽셀값이 서로 유사하여 변화가 크지 않은, 즉 주파수가 낮은 경우가 많기 때문이다.

7.5 컨벌루션

컨벌루션(convolution)은 하나의 함수가 다른 함수에 의해 어떻게 바뀌는지 그 결과를 얻기 위한 연산이다. 선형 시스템에 입력을 넣었을 때 어떤 출력을 얻을 것인지 컨벌루션을 통해 계산할 수 있다. 또는, 음성이나 영상을 필터링하는 경우 그 결과는 주어진 음성이나 영상 신호와 필터 사이의 컨벌루션으로 얻어진다.

연속적인 1차원 변수 t에 대해 주어진 $x(t)$와 $y(t)$의 컨벌루션은

$$x(t)*y(t) := \int_{-\infty}^{\infty} x(\tau)y(t-\tau)\,d\tau$$

로 정의된다. 여기서 $y(t-\tau)$는 $y(-(\tau-t))$로 쓸 수 있기 때문에 $y(\tau)$를 좌우대칭하여 $y(-\tau)$를 얻은 후 t만큼 평행이동한 것이다. 따라서, 컨벌루션은 [그림 7.8]에 보인 것처럼, y를 좌우대칭한 후 왼쪽에서 오른쪽으로 이동하면서 x와 겹치는 부분의 넓이를 구하는 것과 같다.

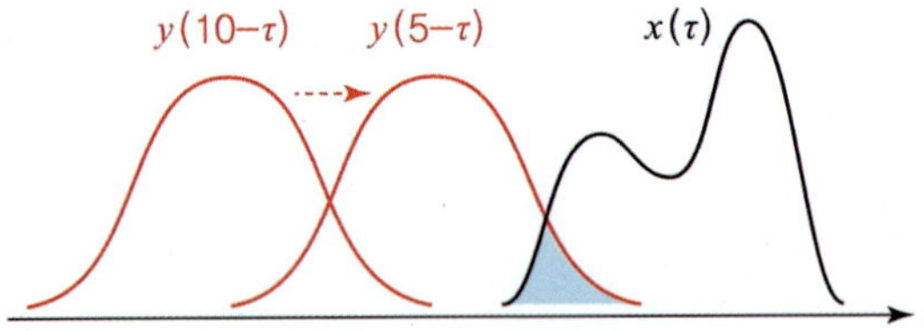

그림 7.8 컨벌루션 연산의 과정

이산적인 변수 n에 대해 주어진 $x(n)$과 $y(n)$의 컨벌루션은 유사하게

$$x(n)*y(n) := \sum_{\tau=-\infty}^{\infty} x(\tau)y(n-\tau)$$

로 정의된다. 이는 y를 좌우대칭한 후 왼쪽에서 오른쪽으로 한 칸씩 이동시키면서 x와 겹치는 부분의 값을 서로 곱하여 다 더하는 것이다.

2차원 신호에 대해서도 같은 방식으로 정의할 수 있다. 연속적인 2차원 변수 (s,t)에 대해 주어진 $x(s,t)$와 $y(s,t)$ 사이의 컨벌루션은

$$x(s,t)*y(s,t) := \int_{-\infty}^{\infty}\int_{-\infty}^{\infty} x(\tau_1,\tau_2)y(s-\tau_1,t-\tau_2)\,d\tau_1 d\tau_2$$

로 정의되며, 이산적인 2차원 변수 (m,n)에 대해 주어진 $x(m,n)$과 $y(m,n)$의 컨벌루션은

$$x(m,n)*y(m,n) := \sum_{\tau_1=-\infty}^{\infty}\sum_{\tau_2=-\infty}^{\infty} x(\tau_1,\tau_2)y(m-\tau_1,n-\tau_2)$$

로 정의된다.

컨벌루션은 주파수 영역에서는 곱하는 연산과 같다. 즉,

$$x*y \xrightarrow{\text{Fourier transform}} X\times Y$$

따라서, 컨벌루션을 수행하는 다른 방법은 x와 y의 푸리에 변환을 하여 곱하고 그 결과를 역변환하는 것이다. 언뜻 보면 비효율적으로 보이지만 FFT와 같이 푸리에 변환을 빠르게 수행하는 것이 가능하기 때문에, 곱과 합을 순차적으로 적용하는 컨벌루션 연산의 복잡도를 낮출 수 있다.

예제 7.10 **연속시간 신호의 컨벌루션**

두 신호 $x(t)$와 $y(t)$가 아래와 같이 주어진다.

$$x(t) = \begin{cases} 1, & 0 \le t \le 1 \\ 0, & \text{그 외} \end{cases}$$

$$y(t) = \begin{cases} t, & 0 \le t \le 1 \\ 0, & \text{그 외} \end{cases}$$

이들을 그래프로 표현하면 아래와 같다.

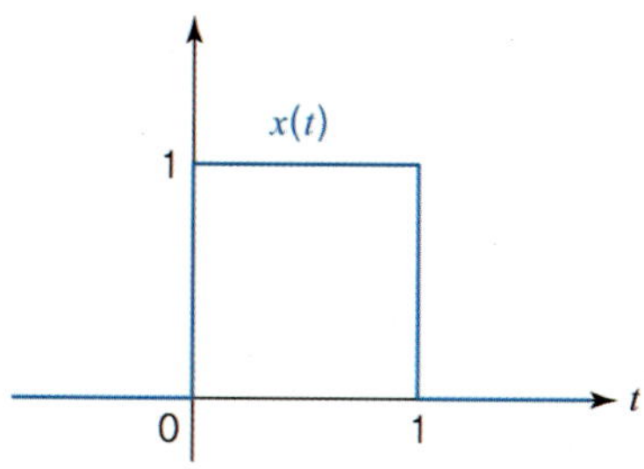

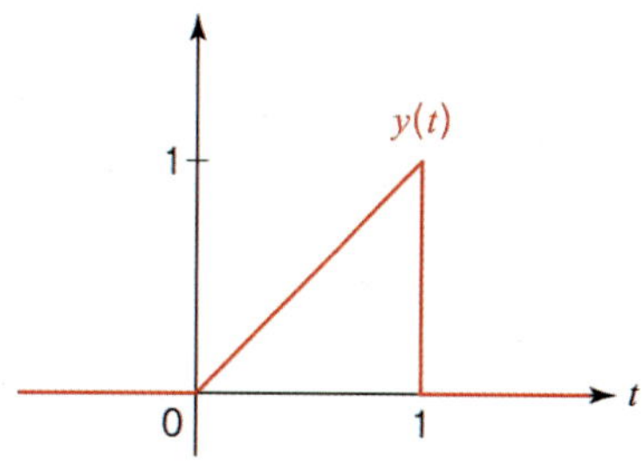

$x(t)*y(t)$를 구해보자. 먼저, $y(-\tau)$는 $y(\tau)$를 좌우대칭하여 얻는다.

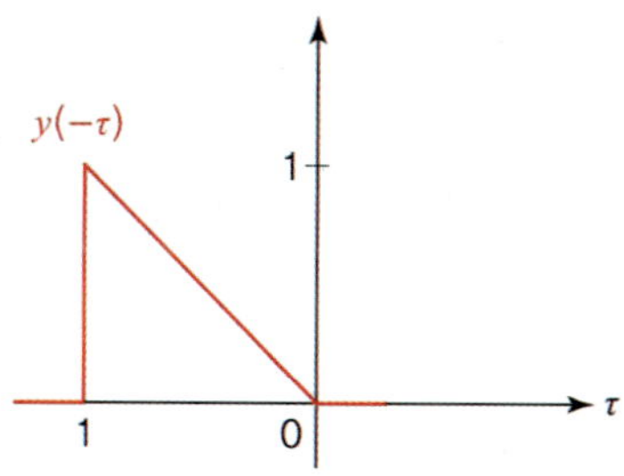

이제 t를 변화시켜가면서 $x(\tau)$와 $y(t-\tau)$가 겹치는 부분의 넓이를 구해보자. t가 음수일 때는 아래 그림과 같이 $y(t-\tau)$가 $x(\tau)$와 만나지 않는다.

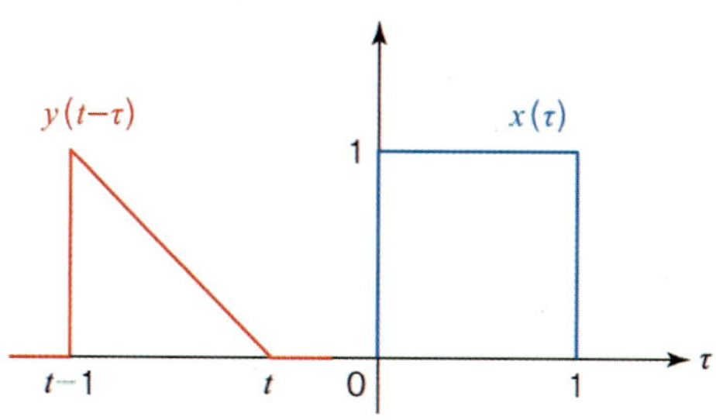

따라서 $t<0$에 대해서는 $x(t)*y(t) = \int_{-\infty}^{\infty} x(\tau)y(t-\tau)d\tau = 0$이다.

$0 \le t < 1$일 때에는 아래 그림과 같이 만나는 부분이 삼각형으로 나타난다.

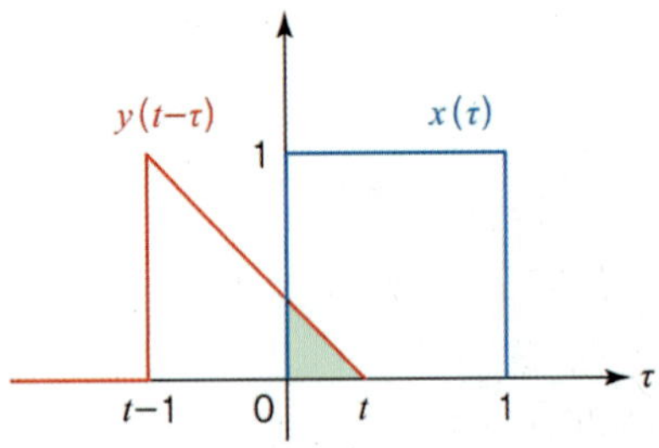

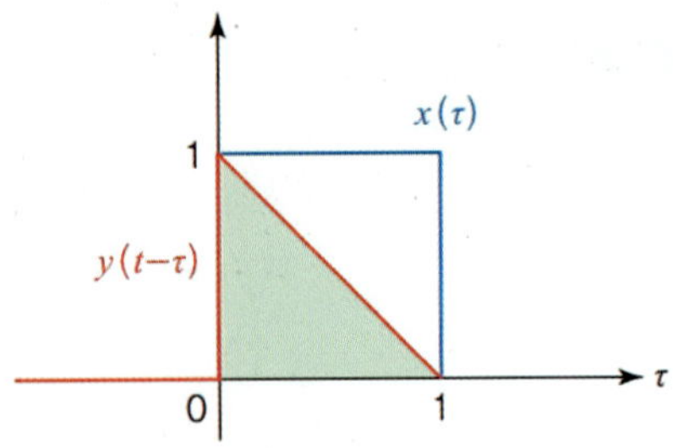

이 삼각형은 밑변과 높이가 모두 t이므로 겹치는 부분의 넓이는 $\frac{1}{2}t^2$이다.

$1 \le t < 2$인 경우는 아래 그림과 같이 겹치게 되며, 겹치는 부분은 아랫변이 1, 윗변이 $t-1$, 높이가 $2-t$인 사다리꼴이므로 그 넓이는 $\frac{1}{2}t(2-t)$이다.

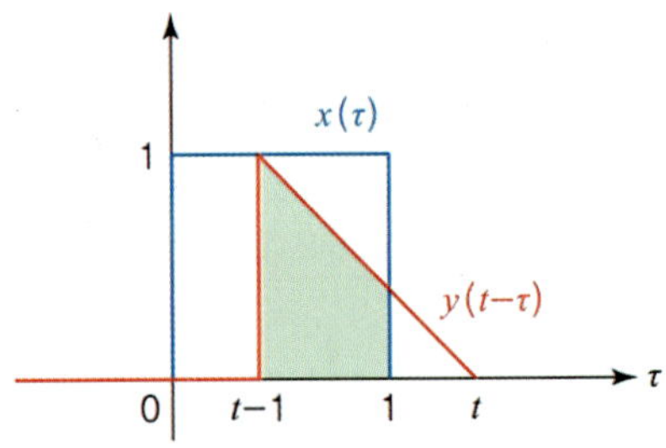

마지막으로 $2 \le t$인 경우에는 아래 그림과 같이 $x(\tau)$와 $y(t-\tau)$는 더 이상 겹치지 않는다.

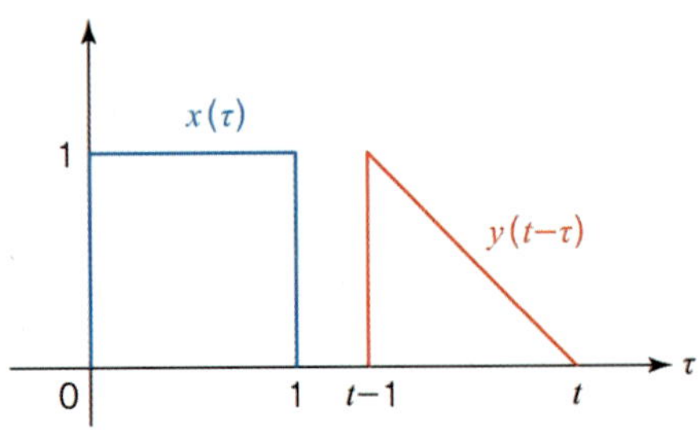

위의 결과를 모두 종합하면,

$$x(t)*y(t) = \begin{cases} 0, & t<0 \\ t^2/2, & 0 \le t < 1 \\ t(2-t)/2, & 1 \le t < 2 \\ 0, & 2 \le t \end{cases}$$

로 얻어진다. 그림으로 표현하면 아래와 같다.

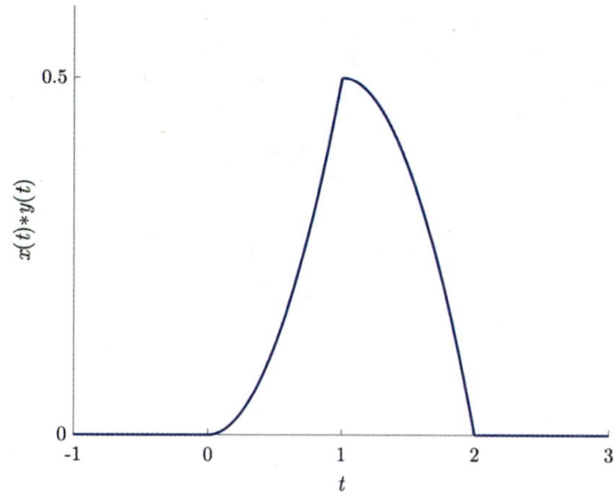

예제 7.11 **이산시간 신호의 컨벌루션**

이산시간에 대해 정의된 $x(n)$과 $y(n)$이 다음 그림과 같이 주어졌다고 하자.

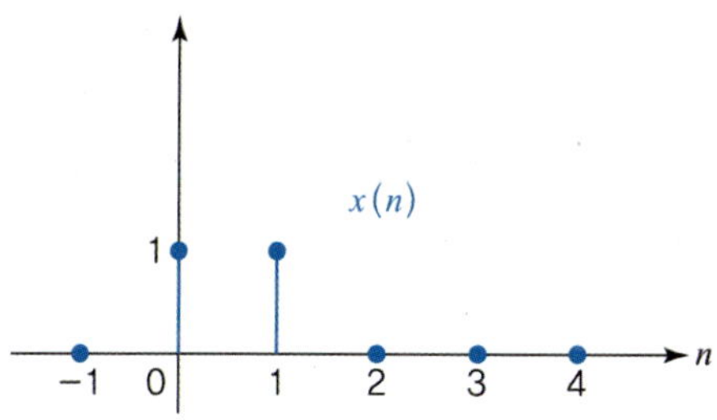

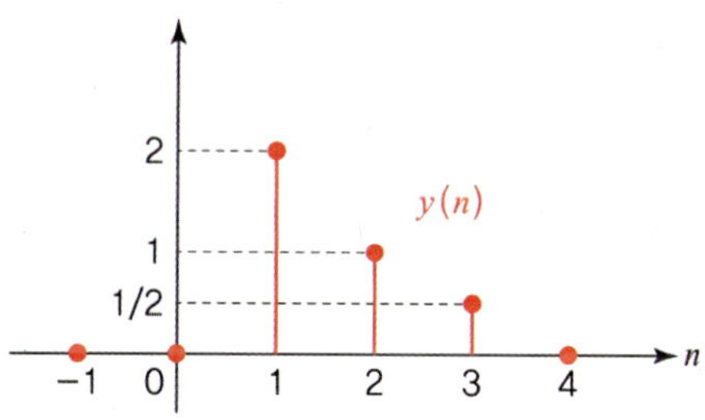

$x(n)*y(n)$은 $y(\tau)$를 좌우대칭한 후 n만큼 평행이동한 것과 $x(\tau)$가 만나는 경우를 곱하여 더하는 것이다. n이 0 이하인 경우는 아래의 그림과 같이 만나는 경우가 없으므로 컨벌루션 값은 0이다.

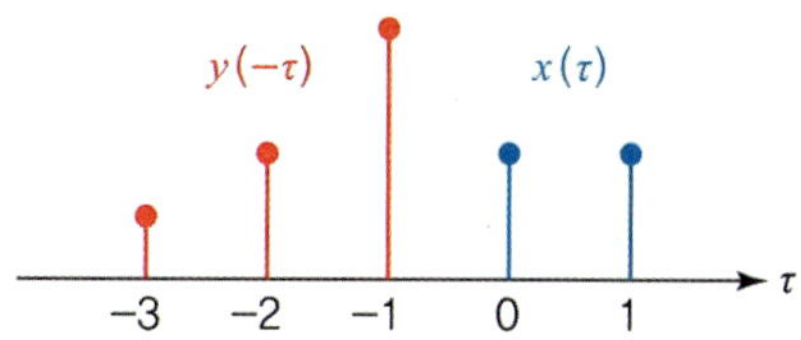

$y(\tau-n)$과 $x(\tau)$가 처음으로 만나는 것은 아래 그림과 같이 $n=1$일 때이다. 만나는 값을 곱하면 $2\times1=2$이다.

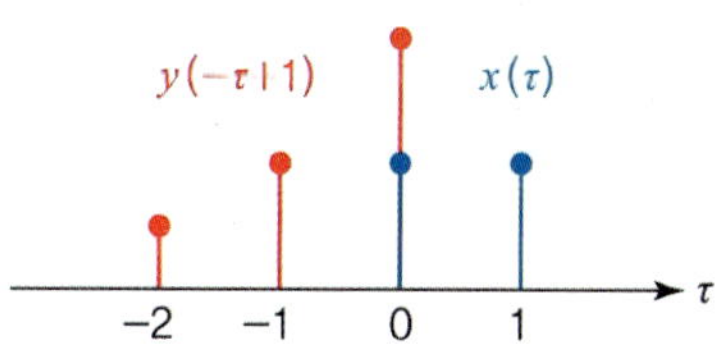

$n=2$일 때는 아래 그림과 같으며, 컨벌루션 결과는 $1\times2+1\times1=3$이다.

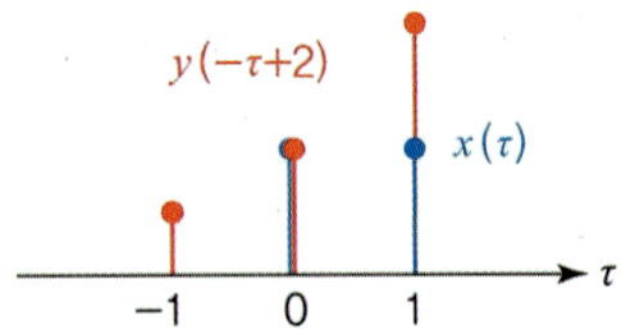

$n=3$일 때는 아래 그림과 같으며, 컨벌루션 결과는 $1\times1+1\times\frac{1}{2}=\frac{3}{2}$이다.

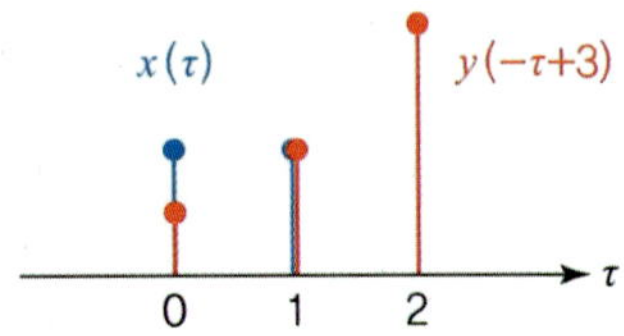

$n=4$일 때는 아래 그림과 같이 $1\times\frac{1}{2}=\frac{1}{2}$를 얻는다.

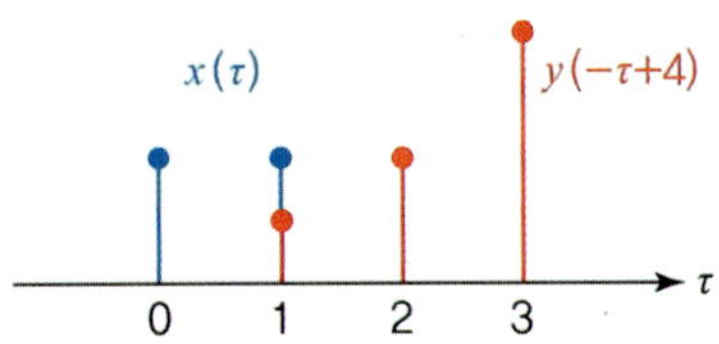

n이 5 이상인 경우에는 더 이상 만나지 않아 컨벌루션 결과는 0이다.

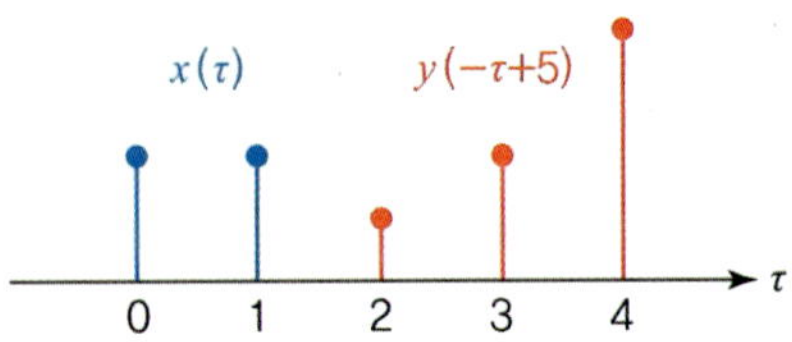

위의 결과를 종합하면 컨벌루션 결과는 아래 그림과 같다.

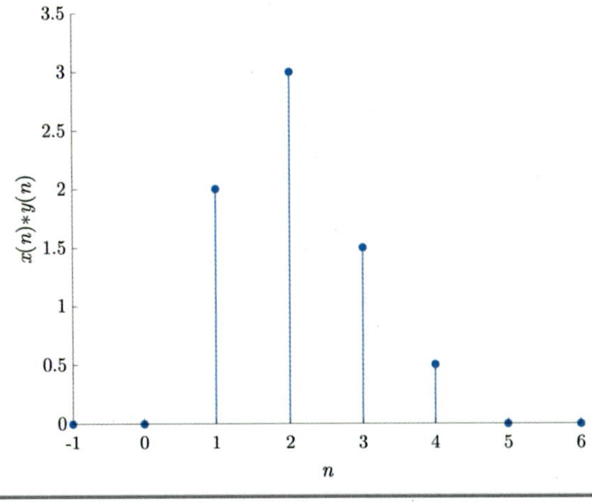

예제 7.12 **컨벌루션 신경회로망**

컨벌루션 신경회로망(convolutional neural network, CNN)의 핵심 연산은 데이터와 CNN의 필터를 컨벌루션하는 것이다. 이는 아래 그림에 묘사한 것과 같이, 필터를 한 칸씩 옮겨가면서 데이터와 겹치는 부분을 서로 곱하여 모두 합하는 것이다.

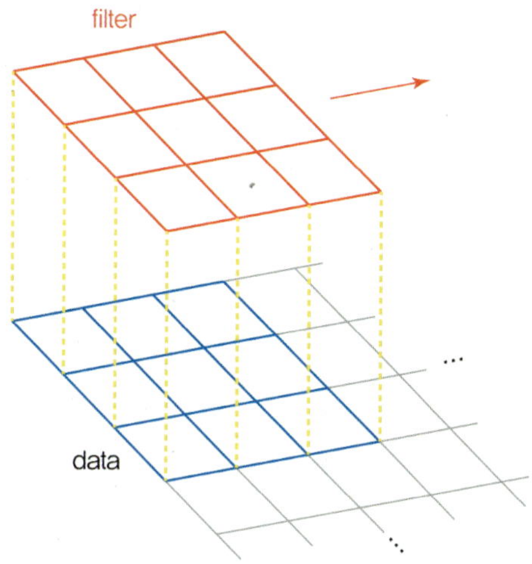

앞서 언급한 컨벌루션의 정의에 의하면 필터를 상하좌우로 뒤집어서 곱해야 하지만 CNN에서는 뒤집는 과정은 없다. 따라서 엄밀히 말하면 상호상관(cross-correlation)을 구하고 있는 것이다. 상호상관은 컨벌루션과 같은 방식으로 계산하지만 좌우 또는 상하좌우로 뒤집는 과정이 없다. 하지만 CNN에서는 뒤집어진 필터를 CNN의 모델 파라미터로 저장하는 것으로 생각하면 되기 때문에 굳이 상하좌우로 뒤집는 과정을 수행하지 않는 것이다.

찾아보기

기호

영문

ㄱ

ㄴ

ㅌ

ㅍ

ㅎ